Anfangsgründe der Chemie

Ein Leitfaden für Haushaltungs- und Gewerbeseminare
höhere Mädchen- und Fortbildungsschulen
Chemieschulen und ähnliche Anstalten

von

Dr. Max Müller

Reg.-Rat im Reichs-Gesundheitsamt
Staatl. geprüfter Nahrungsmittelchemiker

Dritte, durchgesehene und vermehrte Auflage

Mit 41 Abbildungen im Text

Springer-Verlag Berlin Heidelberg GmbH

ISBN 978-3-642-90134-8   ISBN 978-3-642-91991-6 (eBook)
DOI 10.1007/978-3-642-91991-6

Vorwort zur ersten Auflage.

Seit einer Reihe von Jahren ist Verfasser mit der Abhaltung von Vorträgen über Chemie in dem Haushaltungs- und Gewerbeseminar des Lettevereins in Berlin beauftragt. Da aus Anlaß dieser Tätigkeit verschiedentlich die Aufforderung an den Verfasser ergangen ist, den behandelten Lehrstoff drucken zu lassen und dadurch einem größeren Kreise zugängig zu machen, werden hiermit diese Vorträge unter dem Titel: „Anfangsgründe der Chemie" der Öffentlichkeit übergeben.

Nach den Erfahrungen des Verfassers läßt sich der Inhalt des vorliegenden Werkes in dem Zeitraum von zwei Jahren bei wöchentlich zwei Unterrichtsstunden so eingehend behandeln, daß die Schülerinnen den Lehrstoff nicht nur gedächtnismäßig sich aneignen, sondern auch mit dem Verstande erfassen.

Da sich der Verlauf chemischer Vorgänge in besonders klarer und verständlicher Weise durch chemische Formeln und Gleichungen darstellen läßt, so konnte auf die Verwendung dieses wichtigen Hilfsmittels nicht verzichtet werden, wenn auch von dem Gebrauch komplizierterer Konstitutionsformeln, die zwar für den Fachchemiker unentbehrlich sind, bei dem für das vorliegende Buch in Betracht kommenden Zweck abzusehen war.

Berlin, im Juli 1912.

Vorwort zur dritten Auflage.

Vielfachen Wünschen entsprechend sind in der vorliegenden Auflage eine Anzahl einfacher und mit geringen Mitteln auszuführender chemischer Versuche aufgenommen worden.

Die ausschließlich für die technischen Assistentinnen bestimmten Abschnitte sind — wie bereits in der 2. Auflage — in eckige Klammern gesetzt worden. Die Anordnung des Stoffes ist dieselbe geblieben wie in der 2. Auflage; einige neu eingefügte Verbindungen sind so eingereiht, daß ein etwaiger Gebrauch der 2. neben der 3. Auflage möglich ist.

Da das Buch dazu bestimmt ist, die Schülerinnen der Haushaltungs- und Gewerbeseminare sowie diejenigen von Chemieschulen (technische Assistentinnen) usw. in die Anfangsgründe der Chemie einzuführen, so ist von der Aufnahme der neueren Theorien der Chemie, die für Fachchemiker unentbehrlich sind, für die obengenannten Ausbildungszwecke dem Verfasser jedoch nicht angebracht erscheinen, absichtlich Abstand genommen worden.

Alle Lehrer und Lehrerinnen, die sich des Buches beim Unterricht bedienen, bitte ich, mich auf etwaige wünschenswerte Erweiterungen oder

Kürzungen aufmerksam zu machen. Alle Anregungen sollen nach Möglichkeit berücksichtigt werden.

Bei der Durchsicht der vorliegenden Auflage sowie bei der Auswahl der aufzunehmenden Versuche bin ich von meinem Kollegen, dipl. Chemiker Dr. E. Ziegler, unterstützt worden. Es ist mir eine angenehme Pflicht, ihm auch an dieser Stelle hierfür meinen verbindlichen Dank auszusprechen.

Möge das kleine Werk die gleiche wohlwollende Aufnahme finden wie bisher.

Berlin, im März 1927.

Der Verfasser.

Inhaltsverzeichnis.

Einleitung.

1. Physikalische und chemische Vorgänge. Die Chemie ist ein Zweig der Naturwissenschaften. Sie beschäftigt sich mit denjenigen Naturerscheinungen, bei denen die Zusammensetzung der Stoffe eine bleibende Veränderung erleidet und neue Stoffe mit neuen Eigenschaften entstehen (chemische Vorgänge).

Die Physik dagegen befaßt sich mit solchen Vorgängen, bei denen nur eine vorübergehende Veränderung der Stoffe eintritt, ihre Zusammensetzung aber unverändert bleibt (physikalische Vorgänge).

Ein physikalischer Vorgang kann daher an demselben Gegenstand wiederholt, ein chemischer Vorgang dagegen nur einmal vorgenommen werden.

Versuch: Wird z. B. ein Platindraht in eine Flamme gehalten, so wird er glühend, zieht man ihn aus der Flamme, so kühlt er sich wieder ab, es ist keine Veränderung mit ihm vorgegangen; es ist dies ein physikalischer Vorgang. Hält man dagegen einen Magnesiumdraht in die Flamme, so verbrennt er unter glänzender Lichterscheinung und verwandelt sich dabei in ein weißes Pulver, das von dem Magnesiumdraht völlig verschieden ist; es ist somit eine bleibende Veränderung des Stoffes eingetreten, mithin liegt ein chemischer Prozeß vor.

Andere chemische Vorgänge sind z. B. das Rosten des Eisens, die Umwandlung des süßen Traubensaftes durch die Gärung in Wein, die Bildung des Essigs durch Sauerwerden des Weines u. dgl. Bei allen diesen Veränderungen verschwinden die veränderten Stoffe als solche und neue Stoffe mit neuen Eigenschaften treten an ihre Stelle.

2. Lösung von festen Körpern. Wenn man Zucker oder Salpeter mit Wasser zusammenbringt, so verschwinden diese Körper in dem Wasser, während das Wasser ihren Geschmack annimmt, die Stoffe haben sich in dem Wasser gelöst. Das Lösungsvermögen hat eine bestimmte Grenze, denn wenn man bei derselben Temperatur z. B. immer mehr Salpeter zu dem Wasser gibt, so tritt ein Punkt ein, wo vom Wasser nichts mehr aufgenommen wird. Man nennt eine solche Lösung gesättigt. Im allgemeinen kann man sagen, daß die Löslichkeit der festen Stoffe meist mit der Temperatur zunimmt. Die Löslichkeit ist für die verschiedenen Körper verschieden, es gibt sehr leicht lösliche und sehr schwer bzw. unlösliche Körper. So wird z. B. Rohrzucker und Salpeter in Wasser in großen Mengen gelöst, diese Stoffe sind also sehr leicht darin löslich, dagegen ist Sand darin unlöslich.

3. Vermischung von Flüssigkeiten. Flüssigkeiten können sich entweder in jedem Verhältnis mit einander mischen, wie z. B. Wasser und Alkohol, oder sie besitzen gegenseitig eine begrenzte Löslichkeit zu einander. Wenn z. B. Wasser mit Äther durchgeschüttelt wird, so bilden sich beim Stehen zwei Flüssigkeitsschichten, die obere besteht aus Äther, dem eine geringe Menge Wasser, die untere aus Wasser, dem eine geringe Menge Äther beigemischt ist. Die verschiedene Löslichkeit der Stoffe wird zuweilen zu ihrer

Trennung benutzt. Wenn z. B. Kochsalz mit Sand verunreinigt worden ist, so kann man eine Trennung dieser beiden Stoffe durch Zugeben von Wasser bewirken, wodurch das Kochsalz aufgelöst wird. Diese Lösung kann man dann durch Filtrieren von dem Sand trennen.

4. Filtrieren. Aus einem Bogen weißem Filtrierpapier (ungeleimtes Papier) schneidet man ein kreisförmiges Stück heraus, faltet dies doppelt zusammen und stellt den so erhaltenen Papiertrichter (das Filter) in einen Glastrichter. Dieses Filter hält den festen Körper (Sand) zurück und läßt die Flüssigkeit (das Filtrat) hindurch. Man kann eine Trennung der festen Stoffe von den gelösten auch durch Abgießen (Dekantieren) herbeiführen, jedoch wird hierbei gewöhnlich etwas von dem festen Stoff mit abgegossen.

5. Krystallisation. Der in dem Filtrat gelöste Stoff (z. B. Kochsalz) kann wieder in den festen Zustand übergeführt werden. Dies geschieht durch die Krystallisation. Zu diesem Zweck wird das Filtrat erhitzt (eingedampft), um es durch Verdampfen des Wassers zu konzentrieren. Sobald die Lösung gesättigt ist, scheidet sich der Körper bei weiterem Erhitzen in Krystallen ab, d. h. in Gebilden, die von ebenen Flächen begrenzt sind, dies ist z. B. der Fall beim Kochsalz und Zucker. Zuweilen zeigen die entstandenen festen Stoffe keine ausgeprägten Flächen, man nennt diese Form krystallinisch (Jod, Graphit) oder sie besitzen gar keine Gestalt, sind pulverförmig, formlos, amorph wie z. B. Stärkemehl.

Viele Stoffe, z. B. Kalisalpeter, sind in der Wärme viel löslicher als bei gewöhnlicher Temperatur; stellt man sich also in der Wärme eine gesättigte Lösung her, so krystallisiert beim Erkalten der Salpeter aus der Lösung aus.

6. Destillation. Man destilliert Flüssigkeiten, um flüchtige Stoffe von nicht flüchtigen zu trennen (z. B. Wasser von Kochsalz) oder um Flüssigkeiten von verschiedenem Siedepunkt (Kochpunkt) zu trennen (z. B. Wasser von Alkohol).

Zur Ausführung einer Destillation bringt man die Flüssigkeit in einem Kolben oder in einer Retorte zum Sieden und verdichtet die entweichenden Dämpfe in einem Kühler (Liebigscher Kühler). Dieser besteht aus einem nicht zu engem Rohr, das von einem weiten Mantel umgeben ist, durch den Wasser strömt und das innere Rohr kühlt. Die im Kühler verdichtete Flüssigkeit wird in einem Kolben oder einer Schale aufgefangen (Abb. 1).

7. Sublimation. Einige feste Stoffe, wie z. B. Jod und Salmiak, haben die Eigenschaft, beim Erhitzen sofort in Dampf überzugehen, ohne (bei gewöhnlichem Druck) vorher zu schmelzen. Wenn man diese Dämpfe durch eine kalte Fläche abkühlt, so setzt sich der Stoff in festem, krystallisiertem Zustande daran ab; man nennt dies Sublimation. Durch diesen Vorgang wird der betreffende Körper von anhaftenden, nicht flüchtigen Stoffen (Verunreinigungen) getrennt.

8. Die Elemente. Wenn man einen Stoff verschiedenen Einwirkungen aussetzt, z. B. der Hitze, der Elektrizität, dem Licht, oder ihn mit anderen Stoffen in Berührung bringt, gelingt es in sehr vielen Fällen, ihn in zwei oder mehrere von einander verschiedene Bestandteile zu zerlegen. — Unterwirft man die verschiedenen Stoffe einer fortgesetzten Behandlung mit den verschiedenartigsten Einwirkungsmitteln, so gelangt man schließlich zu Stoffen, die mit unseren gegenwärtigen Hilfsmitteln nicht weiter zerlegt werden können. Solche Stoffe nennt man Elemente. Werden unsere jetzigen

Hilfsmittel im Laufe der Zeit immer weiter vervollkommnet, so kann es sich herausstellen, daß Stoffe, die wir heute als „Elemente" bezeichnen, nicht mehr als solche angesehen werden können. Gegenwärtig kennt man 87 Elemente; zu diesen gehören die Metalle, wie Gold, Silber, ferner eine Anzahl Stoffe, wie Sauerstoff, Schwefel, Phosphor, die man unter dem Namen Nichtmetalle oder Metalloide zusammenfaßt. Zu letzteren gehören verschiedene wichtige Stoffe, wie z. B. Sauerstoff, der sich mit fast allen Elementen verbindet und dessen Verbindungen von großer Bedeutung sind, ferner der

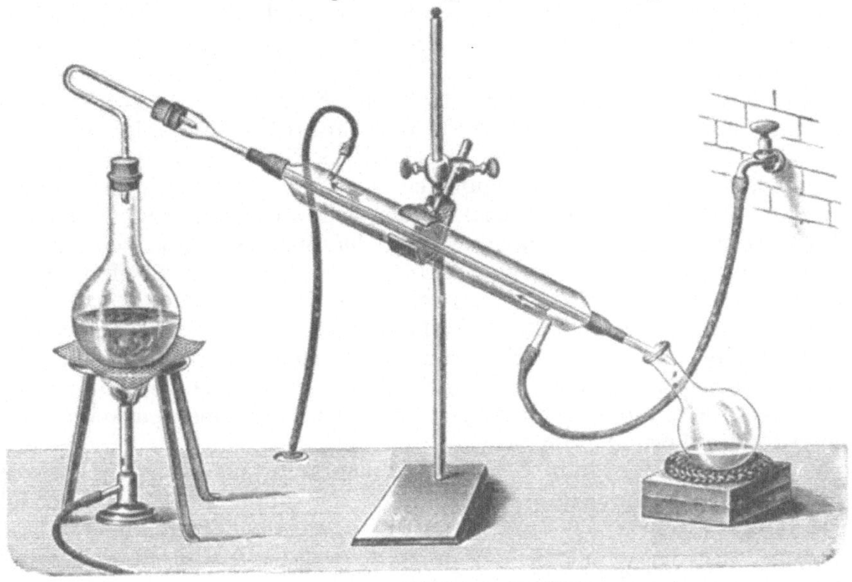

Abb. 1. Anordnung des Kühlers im Destillationsapparat.

Kohlenstoff, der ein Bestandteil aller Pflanzen- und Tierkörper ist, der Schwefel, der mit blauer Flamme verbrennt und dabei einen stechenden Geruch verbreitet, das Chlor, ein gelblich-grünes Gas von unangenehmen Geruch usw.

Die Metalle, die alle einen lebhaften Glanz haben, werden eingeteilt in Leichtmetalle und Schwermetalle, die ersteren haben ein spezifisches Gewicht bis zu 5,0; die letzteren umfassen alle Körper mit einem höheren spezifischen Gewicht als 5,0. Alle Metalle besitzen die Fähigkeit, Elektrizität und Wärme zu leiten, während diese Eigenschaft den Nichtmetallen (Metalloiden) abgeht. Letztere verbinden sich mit Sauerstoff zu Oxyden, die mit Wasser Säuren liefern, z. B.

$$S + 2O = SO_2$$
Schwefel   Sauerstoff   Schwefeldioxyd
$$SO_2 + H_2O = H_2SO_3$$
Schwefeldioxyd   Wasser   Schweflige Säure

Die Metalloxyde dagegen geben mit Wasser sog. Basen, z. B.

$$Zn + O = ZnO$$
Zink   Sauerstoff   Zinkoxyd
$$ZnO + H_2O = ZnO_2H_2$$
Zinkoxyd   Wasser   Zinkhydroxyd (Base)

Die Nichtmetalle bilden mit Wasserstoff flüchtige (gasförmige) Verbindungen, die Metalle aber nicht, oder, falls sie sich mit Wasserstoff verbinden, entstehen feste Körper. Es mag noch hervorgehoben werden, daß zwischen Metallen und Nichtmetallen (Metalloiden) mancherlei Übergänge vorhanden sind, so daß sich eine scharfe Trennung zwischen den beiden Gruppen von Elementen nicht ziehen läßt. So stehen z. B. die Elemente Arsen, Antimon und Zinn ihrem chemischen Verhalten nach zwischen den Metallen und Nichtmetallen.

9. Vorkommen der Elemente. Der Sauerstoff, der in der Luft, im Wasser und in der festen Erdkruste vorkommt, macht ungefähr 50 % des uns bekannten Teiles der Erde aus. Die Elemente Silicium, Aluminium, Eisen, Calcium, Kohlenstoff, Magnesium, Natrium, Kalium und Wasserstoff bilden zusammen mit dem Sauerstoff 99 % der Erdkruste. Für alle übrigen Elemente bleibt also nur 1 % übrig; einige dieser Elemente sind zwar sehr verbreitet, z. B. Lithium und Calcium, sie kommen aber nur in sehr geringen Mengen vor. Andere, z. B. Tantal, finden sich nur selten und vereinzelt.

Mit Hilfe der Spektralanalyse (§ 230) hat man nachgewiesen, daß auch auf den übrigen Himmelskörpern neben einigen anderen Stoffen dieselben Elemente vorkommen wie auf unserer Erde.

10. Gemenge und chemische Verbindungen. Mischt man Schwefel und Eisenpulver miteinander, so erhält man ein Gemenge dieser beiden Elemente, man sieht unter der Lupe die gelben Schwefelkörner neben den Eisenteilchen, letztere kann man durch einen Magneten herausziehen, erstere durch Schwefelkohlenstoff in Lösung bringen.

Man kann die Bestandteile eines Gemenges zuweilen durch mechanische Mittel, also z. B. durch Aussuchen unter der Lupe, Absieben, Behandeln mit Lösungsmitteln u. dgl. trennen. Ein Gemenge hat keine unveränderliche Zusammensetzung, denn man kann z. B. Schwefel und Eisen in den verschiedensten Mengenverhältnissen mischen.

Versuch: Erhitzt man jedoch ein Gemenge von 7 Teilen Eisen und 4 Teilen Schwefel in einem Reagensglas, so entsteht unter Feuerscheinung eine Verbindung beider Stoffe (Schwefeleisen), die ganz andere Eigenschaften besitzt als die Elemente, aus denen sie entstanden ist. Sie ist nicht magnetisch, unlöslich in Schwefelkohlenstoff, unter der Lupe sieht man nur eine braunschwarze Masse:

$$\underset{\text{Eisen}}{Fe} + \underset{\text{Schwefel}}{S} = \underset{\text{Schwefeleisen}}{FeS}$$

Die Vereinigung von zwei oder mehreren Stoffen zu einer chemischen Verbindung erfolgt nur nach ganz bestimmten Gewichtsverhältnissen. Um die Verbindung Schwefeleisen zu erhalten, sind 56 Gewichtsteile Eisen und 32 Gewichtsteile Schwefel (bzw. 7 u. 4 Teile) notwendig.

Derartige Stoffe, in denen die Elemente in einem bestimmten Verhältnis zu einander verbunden sind, nennt man chemische Verbindungen, so sind z. B. Wasser, Kochsalz, Soda, Pottasche, Schwefelsäure usw. chemische Verbindungen, die, wie man sie auch darstellt, immer dieselbe Zusammensetzung haben.

Außer der Verschiedenheit der Eigenschaften von denen der betreffenden Elemente und der Zusammensetzung in einem bestimmten Verhältnis, haben die chemischen Verbindungen auch stets bestimmte physikalische Eigenschaften, so hat Wasser bei gleichem Druck stets denselben Gefrier- und Siedepunkt, wie es auch gewonnen wurde.

Beim Zustandekommen einer chemischen Verbindung tritt meist eine Wärmeentwicklung ein, die zuweilen so groß ist, daß eine Feuererscheinung oder sogar eine Explosion erfolgt. Dieselben Erscheinungen treten auch bei Zersetzungen von chemischen Verbindungen ein.

Die in einer Verbindung enthaltenen Elemente kann man durch die Zerlegung der Verbindung in ihre Bestandteile (durch Analyse) bestimmen, dies geschieht z. B. durch Erhitzen von rotem Quecksilberoxyd, wobei diese Verbindung in ihre Bestandteile Quecksilber und Sauerstoff zerlegt wird.

Umgekehrt kann man durch Zusammenbringen von zwei Elementen eine chemische Verbindung herstellen. Dieses Verfahren, aus Elementen Verbindungen aufzubauen, nennt man Synthese.

11. Atom und Molekül. Die Materie kann man sich bis ins unendliche teilbar denken, das kleinste Teilchen, das wirklich erhalten werden kann, ist ja immer noch spaltbar in sehr viel andere Teile.

Indessen hat man sich bereits im Altertume vorgestellt, daß irgendwo eine Grenze der Teilbarkeit sein und man schließlich zu nicht weiter zerlegbaren Teilchen, den Atomen, kommen müsse.

Der französische Chemiker Dalton hat im Jahre 1807 diesen Begriff von den Atomen benutzt, um die Tatsache zu erklären, daß jede chemische Verbindung stets nur in ein und derselben Zusammensetzung (z. B. Wasser 2 Teile Wasserstoff und 1 Teil Sauerstoff) vorkommt. Dieses Gesetz der unveränderlichen (konstanten) Zusammensetzung ist als die Grundlage der theoretischen Chemie anzusehen.

Eine Verbindung von zwei Elementen kommt dadurch zustande, daß Atome dieser Elemente zusammentreten; eine solche Vereinigung von zwei oder mehreren Atomen heißt Molekül.

So entsteht z. B. Quecksilberoxyd dadurch, daß sich 1 Atom Quecksilber mit 1 Atom Sauerstoff zu 1 Molekül Quecksilberoxyd verbindet. Dalton nimmt weiter an, daß die Atome der einzelnen Elemente verschiedenes Gewicht haben, die Atome desselben Elementes jedoch alle gleich schwer sind. Jedes Molekül derselben Verbindung muß also auch stets dasselbe Gewicht haben (Gesetz von den konstanten Gewichtsmengen).

Dalton beobachtete ferner, daß der Sauerstoff sich nicht nur mit einer ganz bestimmten Menge Stickstoff verbindet, sondern auch mit dem doppelten, aber nicht mit einer dazwischenliegenden Menge (also z. B. $1\frac{1}{2}$, $1\frac{3}{4}$ usw.); ferner wies er durch die Untersuchung von Sumpfgas oder Methan (CH_4) sowie von ölbildendem Gas (C_2H_4), die beide nur aus Kohlenstoff und Wasserstoff bestehen, nach, daß ersteres doppelt so viel Wasserstoff auf die gleiche Menge Kohlenstoff enthalte, als letzteres.

Diese Beobachtungen von Dalton sind später von verschiedenen anderen Forschern bestätigt worden. Es gilt daher jetzt das folgende Gesetz: Wenn zwei Elemente mehrere Verbindungen miteinander bilden, so geschieht dies entweder nach den durch die Atomgewichte (vgl. §§ 12 u. 13) ausgedrückten Gewichtsmengen oder in vielfachen dieser Mengen, ausgedrückt in ganzen Zahlen. So vereinigt sich z. B. 1 Teil (56 Gewichtsteile) Eisen mit 1 Teil (32 Gewichtsteilen) Schwefel zu der Verbindung FeS; außerdem 1 Teil Eisen mit 2 Teilen Schwefel ($56 + 2 \cdot 32$) ferner 2 Teile Eisen mit 3 Teilen Schwefel ($2 \cdot 56 + 3 \cdot 32$) usw.

12. Gewicht der Atome. Das wirkliche absolute Gewicht der Atome ist so klein, daß es bisher nicht gelungen ist, die Größe oder das Gewicht der Atome — und somit auch der Moleküle — zu bestimmen.

Dagegen ist es möglich, ihr relatives Gewicht genau zu bestimmen, d. h. das Gewicht der Atome der übrigen Elemente zu ermitteln, wenn man das eines bestimmten Elementes willkürlich annimmt.

13. Chemische Zeichen und Formeln. Diese relativen Gewichte heißen Atomgewichte und werden durch Zeichen wiedergegeben. Ein solches chemisches Zeichen gibt nicht nur an, mit welchem Element man es zu tun hat, sondern es drückt zugleich auch das relative Gewicht eines Atoms aus. Ist das Atomgewicht von Kupfer 63,57, das von Sauerstoff 16, so zeigt das Zeichen für Kupfer $=$ Cu zugleich 63,57 Gewichtsteile Kupfer, das Zeichen für Sauerstoff $=$ O zugleich 16 Gewichtsteile Sauerstoff an. Zu bemerken ist dabei, daß man für jedes Element ein bestimmtes Zeichen, meist den Anfangsbuchstaben seines lateinischen oder griechischen Namens, eingeführt hat.

Man hat festgestellt, daß im Kupferoxyd ein Atom Kupfer mit einem Atom Sauerstoff verbunden ist; das Kupferoxyd wird also durch die Formel CuO wiedergegeben, die zum Ausdruck bringt, daß es sich um eine Verbindung von Kupfer und Sauerstoff handelt, und ferner, daß darin 1 Atom Kupfer $=$ 63,57 Gewichtsteile an 1 Atom Sauerstoff $=$ 16 Gewichtsteile gebunden ist.

In vielen Verbindungen kommen mehrere Atome desselben Elementes vor; dies drückt man dadurch aus, daß man die betreffende Zahl rechts unten an das Zeichen anhängt. Die Schwefelsäure z. B. enthält 2 Atome Wasserstoff (H), 1 Atom Schwefel (S) und 4 Atome Sauerstoff (O) im Molekül. Ihre Formel ist also H_2SO_4.

Chemische Vorgänge lassen sich mit Hilfe dieser Formeln einfach wiedergeben, z. B. die Zerlegung von Quecksilberoxyd (HgO) in Quecksilber und Sauerstoff durch

$$HgO = Hg + O;$$

die Zerlegung von chlorsaurem Kalium ($KClO_3$) in Sauerstoff und Kaliumchlorid durch die Formel

$$KClO_3 = KCl + 3\,O;$$

die Entwicklung von Wasserstoff aus Zink und Schwefelsäure durch die Formel

$$Zn + H_2SO_4 = ZnSO_4 + 2\,H.$$

In solchen Gleichungen müssen auf jeder Seite die gleichen Atome, und zwar in gleicher Anzahl vorkommen.

Man pflegt das Atomgewicht des Sauerstoffes zu 16 anzunehmen und danach die Atomgewichte der übrigen Elemente zu berechnen.

Die Atomgewichte der wichtigeren Elemente sind in der am Ende des Buches befindlichen Atomgewichtstabelle zusammengestellt.

Nichtmetalle (außer Kohlenstoff).

Sauerstoff (Oxygenium), O (Zweiwertig).

14. Vorkommen. Der Sauerstoff ist von allen Elementen, aus denen sich die Erde zusammensetzt, das verbreitetste und kommt in großer Menge vor; er macht etwa $^1/_5$ der Luft aus. Mit Wasserstoff verbunden, kommt er im Wasser, mit Kohlenstoff und Wasserstoff oder mit Kohlenstoff, Wasserstoff und Stickstoff verbunden, kommt er in den Stoffen vor, aus denen die lebenden Wesen, die pflanzlichen wie die tierischen, zusammengesetzt sind. Außerdem ist er ein Bestandteil der meisten künstlich dargestellten chemischen Stoffe. Der Name Oxygenium leitet sich ab von den griechischen Worten oxys, sauer und gennao, ich erzeuge, d. h. also Säurebildner, weil man früher der irrtümlichen Ansicht war, daß die durch den Sauerstoff verbrennenden Körper Stoffe ergaben, die saurer Natur waren.

Darstellung. Die im Laboratorium üblichen Verfahren zur Darstellung von Sauerstoff gründen sich auf die Zerlegung sauerstoffhaltiger Verbindungen, namentlich solcher, die sich leicht zersetzen und zugleich einen erheblichen Gehalt an Sauerstoff haben. Die wichtigsten Verfahren sind die folgenden (auch als **Versuche** zu benutzen):

1. Man erhitzt Quecksilberoxyd (HgO), es entweicht der Sauerstoff und Quecksilber (Hg), das sich an den Wänden des Gefäßes absetzt, bleibt zurück:

$$HgO = Hg + O.$$

Durch diesen Versuch hat Priestley im Jahre 1774 den Sauerstoff entdeckt.

2. Man erhitzt in einer Retorte chlorsaures Kalium ($KClO_3$), es entweicht Sauerstoff, den man in einem mit Wasser gefüllten Zylinder in einer pneumatischen Wanne (einer mit Wasser gefüllten Wanne, in der das Füllen von Glaszylindern mit Gasen über Wasser vorgenommen wird, vgl. § 59) auffangen kann:

$$KClO_3 = KCl \text{ (Chlorkalium)} + 3\,O.$$

Diese Darstellung ist die für das Laboratorium gebräuchlichste und bequemste.

3. Einige Stoffe geben Sauerstoff ab, wenn sie mit anderen erhitzt werden; dies ist z. B. der Fall, wenn man Braunstein (Mangandioxyd) mit Schwefelsäure erhitzt:

$$\underset{\text{Braunstein}}{MnO_2} + \underset{\text{Schwefelsäure}}{H_2SO_4} = \underset{\text{Mangansulfat}}{MnSO_4} + H_2O + O.$$

4. Auch gibt es Stoffe, die beim Zusammenbringen mt einem anderen ohne Erhitzen Sauerstoff abgeben. Bringt man z. B. übermangansaures Kalium mit Wasserstoffsuperoxyd zusammen, so wird Sauerstoff frei:

$$\underset{\substack{\text{übermangans.}\\\text{Kalium}}}{KMnO_4} + \underset{\substack{\text{Wasserstoff-}\\\text{superoxyd}}}{H_2O_2} = KMnO_4 + \underset{\text{Wasser}}{H_2O} + O.$$

5. In der Technik wird Sauerstoff aus der Luft gewonnen; man benutzt dazu einen Stoff, Bariumoxyd (BaO), der beim Erhitzen an der Luft auf 600—700° Sauerstoff aufnimmt und bei stärkerem Erhitzen und vermindertem Druck wieder abgibt:

6. In neuerer Zeit werden in der Technik auch erhebliche Mengen Sauerstoff gewonnen bei der Elektrolyse des Wassers (vgl. § 31).

Eigenschaften des Sauerstoffes. Der Sauerstoff ist ein farbloses, geschmackloses Gas, er ist etwas schwerer als Luft [sein spezifisches Gewicht, bezogen auf Luft = 1 ist 1,105]. 1 Liter Sauerstoff wiegt bei 0° und 760 mm Quecksilberdruck 1,429 g. Der Sauerstoff kann bei sehr niedriger Temperatur (— 118°) und bei einem Druck von 50 Atmosphären verflüssigt werden. In den Handel kommt der Sauerstoff nicht in verflüssigtem, sondern in stark verdichtetem Zustande (1000 Liter Sauerstoff auf 20 Liter verdichtet) in eiserne Bomben eingeschlossen, die auf 350 Atmosphärendruck geprüft sind.

Die charakteristische Eigenschaft des Sauerstoffes ist die Fähigkeit, glimmende Stoffe zur Entzündung zu bringen. Ein glimmender Holzspan z. B. beginnt beim Hineinhalten in Sauerstoff lebhaft zu brennen. Dies Verhalten wird gewöhnlich zur Erkennung des Sauerstoffes benutzt. Überhaupt besitzt der Sauerstoff das Bestreben, sich mit anderen Stoffen zu verbinden. Ferner übt er in Sonnenlicht eine stärkere (oxydierende) Wirkung aus als im Dunkeln bzw. im zerstreuten Licht.

Holzkohle glüht an der Luft nur mäßig, in Sauerstoff gebracht, verbrennt sie dagegen mit heller Glut. Schwefel, der an der Luft nur mit schwacher Flamme brennt, verbrennt in Sauerstoff mit stark blauem, Phosphor mit blendend weißem Licht. — Wenn man eine stählerne Uhrfeder an einem Ende glühend macht und dann in Sauerstoff bringt, so verbrennt sie unter lebhaftem Funkensprühen.

In allen diesen und ähnlichen Fällen ist nach der Verbrennung der Sauerstoff und das zur Verbrennung gelangte Material verschwunden, während andere Stoffe entstanden sind. Wir haben es hier also mit einer bleibenden Veränderung der Stoffe, mit einem chemischen Vorgange zu tun.

Bei der Verbrennung von Holzkohle findet man als Produkt ein Gas, das Kalkwasser trübt und die Verbrennung nicht zu unterhalten vermag; es heißt Kohlendioxyd (CO_2).

Der Schwefel liefert ebenfalls ein Gas, das einen stechenden Geruch besitzt und Schwefeldioxyd (SO_2) genannt wird. Der Phosphor gibt beim Verbrennen ein weißes flockiges Pulver (Phosphorpentoxyd P_2O_5). Aus Eisen endlich entsteht durch die Verbrennung ein schwarzes Pulver, Fe_3O_4, Hammerschlag genannt, weil es beim Schmieden des Eisens als Funken wegspritzt.

Versuche: 1. Man erhitzt in einem Reagensglas einige Kubikzentimeter Kaliumchlorat, nach dem Schmelzen der Krystalle entwickelt sich Sauerstoff. Ein glimmender Span in die Öffnung des Reagensglases gehalten, entflammt.

2. Man entzündet einen Schwefelfaden und bringt ihn in das mit Sauerstoff gefüllte Reagensglas. Der Schwefel verbrennt mit hellblauer Flamme.

Anwendung des Sauerstoffes. Der Sauerstoff dient zur Erzielung hoher Temperaturen und starker Lichtquellen, ferner in der Medizin zur Linderung von Atemnot, zum Einatmen bei Blutarmut, zur Herstellung von Sauerstoffwasser (Wasser, das mit Kohlendioxyd und Sauerstoff versetzt ist) und zur Bereitung von Sauerstoffbädern. Außerdem findet Sauerstoff Anwendung zu künstlichen Atmungen, z. B. für Taucher unter dem Wasserspiegel, für Insassen von Luftschiffen und Luftballons in höheren Luftschichten usw.

15. Oxydation. Wiegt man die bei der Verbrennung entstandenen Produkte, so findet man, daß ihr Gewicht größer ist als das des verbrannten Stoffes. Hängt man z. B. einen Hufeisenmagnet, der in Eisenfeilspäne getaucht ist, an die Unterseite einer Wagschale, legt auf die andere Schale der Wage so viel Gewichte auf, daß Gleichgewicht besteht und verbrennt das Eisenpulver dadurch, daß man es mit der nicht leuchtenden Flamme eines Bunsenbrenners bestreicht, so senkt sich die Wagschale, die den Magneten trägt.

Um die Gewichtszunahme für einen Fall zu beweisen, bei dem nur gasförmige Produkte entstehen, kann man eine Kerze verbrennen und die Verbrennungsprodukte — Kohlensäure und Wasserdampf — auffangen.

Die Gewichtszunahme wird dadurch verursacht, daß alle Verbrennungsprodukte außer dem verbrannten Stoff auch Sauerstoff enthalten, sie sind Verbindungen dieser Stoffe mit Sauerstoff. Die Verbindungen des Sauerstoffes werden Oxyde genannt und der Vorgang dieser Vereinigung heißt Oxydation. Wenn Stoffe an der Luft verbrennen, so verbinden sie sich fast immer nur mit dem Sauerstoff.

Versuch: Man wägt den Deckel einer Blechschachtel auf einer Apothekerwage ab, bringt einige Gramm Eisenpulver auf den Deckel, stellt das Gewicht fest und erhitzt den abgenommenen Deckel mit dem Eisenpulver einige Zeit, läßt erkalten und wägt nochmals. Man findet nun, daß das Gewicht des Eisenpulvers zugenommen hat. Die Gewichtszunahme stellt den aufgenommenen Sauerstoff dar (Oxydation).

16. Verbrennung und langsame Oxydation. Unter Verbrennung im weiteren Sinne versteht man jeden chemischen Prozeß, der von Licht- und Wärmeentwicklung begleitet ist, im engeren Sinne jedoch die Vereinigung von Substanzen mit Sauerstoff, wenn diese unter Entwicklung von Licht und Wärme an der Luft stattfindet. Zur Einleitung der Verbrennung ist gewöhnlich ein Erwärmen auf eine, für die einzelnen Stoffe verschiedene Entzündungstemperatur erforderlich. Die Vereinigung der Substanzen mit Sauerstoff kann aber auch schon bei niedriger Temperatur, wenn auch langsam und ohne Entwicklung von Licht und Wärme, vor sich gehen, dies ist z. B. der Fall beim Vermodern des Holzes. Eine der wichtigsten langsamen Oxydationen vollzieht sich in unserem Körper, wobei Bestandteile der als Nahrungsmittel dienenden Stoffe sich mit Sauerstoff verbinden und dadurch die zur Erhaltung unserer Körpertemperatur von 37,5^0 erforderliche Wärme erzeugen. Dieser Oxydationsprozeß vollzieht sich durch die Atmung, dadurch nehmen wir täglich ungefähr 800 g Sauerstoff in die Lungen auf, der dann in der Blutbahn mit den oxydierbaren Stoffen in Berührung kommt und sie zu anderen Formen oxydiert. (Vgl. hierüber auch den § 63.)

Ozon, O_3.

17. Bildung. Schon im Jahre 1785 wurde beobachtet, daß Sauerstoff beim Durchschlagen von elektrischen Funken einen knoblauchartigen Geruch annimmt und eine spiegelnde Quecksilberfläche sofort blind macht. Diese Erscheinung hat Schönbein im Jahre 1840 genauer untersucht und als

ihre Ursache die Bildung eines eigentümlichen Körpers erkannt, den er Ozon
(von dem griechischen Wort ozeion = riechen) nannte. Der Körper erwies
sich als eine besondere Art von Sauerstoff, der in seinen Eigenschaften von
denen des gewöhnlichen Sauerstoffs abweicht. Daß der Körper wirklich nur
aus Sauerstoff besteht, ergibt sich daraus, daß er aus vollkommen reinem
trockenen Sauerstoff durch elektrische Entladungen, z. B. durch Induktions-
funken, erhalten werden kann.

Ozon entsteht auch bei manchen Reaktionen, so bei der langsamen Oxydation feuchten Phosphors oder beim Zusammenbringen von übermangan-
saurem Kalium mit konzentrierter Schwefelsäure, in letzterem Falle tritt
durch die Zersetzung der freigewordenen Übermangansäure ($HMnO_4$) Ozon auf.

Darstellung. Sie geschieht mil Hilfe von sog. Ozonisatoren (auch
Ozoniseure genannt), die gewöhnlich aus einem System von Ozonröhren bestehen, in denen vermittels hochgespannter elektrischer Ströme Entladungen
erzeugt werden.

Eigenschaften. Ozon ist bei gewöhnlicher Temperatur gasförmig, von
eigenartigem Geruch und in dicker Schicht von blauer Farbe. Durch lang-
sames Zusammenpressen bei niedriger Temperatur oder durch Abkühlung
kann man das Ozon zu einer indigoblauen Flüssigkeit verdichten.

Ozon ist charakterisiert durch seine Eigenschaft, schon bei gewöhnlicher
Temperatur kräftig oxydierend zu wirken, besonders in feuchtem Zustande.
Phosphor und Schwefel werden z. B. in Phosphorsäure und Schwefelsäure
oxydiert, auch organische Stoffe, wie Kautschuk, werden oxydiert und
dabei zerstört, Farbstofflösungen, wie Lackmus oder Indigo, werden durch
Oxydation entfärbt. Ozon ist ein sehr wirksames Mittel zur Vernichtung von
Kleinlebewesen, es wird deshalb mit Erfolg zum Keimfreimachen (Sterili-
sieren) von Trinkwasser, in neuerer Zeit auch zur Luftverbesserung großer
Versammlungsräume (z. B. des großen Konzertsaales der Philharmonie und
der Gesellschaftssäle des Hotels Adlon in Berlin) benutzt. Wird Ozon in konzentrierter Form eingeatmet, so reizt es die Atmungsorgane und ruft Husten-
anfälle hervor, bei vielen Menschen erzeugt es auch starken Kopfschmerz
und große Müdigkeit.

Ozon ist bei gewöhnlicher Temperatur beständig, durch Erhitzen wird es
jedoch leicht in gewöhnlichen Sauerstoff verwandelt, in Wasser ist es wenig
löslich, die im Handel zuweilen angepriesenen „Ozonwässer" enthalten kein
Ozon, da dieses durch Wasser bald zersetzt wird. Es scheint in sehr kleinen
Mengen in der atmosphärischen Luft, namentlich nach starken Gewittern,
vorzukommen.

Wasserstoff (Hydrogenium) H (Einwertig).

18. Geschichtliches. Der Wasserstoff wurde im Jahre 1766 von Cavendish als eine eigentümliche gasförmige Substanz erkannt, war jedoch
schon früher als ein brennbares Gas beobachtet worden. Der Name Hydro-
genium leitet sich ab von den griechischen Worten hydor, Wasser und gennao,
ich erzeuge, also Wasserbildner.

Vorkommen. Der Wasserstoff kommt auf der Erde nur in geringer Menge
in freiem Zustand vor, namentlich als Bestandteil von Gasgemengen, die an
manchen Orten der Erde entströmen, z. B. der Gase, die aus den Petroleum-

quellen von Pennsylvanien entweichen, in geringer Menge im Steinsalz (Wieliczka) und Karnallit (Abraumsalz, Staßfurt) eingeschlossen. Ferner findet er sich in den Darmgasen und in Spuren auch in der Luft. Große Mengen von freiem Wasserstoff sind dagegen in der Sonnenatmosphäre nachgewiesen worden. In chemisch gebundenem Zustande kommt der Wasserstoff auf der Erde namentlich als Bestandteil im Wasser vor, ferner enthalten alle tierischen und pflanzlichen Stoffe Wasserstoff in Verbindung mit Kohlenstoff und meist auch noch mit Sauerstoff und Stickstoff.

Darstellung. Man kann Wasserstoff auf verschiedene Art herstellen, die wichtigsten Verfahren sind die folgenden:

1. Man setzt angesäuertes Wasser dem elektrischen Strome aus, es entwickelt sich an der negativen Elektrode (der Kathode) Wasserstoff.

Die gewöhnlichen Verfahren zur Herstellung des Wasserstoffes beruhen auf Zerlegung von Wasserstoffverbindungen, solche Verfahren sind:

2. die Einwirkung von Zink auf verdünnte Schwefelsäure oder verdünnte Salzsäure:

$$a) \qquad Zn + H_2SO_4 = ZnSO_4 + 2\,H;$$
$$b) \qquad Zn + 2\,HCl = ZnCl_2 + 2\,H;$$

3. die Einwirkung von Natrium oder Kalium auf Wasser:

$$Na + H_2O = NaOH + H,$$
$$K + H_2O = KOH + H.$$

Eigenschaften des Wasserstoffes. Der Wasserstoff ist ein farb- und geruchloses Gas, er ist der leichteste aller bekannten Stoffe [sein spezifisches Gewicht, auf Luft = 1 bezogen, beträgt nur 0,0695]. 1 Liter Wasserstoff wiegt bei 0 ° und 760 mm Druck 89,9 mg (also rund 90 mg). Wegen seiner Leichtigkeit wird er zum Füllen von Luftballons und Luftschiffen verwendet. 1 cbm (1000 l) Luft wiegt 1,29 kg, 1 cbm (1000 l) Wasserstoff nur 0,09 kg. Der Auftrieb oder die Tragfähigkeit des Wasserstoffes in Luft ist daher gleich dem Unterschied dieser Zahlen, also 1,2 kg auf 1 cbm. Er ist in Wasser wenig löslich und läßt sich sehr schwer zu einer farblosen Flüssigkeit verflüssigen. Wasserstoff kommt in Stahlflaschen in stark zusammengepreßtem Zustande in den Verkehr.

Der Wasserstoff verbindet sich nicht mit einer so großen Anzahl Elemente als der Sauerstoff. Bei höherer Temperatur zeigt er große Neigung, sich mit dem Sauerstoff zu verbinden, indem er mit nicht leuchtender, sehr heißer Flamme zu Wasser verbrennt. Dieses ist nicht sichtbar, da es bei der hohen Temperatur sofort dampfförmig wird. Hält man aber einen kalten Gegenstand über die Flamme, so beschlägt er sich mit Wassertröpfchen. Hierauf beruht auch das Feuchtwerden unserer Kochgeschirre bei beginnendem Erhitzen, weil alle unsere Brennstoffe Wasserstoff enthalten, der beim Verbrennen Wasserdampf bildet.

Versuch: Man füllt ein Reagensglas zu etwa ein Drittel mit verdünnter Schwefelsäure und gibt eine Messerspitze voll Zinkstaub hinein. Es entwickelt sich, besonders unter vorsichtigem Erwärmen, allmählich lebhaft Wasserstoffgas, das aus der Röhre entweicht und nach Verdrängung der Luft angezündet werden kann.

19. Knallgas, Knallgasgebläse. Drummondsches Kalklicht. Ein Gemisch von Wasserstoff und Sauerstoff, besonders ein solches von 2 Raumteilen Wasserstoff und 1 Raumteil Sauerstoff, nennt man Knallgas, es geht beim

Anzünden sofort in Wasserdampf über und explodiert in einem offenen Gefäß mit lautem Knall. Da die Apparate, in denen Wasserstoff hergestellt wird, stets Luft enthalten, muß man mit dem Anzünden des Wasserstoffes so lange warten, bis der sich entwickelnde Wasserstoff alle Luft aus dem Gefäß verdrängt hat, weil sonst heftige Knallgasexplosionen eintreten.

Die bei der Verbrennung des Wasserstoffes mit Sauerstoff entwickelte große Wärmemenge benützt man im Knallgasgebläse. Die einfachste Form eines solchen Gebläses (Abb. 2) besteht im wesentlichen aus einem weiteren Rohre a, das ein zweites engeres Rohr b umschließt und mit ihm fest verschraubt ist. Der Wasserstoff tritt durch c, der Sauerstoff durch d in das enge Rohr b ein. Man läßt erst den Wasserstoff aus dem weiteren Rohre ausströmen, entzündet ihn und läßt dann den Sauerstoff langsam zutreten, bis die Flamme schmal und gestreckt erscheint.

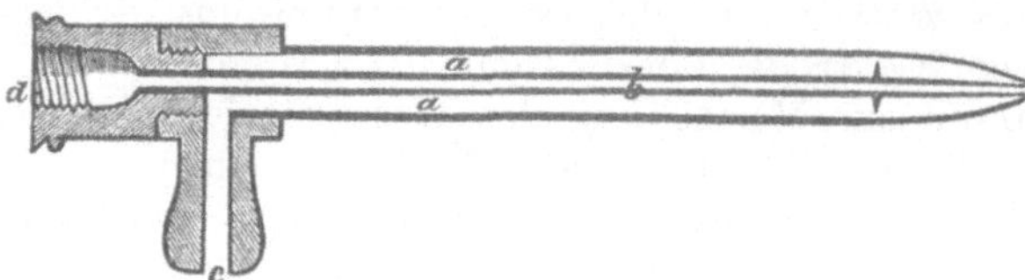
Abb. 2. Knallgasgebläse (Daniellscher Hahn).

Sie leuchtet nur sehr wenig, ist aber sehr heiß (etwa 2000°); Eisendraht, Stahl, Kupfer, Zink verbrennen in ihr mit Leichtigkeit; praktisch verwendet wird sie besonders zum Schmelzen von Platin.

Führt man in die Knallgasflamme Stoffe ein, die in ihr weder verbrennen noch schmelzen oder sich verflüchtigen, so werden sie so stark erhitzt, daß sie ein sehr starkes weißes Licht ausstrahlen. Gewöhnlich dient hierzu gebrannter Kalk (CaO), deshalb heißt das so erzeugte Licht auch Kalklicht oder nach dem Erfinder Drummondsches Licht. Es wurde früher — vor Einführung des elektrischen Bogenlichtes — viel zu Leuchtfeuern, Projizieren von Bildern in Vorlesungen u. dgl. benutzt.

20. Reduktion. Der Wasserstoff ist nicht nur imstande, sich mit freiem Sauerstoff zu verbinden, er vermag auch den Verbindungen Sauerstoff zu entziehen; diese Einwirkung von Wasserstoff auf eine Verbindung nennt man Reduktion. Oft kann man dadurch erkennen, ob eine Verbindung Sauerstoff enthält, weil dann Wasserstoff und Sauerstoff in vielen Fällen sich zu Wasser vereinigen. Bringt man z. B. Kupferoxyd in eine Röhre, leitet dann unter Erhitzen Wasserstoff hindurch, so verwandelt sich das schwarze Kupferoxyd in rotes Kupfer, gleichzeitig setzen sich an dem kälteren Teile der Röhre Wassertropfen ab, auf dieselbe Weise kann man eine große Anzahl Oxyde reduzieren, z. B. Eisenoxyd, Bleioxyd usw.

Das Wasser, H_2O.

21. Vorkommen des Wassers. Das Wasser ist lange für ein Element gehalten worden, erst der englische Chemiker Cavendish entdeckte im Jahre 1781, daß bei der Explosion eines Gemisches von Wasserstoff und Luft oder von Wasserstoff und Sauerstoff Wasser entsteht, er wußte aber für diese Tatsache eine richtige Erklärung nicht zu geben, dies geschah erst durch den französischen Forscher Lavoisier. Das Wasser ist in der Natur sehr verbreitet, es bedeckt in der Form von Ozeanen, Meeren, Seen und Flüssen fast ¾ der Erdoberfläche. Außerdem findet es sich in der Luft als Wasserdampf, ferner in der Form von Wolken, Nebel, Regen, Schnee, Hagel, Tau, Reif (gefrorener Tau) und Eis, endlich kommt es noch vor als Quell- und Mineralwasser sowie in vielen Mineralien als sog. Krystallwasser, z. B. im Kupfervitriol $CuSO_4$, der mit 5 Teilen Wasser krystallisiert, ferner in der Soda, im Bittersalz usw. Viele chemische Stoffe haben nämlich die Eigenschaft, bei der Ausscheidung aus ihren wässerigen Lösungen Wasser gebunden zu halten und mit diesem zu krystallisieren. Läßt man solche Krystalle, z. B. Soda, an der Luft liegen, so werden die Krystalle undurchsichtig und zerfallen, indem ein Teil des Wassers verdunstet, man nennt diesen Vorgang „Verwittern der Krystalle".

Das Wasser bildet außerdem den hauptsächlichsten Bestandteil aller tierischen und pflanzlichen Stoffe. Alle unsere Nahrungs- und Genußmittel enthalten daher beträchtliche Wassermengen.

22. Eigenschaften des Wassers. Das Wasser ist bei gewöhnlicher Temperatur eine Flüssigkeit ohne Geruch und Geschmack, es ist in dünnen Schichten farblos, in dicken Schichten (25 cm) grün oder blau gefärbt. Das Wasser gefriert bei 0^0 C und siedet (kocht) bei 100^0 C bei einem Luftdruck, der einem Barometerstande von 760 mm entspricht, wobei es sich in Wasserdampf verwandelt. Während des Kochens steigt die Temperatur des Wassers nicht weiter, die zugeführte Wärmemenge wird vielmehr nur zur Dampfbildung verbraucht. Der Siedepunkt des Wassers hängt vom Druck ab, der auf der Oberfläche des Wassers lastet. Bei geringerem Druck, z. B. auf hohen Bergen, wo der Luftdruck schwächer ist als in der Ebene, siedet das Wasser bei niedrigerer Temperatur (auf dem Montblanc bei $84,4^0$ C); bei erhöhtem Luftdruck oder bei Zusatz von Salzen siedet es erst über 100^0 C.

Das Verhalten des Wassers benutzt man in der Küche bei der Anwendung des Papinschen Topfes, der dazu dient, solche Speisen durch Kochen weich zu machen, die hierzu einer höheren Temperatur als 100^0 C bedürfen. Der Papinsche Topf besteht aus einem starken eisernen Topfe, den man durch Aufschrauben eines Deckels luftdicht verschließen kann. Erhitzt man Wasser in einem solchen Gefäß, so kann der entstehende Dampf nicht entweichen und vermehrt den über dem Wasser lagernden Druck, das Kochen des Wassers tritt daher erst bei einer Temperatur von über 100^0 C ein. An dem Deckel des Gefäßes befindet sich ein Sicherheitsventil, das sich öffnet und einen Teil des Dampfes hinausläßt, sobald dieser so groß wird, daß durch ihn das Gefäß zerstört werden könnte. Wird Wasserdampf abgekühlt, so geht er wieder in den flüssigen Zustand über, dabei wird an die Umgebung Wärme abgegeben, hierauf beruht die Anwendung des Wasserdampfes zur Heizung der Wohnräume (Dampfheizung).

Läßt man Wasser in einem Gefäß an der Luft stehen, so verdunsten von der Oberfläche Wasserteilchen, die sich dabei in Wasserdampf verwandeln. Beim Verdunsten wird der Luft Wärme entzogen und diese dadurch abgekühlt. Auf der Verdunstung beruht das Trocknen nasser Gegenstände, z. B. der Wäsche. Eine Verdunstung des Wassers findet bei jeder Temperatur statt, jedoch geht das Verdunsten in der Wärme rascher vor sich als in der Kälte, auch wird die Verdunstung durch Windbewegung noch vermehrt. Die Luft vermag nur eine bestimmte Menge Wasserdampf aufzunehmen, und zwar in der Wärme mehr als in der Kälte, ist dieser Punkt erreicht, so ist die Luft gesättigt, eine weitere Verdunstung kann dann nicht mehr stattfinden. Wird diese gesättigte Luft abgekühlt, so bilden sich aus dem Wasserdampf zunächst Dampfbläschen, dann Wassertropfen, die als Regen zu Boden fallen. Gefrieren die Dampfbläschen der Luft, bevor sie sich zu Wassertropfen zusammenballen können, so bildet sich Schnee. Der Schnee besteht, wie das Eis, aus vielen kleinen Sternchen, die nach sechs Richtungen gebildet sind.

Das Wasser dehnt sich, wie alle übrigen Körper, beim Erwärmen aus und zieht sich beim Abkühlen wieder zusammen, es hat jedoch die merkwürdige Eigenschaft, daß es bei einer Temperatur von $+ 4^0$ C die größte Dichte, also den kleinsten Umfang (Volumen) besitzt, kühlt man es noch weiter ab (etwa bis 0^0 C), so dehnt es sich wieder aus.

Beim Übergang von Wasser in Eis nimmt der Umfang um ungefähr 9% zu. 1 Liter Wasser von 0^0 C liefert ungefähr 1,1 Liter Eis von derselben Temperatur, dadurch wird also das spezifische Gewicht des Eises geringer als das des Wassers. Dies hat zur Folge, daß das Eis oben schwimmt, während das darunter befindliche Wasser flüssig bleibt. Die Temperatur der untersten Schichten wird nur selten niedriger als $+ 4^0$ C, denn wenn eine Schicht diese Temperatur erreicht hat, ist sie am schwersten, sinkt daher nach unten und wird infolge der schlechten Wärmeleitung der oberen Schichten vor weiterer Abkühlung geschützt. Dadurch wird verhütet, daß im Winter die Flüsse und Meere völlig zu Eis gefrieren, wie es geschehen würde, wenn Eis schwerer als Wasser wäre und die größte Dichte des Wassers nicht über 0^0 C läge. Daß die Gewässer nur an der Oberfläche gefrieren, ermöglicht nicht nur das Leben der Wassertiere, sondern ist auch von größtem Einfluß auf das Klima. Wenn nämlich die Gewässer bis zum Grund gefrieren würden, so würde die Sonnenwärme nicht ausreichen, um das Eis wieder völlig zu schmelzen, in unserer gemäßigten Zone würde ein Klima herrschen wie in den Polargegenden und ein großer Teil von Europa würde unbewohnbar sein. Die Ausdehnung des Wassers beim Gefrieren ist ferner wichtig bei der Verwitterung fester Gesteinsmassen. Das Wasser dringt als Regen in die Spalten des Gesteins, gefriert es, so werden infolge der großen Kraft, mit der es sich auszudehnen strebt, die Spalten erweitert, bis schließlich das Gestein gesprengt wird.

Das in der Natur vorkommende Wasser ist nicht chemisch rein, weil es die Fähigkeit besitzt, feste Stoffe und Gase, z. B. Kohlensäure, zu lösen, und zwar nimmt es um so mehr Gase auf, je niedriger seine Temperatur und je stärker der Druck ist, den das Gas ausübt. Erwärmt sich das Wasser oder wird der Druck plötzlich verringert oder aufgehoben, so entweicht das Gas in Form von Bläschen, da es unter den veränderten Druck- oder Temperaturverhältnissen nicht mehr im Wasser gelöst bleiben kann. Dreht man z. B. den Hahn einer Wasserleitung plötzlich sehr weit auf, und läßt das Wasser in ein Glasgefäß, so sieht man, daß es milchig getrübt ist. Es enthält nämlich eine große Anzahl Luftbläschen, die aber schnell in die Höhe steigen und entweichen, so daß das Wasser bald völlig klar ist.

Das Wasser besitzt die Fähigkeit, den Sauerstoff der Luft reichlicher zu lösen als den Stickstoff, dadurch wird es geeignet als Aufenthalt für Fische und andere Wassertiere, die sämtlich Sauerstoff zur Erhaltung ihres Lebens bedürfen.

23. Regenwasser, Grund- und Quellwasser. Das reinste natürliche Wasser ist das Regenwasser, da es bereits einen Destillationsprozeß durchgemacht hat; bei dem Niederfallen auf die Erde nimmt es aus der Luft Staubteile und

Gase auf. Das Regenwasser wird wegen der geringen Menge der in ihm gelösten Bestandteile gern zum Waschen benutzt, da es die Seife und den Schmutz der Wäsche leicht auflöst, dagegen ist es als Trinkwasser wegen der oft in ihm enthaltenen organischen Verunreinigungen nicht geeignet und darf hierzu erst nach dem Abkochen verwendet werden.

Fällt das Regenwasser auf durchlässigen Boden, z. B. Kies oder Sand, so sickert es ein und läßt die aus der Luft oder von der Erdoberfläche mitgeführten, ungelösten Verunreinigungen in den oberen Bodenschichten wie in einem Filter zurück. Hier nimmt das Wasser lösliche chemische Bestandteile auf, namentlich Kalk- und Magnesiumsalze, ferner Natrium- und Kaliumverbindungen, zuweilen auch Eisen, ferner auch Kohlensäure und Luft, die sich in den Poren des Bodens finden, hierdurch erhält es seinen erfrischenden Geschmack, während destilliertes Wasser fade schmeckt. Enthält das Wasser viel Kalk- und Magnesiumsalze (namentlich kohlensaure und schwefelsaure Salze), so bezeichnet man es als **hartes** Wasser, es ist dann zum Waschen und Kochen nicht geeignet und muß erst weich gemacht werden (vgl. § 203). Sobald es beim Durchsickern eine undurchlässige Bodenschicht, z. B. Fels, Ton oder Lehm erreicht hat, bleibt es auf dieser als **Grundwasser** stehen oder tritt, wenn es auf der Oberfläche eines Berges oder Hügels eingesickert ist, zuweilen am Fuße des Berges als **Quelle** zutage, die in Städten oft zur Anlage eines dauernd fließenden Brunnens (artesischer B.) benutzt wird.

Versuche: 1. Destilliertes, also weiches Wasser, wird erkannt, wenn man eine Probe Wasser im Reagensglase mit etwas klarer Seifenlösung schüttelt. Schon bei geringem Schütteln entsteht ein Schaum (Seifenprobe).

2. Hartes Wasser, das man z. B. durch Schütteln von Wasser mit Gipspulver und nachfolgendem Filtrieren herstellen kann, mit etwas Seifenlösung geschüttelt, schäumt nicht. Die Seife gerinnt. Erst nach Zusatz von mehr Seifenwasser erfolgt Schäumen; gipshaltiges Wasser gekocht, bleibt klar und hart, Gips scheidet sich nicht aus.

24. Brunnenwasser. Man unterscheidet Flachbrunnen und Tiefbrunnen. Das Wasser der Flachbrunnen entstammt dem Grundwasser der oberen Bodenschichten und enthält daher in bewohnten Orten, deren Untergrund durch die Abfälle des menschlichen Haushaltss verunreinigt ist, zuweilen gesundheitsschädliche Beimengungen. Das Wasser der Tiefbrunnen stammt aus einer Tiefe von mehr als 30 m und ist fast immer frei von Kleinlebewesen (Bakterien) und Zersetzungsstoffen, enthält aber zuweilen nicht unwesentliche Eisenmengen, die dem Wasser einen unangenehmen (tintenähnlichen) Geschmack verleihen und sich allmählich als bräunlicher Schlamm zu Boden setzen.

Es gibt zwei Arten von Brunnen, nämlich die **Kessel- oder Schachtbrunnen** und die **Röhrenbrunnen.** Erstere werden in der Weise angelegt, daß man die Erde bis auf die Grundwasser führende Bodenschicht ausschachtet und die Wände des Schachtes entweder ausmauert oder mit Holz auskleidet. In dem Kessel oder Schacht sammelt sich das Grundwasser an dem Boden an, um dann mit Schöpfgefäßen (Ziehbrunnen) oder durch Pumpen (Pumpbrunnen) gehoben zu werden. Bei mangelhafter Dichtigkeit der Wände oder bei fehlender Bedeckung werden diese Brunnen oft von oben oder von den Seiten verunreinigt, namentlich dann, wenn solche Brunnen in der Nähe undichter Dungstätten oder Abortgruben angelegt sind, so daß deren Inhalt in den schadhaft gewordenen Brunnen eindringen kann.

Die **Röhrenbrunnen,** auch **abessinische Brunnen** genannt (seitdem sie von den Engländern bei ihrer Expedition gegen Abessinien im Jahre 1869 in größeren Mengen zur Anwendung gelangten), bestehen aus einem unten durchlöcherten und mit Stahlspitze (Schraube) versehenem Eisenrohr, das bis auf die Wasser führende Bodenschicht (mindestens 30 m, oft über 100 m tief) eingetrieben und am oberen Ende mit einer Pumpvorrichtung versehen ist. Solche Tiefbrunnen sind gegen das Eindringen verunreinigender Zuflüsse geschützt, ihre Anlage ist deshalb zur Beschaffung einwandfreien Trinkwassers zu empfehlen. (Abb. 3.)

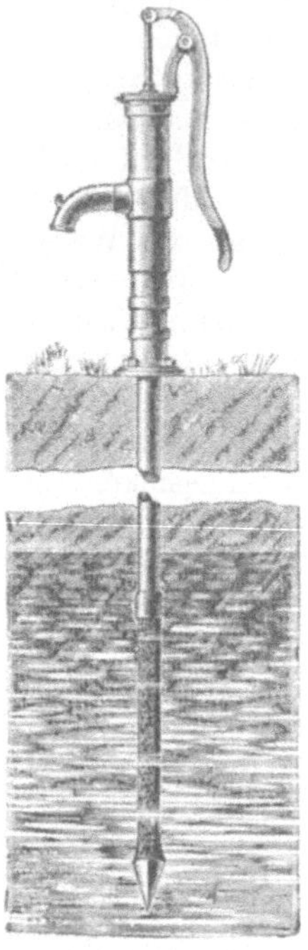

25. Oberflächenwasser. Liegt der Spiegel des Grundwassers sehr tief unter der Erdoberfläche, besteht der Untergrund aus Felsgesteinen oder ist das Wasser infolge des Gehaltes an gelösten Salzen zum Genusse untauglich, so ist man, falls nicht Quellen vorhanden sind, auf die Verwendung von Oberflächenwasser angewiesen. Als Oberflächenwasser bezeichnet man das Wasser der Flüsse, Bäche, Seen, Teiche, wie überhaupt alle Gewässer, deren Spiegel sich an der Erdoberfläche befindet. In seiner Brauchbarkeit als Trinkwasser steht dieses Oberflächenwasser dem Quell- und Grundwasser nach, da es arm an Kohlensäure und Mineralstoffen ist und auch oft Verunreinigungen der verschiedensten Art, zuweilen sogar Krankheitskeime, enthält. Die Krankheitskeime werden am sichersten durch Abkochen vernichtet, jedoch verliert das Wasser dabei die Kohlensäure und dadurch den erfrischenden Geschmack.

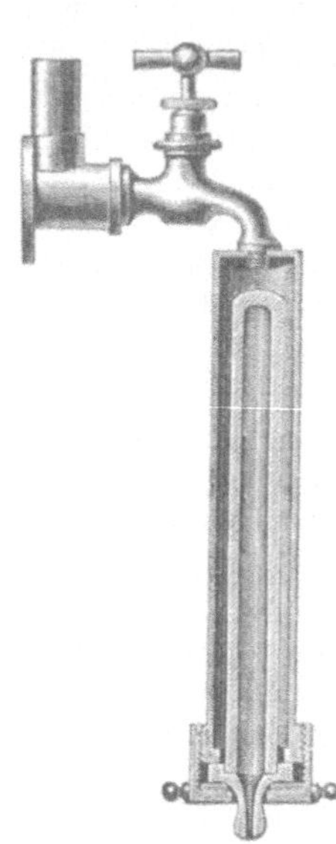

Abb. 3.
Ein Röhrenbrunnen.

Abb. 4. Kieselgurfilter.
nach Berkefeld.

Das Fluß- und Bachwasser setzt sich zusammen aus dem Niederschlagwasser sowie dem Grund- und Abfallwasser, soweit letzteres aus bewohnten Gegenden stammt und in die Flüsse entleert wird. Es besitzt daher eine sehr verschiedene Zusammensetzung und ist oft stark verunreinigt. Diese Verschmutzung ist namentlich bei langsam fließenden Gewässern schon durch das trübe Aussehen oder den fauligen Geruch und Geschmack kenntlich. Der Einfluß der Verunreinigungen ist um so geringer, je größer die Gewässer sind und je schneller das Wasser fließt. Da in größerer Entfernung von solchen schmutzführenden Zuflüssen das Wasser wieder rein zu sein pflegt, so nimmt man an, daß das Wasser sich durch die sog. Selbstreinigung der Schmutzstoffe entledigen kann; hierbei setzen sich die Verunreinigungen zu Boden und die zugeführten fremden Beimengungen werden zersetzt. Nur einige schädliche Bakterienarten, wie z. B. das Cholerabakterium, scheint im Wasser längere Zeit haltbar zu sein, wenigstens bringt man die bei Epidemien beobachtete Verbreitung der Cholera an den Flußläufen mit einer Verschleppung des Cholerabakteriums durch das Wasser in Verbindung.

Soll Oberflächenwasser zu Trinkzwecken benutzt werden, so muß es daher erst von etwa vorhandenen Keimen und sonstigen Verunreinigungen durch Kochen oder durch Filtrieren befreit werden. Zum Filtrieren können im Haushalt kleine Hausfilter benutzt werden, zu deren Herstellung Kohle, Asbest, poröse Steine, Kieselgur, ungebranntes Porzellan usw. Verwendung finden, jedoch müssen solche Filter von Zeit zu Zeit gereinigt werden, weil in den Filterwänden eine Vermehrung der Bakterien stattfindet und hierdurch die filtrierende Kraft des Filters aufgehoben wird (vgl. Abb. 4).

26. Wasserversorgung in Städten. Wenn Oberflächenwasser in Städten zu Trinkzwecken benutzt werden soll, so muß es von Verunreinigungen und

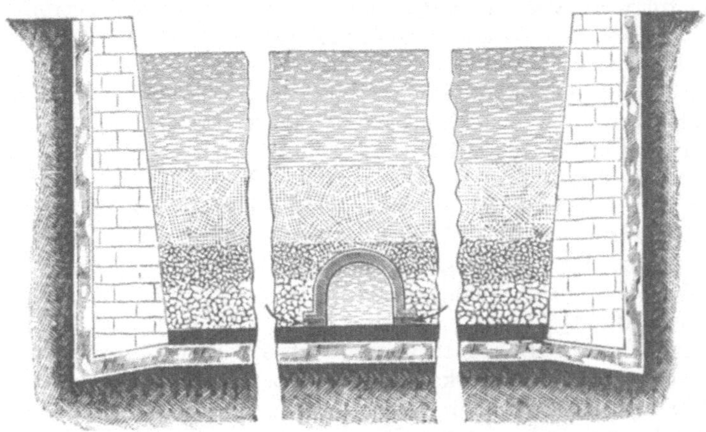

Abb. 5. Schema eines großen Sandfilters zur Reinigung von Oberflächenwasser.

Bakterien befreit werden; man erreicht dies in den sog. Wasserwerken durch Absetzen des Wassers in Klärbassins und durch Filtration mittels Sandfilter. Diese Sandfilter bestehen aus wasserdicht ausgemauerten Becken von ungefähr 200—400 qm Grundfläche, die am Boden mit größeren Feldsteinen, dann mit kleineren Steinen, Kies, grobem Sand, feinem Sand angefüllt werden. Bei Inbetriebsetzung eines solchen Filters wird das Becken von oben her so weit mit Wasser gefüllt, daß es ungefähr 1 m über der Sandschicht steht. Aus den sich nach einigen Tagen absetzenden Sinkstoffen bildet sich eine Filterdecke, die als feinporige, schleimige, aber durchlässige Haut den wesentlichsten Bestandteil des Filtrierapparates bildet. Je dichter diese Schlammdecke allmählich wird, desto langsamer filtriert das Wasser. Das ablaufende Wasser wird täglich bakteriologisch und chemisch geprüft (vgl. Abb. 5).

In den meisten großen Städten wird die Wasserversorgung durch Grundwasser bewirkt, das Wasser wird dabei durch große Schöpf- oder Fördermaschinen aus den Brunnen gesaugt und auf den sog. Rieseler gehoben, der durch Einbauten von Holzhürden eine möglichst feine Verteilung des herabrieselnden Wassers bewirkt; das im Wasser vorhandene Eisen setzt sich dabei als Eisenoxyd an den Hürden ab, wird in die Klärbassins — wohin das Wasser jetzt gelangt — abgelagert oder in den Sandfiltern zurückgehalten. Von den

Sandfiltern fließt das Wasser den Fördermaschinen zu und wird von hier durch Druckpumpen nach den Reinwasserbehältern gedrückt. Die Wasserversorgung der Stadt Berlin geschieht zur Zeit fast ausschließlich durch Grundwasser, so daß in kurzem die gesamte Versorgung durch Grundwasser durchgeführt sein wird (Wasserwerke in Tegel und am Müggelsee).

Auch Quellwasser eignet sich vorzüglich zur Wasserversorgung; so besitzt die Stadt Frankfurt a. M. eine vorzügliche Pumpbrunnenanlage neben einer Quellwasserleitung.

Mehrfach hat man auch Talsperren angelegt, um Städte mit Wasser zu versorgen. Diese Sperren werden stets an den Ausläufern von Gebirgen gebaut, versperren sämtlichen vom Gebirge herunterkommenden Wasserläufen den Weg, sammeln und stauen das Wasser zu gewaltigen Massen und lassen das filtrierte Wasser in den benötigten Mengen der betreffenden Gemeinde zufließen. Die Wasserversorgung der Stadt Chemnitz wird z. B. in dieser Weise bewirkt.

In allen Fällen geschieht die Fortleitung des Gebrauchswassers aus den Sammelbehältern in die Hochreservoire (Wassertürme) und in die Häuser durch emaillierte gußeiserne Röhren. Die Hausleitungen werden meist aus Blei, selten aus verzinntem Blei hergestellt. Ersteres ist in gesundheitlicher Hinsicht nicht unbedenklich, da Wasser Blei löst, und zwar desto mehr, je reiner und salzärmer es ist. Wasser, das lange in der Rohrleitung, etwa über Nacht, gestanden hat, läßt man am besten erst ablaufen, bevor man aus der Leitung Wasser zu Gebrauchszwecken entnimmt. (Weiteres hierüber vgl. beim Kapitel Blei.)

27. Meerwasser. Das Meerwasser enthält 2—7% Kochsalz, ungefähr 3,0 Chlormagnesium und Chlorkalium sowie noch ungefähr 25 andere Elemente, die meisten allerdings in sehr geringer Menge. Wegen des hohen Gehaltes an gelösten Bestandteilen ist das Meerwasser zum Trinken ungeeignet, auch zum Reinigen der Wäsche kann es nicht verwendet werden, weil das im Wasser vorhandene Chlormagnesium beständig Wasser aus der Luft anzieht und daher ein Trocknen der Wäsche unmöglich macht.

28. Mineralwasser. Enthält ein Wasser so viel Stoffe gelöst, daß es einen bestimmten Geschmack oder eine bestimmte gesundheitliche Wirkung auf den menschlichen Organismus auszuüben imstande ist, so nennt man es Mineralwasser. Man unterscheidet Solwasser, die Kochsalz enthalten, Bitterwasser mit Magnesiumsalzen, Schwefelquellen mit einem Gehalt an Schwefelwasserstoff, Säuerlinge mit Kohlensäuregehalt (Selters, Apollinaris), Stahlquellen mit einem Eisengehalt, warme Quellen oder Thermen mit einer Temperatur von 70—90° C usw.

29. Die Farbe der Flüsse, Seen und Meere wechselt vom Blau bis zum Braun durch alle Schattierungen. Diese Verschiedenheit in der Farbe wird hauptsächlich durch den wechselnden Gehalt des Wassers an gelbbraunen, humusartigen, moorigen Stoffen oder durch sehr feinen im Wasser schwebenden Schlamm verursacht. Durch Vermischen von Blau und Gelb oder Braun können die verschiedensten blauen, grünen oder braunen Farbtöne entstehen.

30. Destilliertes Wasser. Völlig reines Wasser erhält man durch Destillation, im großen geschieht dies durch Erhitzen von Wasser in sog. Destillierkesseln (Abb. 6 [B]). Es entweichen zunächst die gelösten Gase, der heiße Wasserdampf gelangt durch einen Aufsatz des Kessels, den sog. Helm (*A*), in ein schlangenförmig gebogenes, durch Wasser gekühltes Rohr *D* (Kühlschlange) und durchläuft dieses; der Dampf wird dabei wieder in Wasser verdichtet, das in einem Gefäß (*O*) aufgefangen wird. Die festen Stoffe, die in dem Wasser gelöst waren, bleiben in dem Destillierkessel zurück. Das destillierte Wasser findet in der Chemie und in der Medizin Verwendung.

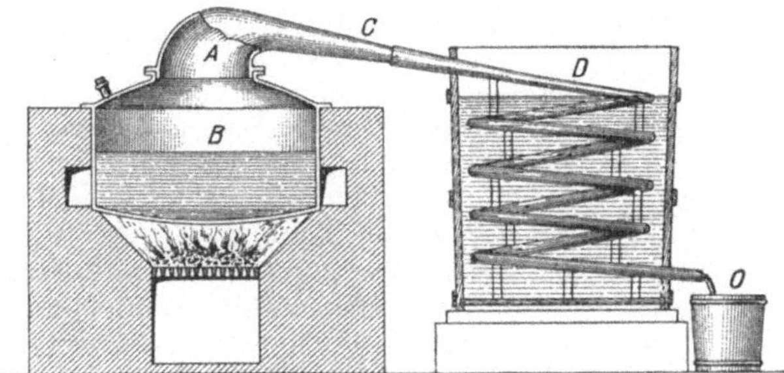

Abb. 6. Destillieren von Wasser.

31. Zerlegung des Wassers. Dsa Wasser kann durch Verunreinigung von Wasserstoff und Sauerstoff erhalten werden, umgekehrt kann es in die genannten Elemente, z. B. durch den elektrischen Strom, zerlegt werden.

Viele Metalle zersetzen das Wasser bei der Berührung derart, daß Wasserstoff frei wird, während das Metall sich mit Sauerstoff verbindet; Kalium und Natrium bewirken diese Zersetzung bereits bei gewöhnlicher, andere Metalle z. B. Eisen oder Zink, erst bei höherer Temperatur.

32. Zusammensetzung des Wassers. Die quantitative Zusammensetzung des Wassers, d. h. die Ermittelung des Verhältnisses, in welchem Sauerstoff und Wasserstoff im Wasser vorhanden ist, kann man durch Zerlegung des Wassers (Analyse) oder durch Aufbau aus den beiden Elementen (Synthese) feststellen:

a) **Durch Analyse.** Wenn man Wasser mit Schwefelsäure ansäuert und in einem geeigneten Apparat (Wasserzersetzungsapparat, Abb. 7) einen elektrischen Strom durch das Wasser schickt, so zersetzt es sich; fängt man die sich entwickelnden Gase gesondert auf, so ergibt sich, daß auf 1 Raumteil (Volumen) Sauerstoff 2 Raumteile (Volumen) Wasserstoff frei werden. Von diesen Teilen scheidet sich der Sauerstoff an der Eintrittsstelle des Stromes (= Anode), der Wasserstoff an der Austrittsstelle (= Kathode) aus. Diese Zerlegung nennt man Elektrolyse, Anode und Kathode, gemeinsam Elektroden, die zerlegte Flüssigkeit den Elektrolyt.

b) **Durch Synthese.** Man mischt Wasserstoff und Sauerstoff und läßt durch dieses Gemisch einen elektrischen Funken schlagen, dadurch vereinigen sich die beiden Elemente. Man bestimmt darauf das Volumenverhältnis, welchem sich diese beiden Gase miteinander verbinden (Abb. 8).

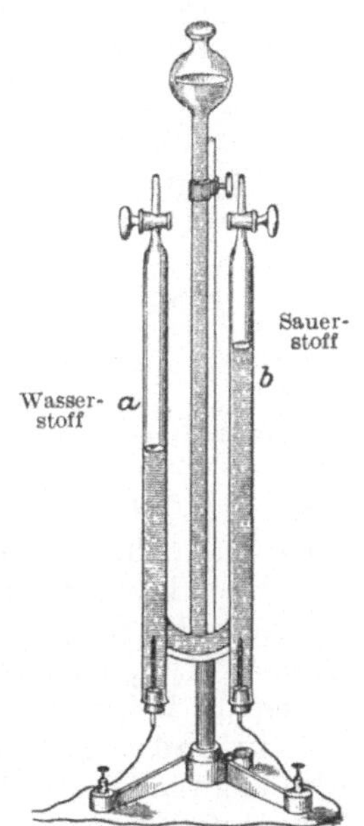

Abb. 7. Zerlegung des Wassers durch den elektrischen Strom.

2*

Aus diesen Experimenten geht stets hervor, daß das Wasser aus 2 Volumen Wasserstoff und 1 Volumen Sauerstoff besteht.

33. Wasserstoffsuperoxyd, H_2O_2. Bildung. Wasserstoffsuperoxyd entsteht bei vielen Oxydationen, so bei der langsamen Oxydation des Phosphors neben Ozon, ferner bei der Verbrennung von Wasserstoff.

Darstellung. Man behandelt Bariumsuperoxyd mit verdünnter Schwefelsäure:

$$BaO_2 \; + \; H_2SO_4 \; = \; BaSO_4 \; + \; H_2O_2.$$

Bariumsuperoxyd — Schwefelsäure — Bariumsulfat (unlöslich) — Wasserstoffsuperoxyd

Eigenschaften. In reinem wasserfreien Zustande ist Wasserstoffsuperoxyd eine farblose, etwas zähe Flüssigkeit. Sie reagiert in konzentriertem Zustande schwach sauer und erzeugt weiße Flecken auf der Haut. Die in den Handel kommende wässerige Lösung enthält gewöhnlich 3 Gewichtsprozent H_2O_2, sie bildet dann eine wasserklare, geruchlose, schwach herb-bitter schmeckende Flüssigkeit.

Wenn die wässerige Lösung von Wasserstoffsuperoxyd von Verunreinigungen vollkommen frei ist, namentlich frei von festen Teilchen, so ist sie beständig, in unreinem Zustand zersetzt sie sich jedoch ziemlich schnell in Wasser und Sauerstoff.

Bemerkenswert ist auch, daß es sich in Berührung mit pulverförmigen Stoffen schnell zersetzt, anscheinend ohne auf diese einzuwirken, z. B. zersetzt Braunstein oder übermangansaures Kalium (Kaliumpermanganat) das Wasserstoffsuperoxyd unter Aufbrausen infolges des Entweichens von Sauerstoff. Man kann diese Eigenschaft des Wasserstoffsuperoxyds zur Sauerstoffdarstellung benutzen.

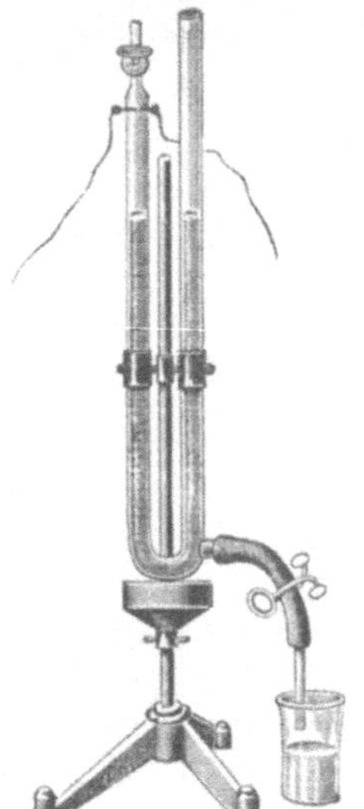

Abb. 8. Synthese des Wassers (nach Hollemann).

Ferner sind die Oxydationswirkungen des Wasserstoffsuperoxyds hervorzuheben, die immer so verlaufen, daß Wasser entsteht und ein freiwerdendes Sauerstoffatom oxydierend wirkt. Bleisulfid (PbS) wird z. B. durch eine verdünnte Lösung von Wasserstoffsuperoxyd zu Bleisulfat ($PbSO_4$) oxydiert.

Reines H_2O_2 kann aus verschiedenen Ursachen heftig explodieren. Unter der Bezeichnung Perhydrol ist ein Wasserstoffsuperoxyd im Handel, das 30 Gew.-% H_2O_2 enthält und bei der Zersetzung 100 Raumteile (Volumina) Sauerstoff liefert.

Anwendungen des Wasserstoffsuperoxyds. Wasserstoffsuperoxyd wird angewendet als Bleichmittel für Elfenbein, Seide, Straußenfedern und Schwämme, ferner um Gemälden, die durch Alter dunkel geworden sind, ihre ursprüngliche Farbe wiederzugeben. Das Dunkelwerden der Gemälde beruht meistens auf dem Übergang von Bleiweiß in schwarzes Schwefelblei; letzteres wird durch Wasserstoffsuperoxyd zu weißem Bleisulfat oxydiert. Dem lebenden und vorher mit Sodalösung gewaschenen entfetteten Haar verleiht es eine aschblonde Färbung. In der Medizin wird Wasserstoffsuperoxyd wegen seiner stark oxydierenden Eigenschaften bei verschiedenen Krankheiten als

Desinfektionsmittel angewendet, z. B. zum Ausspülen des Mundes, bei Mittelohrentzündungen usw. Auch als Blutstillungsmittel hat es Bedeutung.

Chlor, Cl (Einwertig).

34. Vorkommen. Das Chlor kommt in freiem Zustande in der Natur nicht vor, da es bereits bei gewöhnlicher Temperatur auf die verschiedenartigsten Substanzen einwirkt. In Verbindungen kommt es jedoch sehr häufig vor, am verbreitetsten im Kochsalz, eine Verbindung von Natrium und Chlor; ferner in größeren Mengen in den sog. Abraumsalzen (Staßfurt); auch viele andere Metallchloride, z. B. Silber-, Blei- und Kupferchlorid, kommen in der Natur vor.

Darstellung. 1. Chlorgas kann durch Erwärmen von Braunstein, Mangandioxyd (MnO_2) mit Salzsäure (HCl) gewonnen werden, dadurch wird der Wasserstoff des Chlorwasserstoffes zu Wasser oxydiert und das Chlor freigemacht:

$$\underset{\text{Mangandioxyd}}{MnO_2} \; + \; 4\,HCl \; = \; \underset{\text{Manganchlorür}}{MnCl_2} \; + \; \underset{\text{Wasser}}{2\,H_2O} + \underset{\text{Chlor}}{2\,Cl.}$$

2. Ferner kann es leicht dargestellt werden durch Erhitzen einer wässerigen Lösung von chlorsaurem Kalium $KClO_3$ mit Salzsäure:

$$\underset{\text{Chlorsaures Kalium}}{KClO_3} \; + \; \underset{\text{Salzsäure}}{6\,HCl} \; = \; \underset{\text{Kaliumchlorid}}{KCl} \; + \; 3\,H_2O + 6\,Cl.$$

3. Um kleine Mengen Chlor bequem zu erhalten, übergießt man Chlorkalk bei gewöhnlicher Temperatur mit Essig oder verdünnter Salz- bzw. Schwefelsäure. Dieses so entwickelte Chlor kann zur Zimmerdesinfektion verwendet werden.

4. In der Technik wird Chlor nach dem Deaconprozeß dargestellt. Man leitet dabei mit Luft gemischten Chlorwasserstoff bei ungefähr 400^0 über poröse Ziegelsteine, die mit Kupfersulfatlösung getränkt sind, dabei wirkt der Sauerstoff der Luft oxydierend ein:

$$2\,HCl + O = H_2O + 2\,Cl.$$

Das Kupfersulfat wirkt hierbei als „Katalysator".

Ein Katalysator verursacht nicht eine Reaktion, sondern beschleunigt nur einen solchen vor sich gehenden Prozeß, ohne dabei verbraucht oder verändert zu werden. Die Wirkung eines Katalysators kann daher mit derjenigen von Schmieröl auf den Achsen einer Maschine verglichen werden.

Eigenschaften. Chlor ist ein gelbgrünes Gas (daher sein Name von dem griechischen Wort chloros = gelblich-grün) von unangenehmem Geruch.

Bei -4^0 wird es unter gewöhnlichem Druck flüssig und bei sehr niedriger Temperatur (-102^0) fest. Es kommt in flüssiger Form in Stahlflaschen in den Handel. Flüssiges und festes Chlor sind gelb. 1 Liter Chlorgas löst sich in ungefähr ½ Liter Wasser, die wässerige Lösung heißt Chlorwasser, das in der Arzneikunde äußerlich zur Desinfektion von Wunden, innerlich bei entzündlichen Krankheiten verwendet wird. Man kann es nicht über Wasser auffangen, wohl aber über einer gesättigten Kochsalzlösung, in der es wenig löslich ist. Am bequemsten ist es, ein Gefäß durch Verdrängung der Luft

damit zu füllen; man leitet das Gas auf den Boden, infolge seiner Schwere
bleibt es unten und verdrängt die darüber stehende Luft.

Chlor vereinigt sich bereits bei gewöhnlicher Temperatur mit vielen Elementen und wirkt auf viele Elemente ein. Wird es in vollkommen reinem
Zustand mit der gleichen Menge Wasserstoff gemischt, so vereinigt es sich
mit diesem bei Beleuchtung mit direktem Sonnenlicht oder mit elektrischem
Bogenlicht unter Explosion. Bei weniger reinem Zustand des Chlors oder
in zerstreutem Tageslicht erfolgt die Vereinigung langsam.

35. Chemische Verwandtschaft des Chlors. Wird eine Wasserstoffflamme
in Chlorgas gebracht, so brennt sie weiter unter Bildung von Chlorwasserstoff. Viele Metalle verbinden sich mit dem Chlor unter Feuererscheinung,
so z. B. das Kupfer — in der Form von unechtem Blattgold (Legierung von
Kupfer und Zink) —, geschmolzenes Natrium u. dgl.

Auch Edelmetalle werden durch das Chlor angegriffen und in Chlorver-
bindungen (Chloride) verwandelt. Gold z. B. löst sich, wenn auch langsam,
in Chlorwasser unter Bildung von Goldchlorid. Ferner vereinigt sich das Chlor
leicht mit vielen Nichtmetallen, so mit dem Phosphor, der darin mit fahler
Flamme zu Chlorphosphor verbrennt. Die Neigung des Chlors, sich mit
Wasserstoff zu verbinden, die sog. chemische Verwandtschaft, ist so groß, daß
das Chlor vielen Wasserstoffverbindungen den Wasserstoff entzieht, um sich
selbst damit zu vereinigen.

So entzündet sich z. B. ein mit Terpentinöl getränkter Papierstreifen,
wenn er in eine Chloratmosphäre gebracht wird, unter Abscheidung von
Kohlenstoff, weil der Wasserstoff des Terpentinöls sich mit dem Chlor verbindet.

Eine brennende Kerze brennt in Chlorgas weiter unter Abscheidung von
Ruß (Kohlenstoff) und Bildung von Chlorwasserstoff.

Auch das Wasser wird durch Chlor zersetzt, wobei Sauerstoff frei wird:
$$2\,H_2O + 4\,Cl = 4\,HCl + 2\,O.$$
Diese Reaktion erfolgt unter dem Einflusse des Sonnenlichtes, sie verläuft jedoch langsam.

Auf dieser Zersetzung des Wassers beruht die bleichende und des-
infizierende Wirkung des Chlors und derjenigen Stoffe, die
Chlor entwickeln. Beim Bleichen werden nämlich Farbstoffe — meist
organischer Art — durch Sauerstoff zu farblosen Körpern oxydiert. Bei
der Oxydation werden auch Bakterien getötet. Der gewöhnliche Luftsauer-
stoff übt diese Wirkung nur in geringem Maße aus. Die besonders energische
Wirkung des Sauerstoffs, der durch Chlor aus Wasser entwickelt wird, schreibt
man einem besonderen Zustand desselben zu. Man hat nämlich beobachtet,
daß Elemente im Augenblicke ihres Freiwerdens aus einer Verbindung (im
Entstehungszustande) Umsetzungen zu bewirken vermögen, die sie im freien,
gasförmigen Zustande nicht hervorrufen können. Die einfachste Erklärung
dieser Erscheinung ist die, daß, wenn ein Element, wie hier der Sauerstoff,
aus einer Verbindung gasförmig abgeschieden wird, im ersten Augenblick
seine Atome noch vereinzelt sind, und daß jedes Atom einzeln chemisch
wirksamer ist als nach seiner Vereinigung mit einem zweiten Atom seiner Art.

Da die Wirkung des Chlors als Bleichmittel sehr stark ist, so findet es
nur Anwendung zum Bleichen von Stoffen pflanzlichen Ursprungs, wie z. B.
Leinwand, Baumwolle, Jute usw.

Vollkommen trockenes Chlorgas hat keine Bleichwirkung.

Versuch: Etwas chlorsaures Kalium wird im Reagensglase mit etwas Salzsäure übergossen. Es entwickelt sich ein grünliches Gas, das Chlor (Vorsicht! nicht einatmen!).

36. Chlorwasserstoffgas, HCl. Vorkommen. Das Gas kommt in freiem Zustand in der Natur vor, so in den Gasen einiger Vulkane; es bildet einen wichtigen Bestandteil des Magensaftes der Menschen und Tiere.

Darstellung. Man stellt Chlorwasserstoff dar durch Behandeln von Kochsalz mit Schwefelsäure:

$$2\,NaCl \;+\; H_2SO_4 \;=\; Na_2SO_4 \;+\; 2\,HCl.$$
Kochsalz   Schwefelsäure   Natriumsulfat   Chlorwasserstoff

Eigenschaften: Chlorwasserstoff ist ein farbloses Gas von stechendem Geruch. Es raucht stark an der Luft, indem es mit dem Wasserdampf der letzteren Nebel bildet. Es ist in Wasser leicht löslich. Die wässerige Lösung des Gases führt den Namen Salzsäure. In Form dieser wässerigen Lösung wird der Chlorwasserstoff fast ausschließlich verwendet. Die gewöhnlich im Laboratorium verwendete Salzsäure ist ungefähr 25 proz., außerdem wird noch häufig eine 38,5 proz. Säure benutzt (spez. Gew. 1,19), die an der Luft raucht und daher rauchende Salzsäure genannt wird.

Die chemischen Eigenschaften des vollkommen trockenen Chlorwasserstoffs sind ganz andere wie die seiner wässerigen Lösung. Ersterer wirkt auf Metalle nicht ein und verändert die Farbe von blauem Lackmuspapier nicht. Die wässerige Lösung dagegen greift Zink, Eisen und andere Metalle energisch an unter Entwicklung von Wasserstoff und rötet blaues Lackmuspapier. Verdünnte Salzsäure gibt, auf Kleiderstoffe gebracht, rote Säureflecken, die durch sofortiges Betupfen mit Ammoniak wieder beseitigt werden. Konzentrierte Säure zerfrißt die Kleiderstoffe.

Die sog. rohe Salzsäure des Handels wird fast ausschließlich als Nebenerzeugnis bei der Sodaherstellung gewonnen (letztere nach dem sog. Leblanc-Verfahren). Sie enthält meist außer anderen Verunreinigungen auch Arsen, wodurch ihre Brauchbarkeit für manche Zwecke eingeschränkt wird.

37. Säuren, Basen, Salze. Eine große Anzahl von Stoffen erleidet eine ähnliche Veränderung ihrer Eigenschaften, wenn sie mit Wasser zusammentreffen, und ihre wässerigen Lösungen besitzen ungefähr die gleichen Eigenschaften wie die soeben für Salzsäure angegebenen. Man bezeichnet diese Stoffe, wegen des sauren Geschmackes, den ihre wässerigen Lösungen besitzen, als Säuren. Sie besitzen ein oder mehrere Wasserstoffatome, die durch Metall ersetzbar sind; die auf solche Weise entstehenden Metallverbindungen heißen Salze, z. B.:

$$\text{a)}\qquad 2\,HCl \;+\; Zn \;=\; ZnCl_2 \;+\; 2\,H.$$
Zink   Zinkchlorid (Salz)

Salze können aber nicht nur entstehen durch Einwirkung des Metalls auf die Säure, sondern auch durch das Zusammenbringen von Säuren mit Basen. Unter Basen versteht man Verbindungen vom allgemeinen Typus MOH, wo M ein Metall bedeutet. Ihre wässerigen Lösungen haben meist einen laugenartigen (alkalischen) Geschmack und färben rotes Lackmuspapier blau. Wenn man Natrium in Wasser wirft, so entwickelt sich dabei Wasserstoff und es entsteht eine Base, das Natriumhydroxyd:

$$Na \;+\; H_2O \;=\; NaOH \;+\; H.$$
Natrimhydroxyd (Base)

Bringt man diese Base mit Salzsäure zusammen, so bildet sich ebenfalls ein Salz (Kochsalz) und Wasser:

$$\text{b)} \qquad \underset{\text{Natriumhydroxyd (Base)}}{NaOH} \quad + \quad HCl \quad = \quad \underset{\text{Kochsalz}}{NaCl} \quad + \quad H_2O.$$

Ein Salz entsteht also auch dadurch, daß bei der Einwirkung einer Säure auf eine Base das Wasserstoffatom der Säure ausgetauscht wird gegen das Metallatom der Base.

Versuch: In eine Schale gebe man 10 ccm stark verdünnte Natronlauge und setze einige Tropfen Lackmustinktur hinzu, die Lösung färbt sich blau, weil eine Base vorliegt. Nun fügt man aus einer Bürette unter Umrühren so lange stark verdünnte Salzsäure hinzu, bis die Farbe eben noch rot umschlagen will. Hierauf dampft man auf dem Wasserbade so weit ein, bis sich auf der Oberfläche ein Häutchen zu bilden beginnt, läßt einige Zeit stehen, bis sich würfelförmige Krystalle am Boden abgesetzt haben. Diese bestehen aus Kochsalz (Natriumchlorid).

c) Eine dritte Bildungsweise der Salze ist die Einwirkung einer Säure auf ein Metalloxyd, z. B.:

$$\underset{\text{Zinkoxyd}}{ZnO} \quad + \quad \underset{\text{Schwefelsäure}}{H_2SO_4} \quad = \quad \underset{\text{Zinksulfat}}{ZnSO_4} \quad + \quad H_2O.$$

38. Umsetzungen. (Auch als **Versuche** zu benutzen.) Wenn man Salzsäure zur Lösung eines Salzes, z. B. zu Silbernitrat, hinzufügt, so wird letzteres zerlegt:

$$\underset{\text{Silbernitrat}}{AgNO_3 + HCl} \quad = \quad \underset{\text{Salpetersäure}}{HNO_3} \quad + \quad \underset{\text{Chlorsilber}}{AgCl}.$$

Das Chlorsilber ist unlöslich und scheidet sich dabei als weiße, käsige Masse aus. Die Salzsäure hat also die Salpetersäure aus ihrem Salz freigemacht.

Man kann das Metallatom eines Salzes auch durch ein Metallatom einer Base auswechseln, z. B.:

$$AgNO_3 + NaOH \quad = \quad \underset{\substack{\text{Silberhydroxyd} \\ \text{(Niederschlag)}}}{AgOH} \quad + \quad \underset{\text{Natriumnitrat}}{NaNO_3}.$$

Es kommt auch vor, daß zwei Salze ihre Metalle gegen einander austauschen, z. B.:

$$NaCl + AgNO_3 = AgCl + NaNO_3.$$

Dann erhält man zwei neue Salze.

39. Unterchlorige Säure, $HClO$. Man kennt diese Verbindung nur in wässeriger Lösung und in Salzen.

Die unterchlorige Säure wirkt stark oxydierend, wobei sie sich in Sauerstoff und Salzsäure zersetzt:

$$2\,HClO = 2\,HCl + 2\,O.$$

Die unterchlorigsauren Salze wirken ebenso wie die Säure, da schon durch die Kohlensäure der Luft die unterchlorige Säure freigemacht wird. Diese Salze dienen daher vielfach als Bleichmittel, bekannt sind z. B. das unterchlorigsaure Kalium, das in wässeriger Lösung unter der Bezeichnung „Eau de Javelle" (nach dem Herstellungsorte Javelle bei Paris benannt) vorkommt, ferner das Natriumsalz ($NaClO$), dessen wässerige Lösung den Namen „Eau de Labarraque" führt. Ferner gehört hierher der Chlorkalk (vgl. § 195), der durch Behandlung von Kalk und Chlor bei gewöhnlicher Temperatur gewonnen wird.

Bemerkenswert ist noch, daß die bleichende Wirkung der unterchlorigen Säure größer ist als die des Chlors.

40. Benennungen. Die Säuren tragen gewöhnlich den Namen des Elementes mit dem Zusatz „säure“, z. B. Schwefelsäure (H_2SO_4), wasserfreie Phosphorsäure (P_2O_5). Sind von einem Element zwei Säuren vorhanden, so wird die sauerstoffreichere durch ein vorgesetztes „über“ oder „per“, z. B. Überchlorsäure ($HClO_4$), die sauerstoffärmere als „ige Säure“ bezeichnet, z. B. schweflige Säure (H_2SO_3), wasserfreie phosphorige Säure (P_2O_3). Sind von einem Element mehr als zwei Säuren bekannt, so wird die sauerstoffärmste durch Vorsetzung von „unter“ vor die Benennung „ige Säure“ bezeichnet, z. B. unterchlorige Säure (HClO).

[Die Salze der sauerstoffreicheren Säuren haben die Endung „at“, z. B. Kaliumchlorat ($KClO_3$), Kaliumsulfat (K_2SO_4), Kaliumphosphat (K_3PO_4). Die Salze der „igen Säuren“ heißen . . . ite, z. B. Kaliumchlorit ($KClO_2$), Kaliumsulfit (K_2SO_3), die der „unter . . . igsauren“ Salze heißen Hypo . . . ite, z. B. Natriumhypochlorit (NaClO).]

Die Verbindung eines Elementes mit Sauerstoff nennt man Oxyd, z. B. Kupferoxyd (CuO), Quecksilberoxyd (HgO); sind Verbindungen mit weniger Sauerstoff bei einem Element vorhanden als diese, so heißen sie Oxydule, z. B. Kupferoxydul (Cu_2O), Quecksilberoxydul (Hg_2O). Sind Sauerstoffverbindungen mit mehr Sauerstoff vorhanden, als die als Oxyd bezeichnete Verbindung enthält, so heißen diese Superoxyde oder Peroxyde, z. B. Bleisuperoxyd (PbO_2).

Häufig wird die Anzahl Sauerstoffatome eines Oxydes auch durch das lateinische oder griechische Zahlwort bezeichnet, z. B. Kohlenstoffdioxyd (CO_2) usw.

Brom, Br (Einwertig).

41. Vorkommen. Brom hat eine große Neigung, sich mit anderen Elementen zu verbinden, daher kommt es in freiem Zustande auf der Erde nicht vor; an Metalle, namentlich an Kalium, Natrium oder Magnesium gebunden ist es dagegen ein Bestandteil der Salze des Meerwassers. Besonders das Wasser des Toten Meeres hat den hohen Gehalt von 0,7% Brom. Im Jahre 1826 wurde es im Meerwasser von Balard entdeckt.

In größerer Menge kommen Bromsalze (Bromide) in den Staßfurter Abraumsalzen vor. Bei Staßfurt in der preußischen Provinz Sachsen sowie in dem angrenzenden Leopoldshall, das bereits zum Freistaat Anhalt gehört, kommen bedeutende Lager Steinsalz (Kochsalz) vor. Über diesen befinden sich die „Abraumsalze“, so genannt, weil sie erst abgeräumt werden müssen, ehe man zu dem Steinsalz gelangt. Diese Salze wurden früher als wertlos betrachtet, heute, wo man ihren Gehalt an Kaliumsalzen, Bromiden, Magnesiumsalzen usw. kennt und zu verwerten versteht, bilden sie die hauptsächlichste Quelle für die Darstellung vieler technisch und wissenschaftlich wichtiger Verbindungen. In geringerer Menge finden sich Bromsalze in vielen Solquellen und Mineralwässern (Kreuznach, Kissingen).

[Darstellung. Die Staßfurter Salze werden in Wasser gelöst und die Lösung zum größten Teile verdampft: Hierbei krystallisieren verschiedene Verbindungen aus. Es hinterbleibt eine Flüssigkeit, die „Mutterlauge“, welche die löslichen Salze enthält, unter diesen auch das Brommagnesium

(MgBr$_2$). Diese Mutterlauge wird auf Brom verarbeitet durch Hinzufügung von Braunstein und Schwefelsäure, z. B.:

$$MgBr_2 \; + \; MnO_2 \; + \; 2\,H_2SO_4 \; = \; MgSO_4 \; + \; MnSO_4 \; + \; 2\,H_2O \; + \; 2\,Br$$
Brom-   Braunstein Schwefelsäure Magnesium-   Mangansulfat   Brom
magnesium   sulfat

In neuester Zeit wird das Brom in Staßfurt aus der Brommagnesiumlauge fast nur noch durch elektrolytische Zerlegung gewonnen.]

Eigenschaften. Das Brom ist bei gewöhnlicher Temperatur flüssig, und zwar ist es außer dem Quecksilber das einzige flüssige Element. Es ist von dunkel-braunroter Farbe und nur in dünnen Schichten durchsichtig. Bereits bei gewöhnlicher Temperatur liefert es braune Dämpfe von unangenehmem Geruch, daher sein Name (bromos = Gestank), die die Atmungsorgane heftig angreifen. Das Brom ist giftig. 1 Gewichtsteil Brom löst sich in 3 Gewichtsteilen Wasser (Bromwasser).

Die chemischen Eigenschaften des Broms sind denen des Chlors völlig gleichartig, jedoch wirkt das Brom weniger energisch als das Chlor. Während sich z. B. das Chlor mit Wasserstoff im Tageslicht bereits bei gewöhnlicher Temperatur verbindet, ist dies beim Brom nicht der Fall.

Versuche: 1. Ein Reagensglas füllt man zur Hälfte mit Wasser, gibt etwas Kaliumbromid hinzu und setzt nach dessen Auflösung einige Tropfen Chlorwasser zu. Die Lösung färbt sich braun, da Brom ausgeschieden wird

$$2\,KBr + 2\,Cl = 2\,KCl + 2\,Br.$$

2. Man bringt in ein größeres Reagensglas einen Tropfen Brom und hält in den sich entwickelnden Dampf einen Streifen Stanniol, dieses vereinigt sich unter Erglühen mit dem Brom zu Zinntetrabromid.

3. Etwas Bromwasser schüttelt man in einem Reagensglas mit etwas Chloroform, dieses nimmt das Brom in sich auf, färbt sich braun und sinkt zu Boden, während die darüber stehende Lösung farblos wird.

42. [**Bromwasserstoff,** HBr. **Darstellung.** Die Verbindung wird gewöhnlich dargestellt durch Zersetzung einer Bromverbindung mittels Wasser, z. B.:

$$PBr_5 \quad + \quad 4\,H_2O = 5\,HBr \quad + \quad H_3PO_4$$
Phosphorpentabromid   Phosphorsäure

Eigenschaften. Bei gewöhnlicher Temperatur ist Bromwasserstoff ein Gas von stechendem Geruch und saurem Geschmack, das in Wasser sehr leicht löslich ist. Die im Handel als Bromwasserstoffsäure vorkommende wässerige Lösung enthält 25% HBr, sie liefert mit vielen Metallen, wie z. B. Natrium und Kalium, Salze, von denen die meisten in Wasser leicht löslich sind. Die Aufbewahrung des HBr geschieht am besten in dunklen Flaschen, da bei Berührung mit Luft, namentlich im Licht allmähliche Zersetzung eintritt.]

Jod, J (Einwertig).

43. **Vorkommen.** Das Element wurde im Jahre 1812 entdeckt, ist jedoch erst 1815 von Gay-Lussac als solches erkannt worden. Es kommt nur an Metalle gebunden in der Natur vor. Derartige Verbindungen des Jods mit Metallen finden sich in manchen Salzlagern und Salzquellen (Aachen, Ems, Baden-Baden, Tölz), in allen See- und Strandpflanzen, in vielen Seetieren, z. B. in den Schwämmen und den Seesternen, ferner im Tran der Seefische und im Petroleum. Außerdem enthält das Meerwasser sehr große Mengen Jod. Ein eigenartiges Vorkommen von Jod ist dasjenige in der Schilddrüse von Menschen und Tieren, wo es anscheinend wichtige Funktionen ausübt.

Darstellung. Jod wird meist durch Verbrennen von Tangen gewonnen, die im Meerwasser vorkommen und die in Schottland **Kelp**, in Frankreich **Varec** genannt werden. Die Abscheidung des Jods aus der Lösung der Asche dieser Tange, die Jod an Natrium gebunden enthält, geschieht entweder durch Einleiten von Chlor in die Lösung:

$$NaJ + Cl = NaCl + J$$

[oder durch Destillation mit Braunstein und Schwefelsäure, also entsprechend wie bei der Darstellung des Broms (§ 41).]

Eigenschaften. Das Jod ist ein metallglänzender, krystallinischer fester Körper von grauschwarzer Farbe und eigentümlichem Geruch. Seine Dämpfe besitzen eine schön dunkelblaue Farbe, wonach das Element auch seinen Namen hat (iodos = veilchenblau). Im Wasser ist es sehr wenig löslich, färbt es jedoch gelb. Leicht löst es sich dagegen in wässeriger Jodkaliumlösung, in Alkohol und Äther mit brauner, in Schwefelkohlenstoff und Chloroform mit violetter Farbe.

Die chemischen Eigenschaften des Jods sind denen des Chlors und des Broms ähnlich. Die Verwandtschaft mit anderen Elementen ist jedoch schwächer als bei den genannten beiden Körpern. Mit Metallen vereinigt sich Jod direkt zu Salzen, den Jodiden. Charakteristisch für Jod ist die stark blaue Färbung, die es einer Stärkelösung verleiht. Die Färbung verschwindet beim Kochen und tritt beim Erkalten wieder auf. Eine Lösung von Jod in Alkohol (meist 10proz.) nennt man Jodtinktur; diese Lösung findet in der Medizin mannigfache Verwendung, ebenso wie die Kalium- und Natriumverbindung (Kaliumjodid, KJ, Natriumjodid, NaJ).

Versuche: 1. In einem Reagensglas versetzt man etwas Kaliumjodidlösung mit Chlorwasser, die Flüssigkeit färbt sich durch ausgeschiedenes Jod braun:

$$2\,KJ + 2\,Cl = 2\,KCl + 2\,J.$$

Nunmehr schüttelt man die Lösung mit etwas Chloroform oder Äther tüchtig durch, das Jod löst sich in diesen Verbindungen mit rot-violetter Farbe.

2. Zu etwas verdünntem Stärkekleister gibt man einige Tropfen Jodtinktur. Die Stärke färbt sich tiefblau. Erwärmt man die Lösung, so verschwindet die Färbung, tritt beim Erkalten aber wieder auf.

44. [**Jodwasserstoff,** HJ. **Darstellung.** Diese Verbindung stellt man gewöhnlich dar durch Zersetzen von Jodphosphor mittels Wasser:

$$PJ_3 + 3\,H_2O = 3\,HJ + H_3PO_3 \text{ (phosphorige Säure).}$$

Eigenschaften. Jodwasserstoff ist ein farbloses Gas von stark saurer Reaktion und stechendem Geruch, das an der Luft stark raucht. Es ist in Wasser sehr leicht löslich. Diese Lösung raucht stark und färbt sich nach einiger Zeit, namentlich bei Einwirkung von Licht, infolge Freiwerdens von Jod dunkelbraun.]

Fluor, F (Einwertig).

45. Vorkommen. Fluor kommt in der Natur hauptsächlich an Calcium gebunden im **Flußspat** (CaF_2) und in einigen selteneren Mineralien vor. Fluorverbindungen finden sich in geringer Menge in vielen Pflanzen und in den Knochen und Zähnen.

Darstellung. Dargestellt wurde es zuerst im Jahre 1886 von dem französischen Forscher Moissan durch Elektrolyse (Zerlegung durch den elektrischen Strom) von reiner wasserfreier Fluorwasserstoffsäure.

Eigenschaften. Das Fluor ist ein Gas von gelblich grüner Farbe und besitzt einen stechenden Geruch; es hat von allen Elementen die stärkste Neigung, Verbindungen einzugehen und greift Glas an. Mit Wasserstoff verbindet es sich bereits im Dunkeln bei gewöhnlicher Temperatur unter Explosion; mit den meisten Nichtmetallen vereinigt es sich augenblicklich; nur mit Sauerstoff verbindet es sich **nicht**; selbst dann nicht, wenn es mit diesem stark erhitzt wird. Das Fluor hat also ähnliche Eigenschaften wie das Chlor, nur in verstärktem Maßstabe.

46. Fluorwasserstoff, HF. Darstellung. Man erhitzt Flußspat mit Schwefelsäure in Gefäßen aus Blei, weil Glas durch Fluorwasserstoff angegriffen wird:

$$\underset{\text{Flußspat}}{CaF_2} \; + \; \underset{\text{Schwefelsäure}}{H_2SO_4} \; = \; \underset{\text{Gips}}{CaSO_4} \; + \; \underset{\text{Fluorwasserstoff}}{2\,HF.}$$

Die gewonnene wässerige Lösung von Fluorwasserstoff muß deshalb auch in Flaschen von Blei oder Kautschuk aufbewahrt werden.

Eigenschaften. Wasserfreier Fluorwasserstoff ist bei gewöhnlicher Temperatur eine farblose, an der Luft rauchende Flüssigkeit. Er besitzt einen stechenden Geruch, das Einatmen seiner Dämpfe ist gesundheitsschädlich. Er erzeugt auf der Haut schmerzhafte Wunden. In Wasser ist er sehr leicht löslich. Die wässerige Lösung des Fluorwasserstoffes heißt **Flußsäure**, da sie völlig den Charakter einer Säure besitzt und mit Metallen Wasserstoff entwickelt. Alle Metalle, ausgenommen Platin, Gold und Blei, werden von der Säure gelöst; auch Glas wird angegriffen, so daß zur Aufbewahrung der Säure Gefäße aus Kautschuk verwendet werden. Infolge seiner Fähigkeit, Glas anzugreifen, findet Fluorwasserstoff ausgedehnte Anwendung zum Einätzen von Schriftzügen oder Zeichnungen auf Glas.

[Wegen ihrer antiseptischen Wirkung wird Flußsäure in erheblichem Maße bei der Spiritusherstellung zur Verhinderung von Nebengärungen verwendet.]

47. Ätzen von Glas. Das Ätzen wird entweder mit einer Lösung von Fluorwasserstoff oder mit dem Gas ausgeführt. In ersterem Falle ist die Ätzung glänzend durchsichtig, in letzterem Falle ist sie matt. Die Glasätzung ist auf die Einwirkung des Fluorwasserstoffes auf die Kieselsäure (des Glases) zurückzuführen, wobei Siliciumfluorid gebildet wird, das als Gas entweicht:

$$\underset{\substack{\text{Kieselsäure}\\(\text{des Glases})}}{SiO_2} \; + \; 4\,HF \; = \; 2\,H_2O \; + \; \underset{\text{Siliciumfluorid}}{SiF_4}$$

Die Ätzung wird in der Art vorgenommen, daß man das Glas mit Wachs überzieht und in dieses mit einem Stift die Figuren oder Buchstaben einzeichnet, die man auf das Glas ätzen will. Der Gegenstand wird hierauf entweder einige Zeit in verdünnte Flußsäure gelegt oder in einen bleiernen Apparat gesetzt, in dem sich ein Gemenge von Schwefelsäure und Fluorcalcium befindet. Durch gelindes Erwärmen wird Flußsäure frei. Nur diejenigen Stellen des Glases werden von der Flußsäure angegriffen, von denen das Wachs entfernt worden ist. Nachdem die Ätzung beendet ist, entfernt man das Wachs durch Alkohol oder Terpentinöl.

Die Elemente Chlor, Brom, Jod und Fluor werden Halogene oder Salzbildner (von den griechischen Wörtern halo = Salz und gennao = ich erzeuge) genannt, weil sie sich unmittelbar mit Metallen zu Salzen verbinden.

Schwefel, S (Zweiwertig).

48. Vorkommen. Der Schwefel war schon im Altertum bekannt. Er kommt frei („gediegen") in der Natur vor, und zwar in Gestalt ven Krystallen, Körnern, Knollen und ganzen Lagern, hauptsächlich in der Nähe tätiger oder erloschener Vulkane, so namentlich in Sizilien, in Spanien, auf Island, in den Vereinigten Staaten von Nordamerika und in Mexiko.

Auch in vielen Verbindungen mit Elementen findet sich Schwefel.

Die Verbindungen des Schwefels mit Metallen werden Kiese, Blenden (Zinkblende) oder Glanze (Bleiglanz) genannt. Ferner findet sich Schwefel in Sulfaten in der Natur, so z. B. in Gips (Calciumsulfat). Auch in Pflanzen und Tieren kommt Schwefel vor, da er ein Bestandteil der Eiweißstoffe ist.

Darstellung. 1. Der in der Natur vorkommende Rohschwefel wird durch Ausschmelzen von

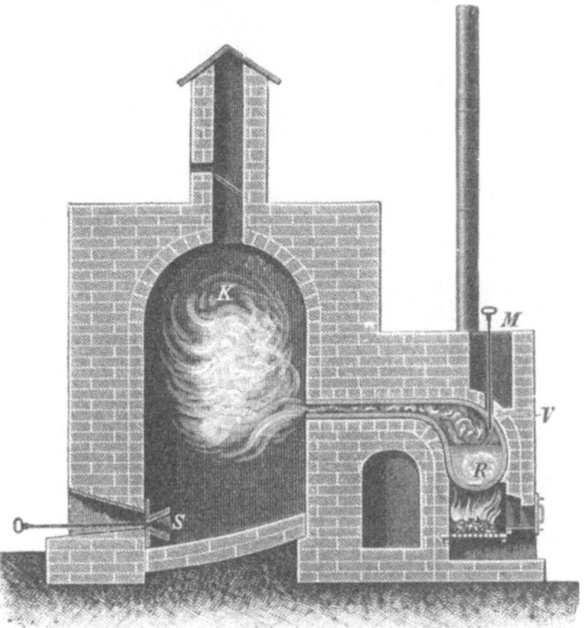

Abb. 9. Sublimation des Rohschwefels.

den anhaftenden Gesteinsmassen getrennt und dann durch Destillation in besonderen Apparaten erhitzt. Die Dämpfe werden hierauf in eine große gemauerte Kammer geleitet (Abb. 9).

Destilliert man so langsam, daß die Temperatur in der Kammer nicht über den Schmelzpunkt des Schwefels, 114,5°, steigt, so setzt er sich in Form eines feinen Pulvers als Schwefelblume ab, verläuft die Destillation dagegen (bei nicht hinreichender Kühlung) schnell, so verdichten sich die Dämpfe und es bleibt auf dem Boden der Schwefel in flüssiger Form zurück. Er wird dann in Holzformen gegossen und kommt als Stangenschwefel in den Handel (Abb. 10).

[2. Auch aus seinen Verbindungen kann der Schwefel gewonnen werden; gewöhnlich benutzt man hierzu Schwefelkies, der beim Erhitzen Schwefel abgibt:

$$3\,FeS_2 = Fe_3S_4 + 2\,S.]$$

Eigenschaften. Der Schwefel kann in allen 3 Aggregatzuständen auftreten; die bei gewöhnlicher Temperatur auftretende Form ist fest, von gelber Farbe und krystallisiert.

Gewöhnlicher Schwefel ist etwas oberhalb seines Schmelzpunktes eine bewegliche gelbe Flüssigkeit. Bei weiterem Erhitzen wird seine Farbe dunkler und die Flüssigkeit gleichzeitig dickflüssig. Gießt man ihn in diesem Zustand in Wasser, so bleibt er einige Zeit knetbar und weich (plastischer Schwefel), nach und nach wird er wieder hart und spröde. Bei 250⁰ kann der Schwefel nicht mehr ausgegossen werden, über 300⁰ wird er jedoch wieder beweglich, während die dunkle Farbe bestehen bleibt.

Bei 450⁰ siedet der Schwefel, wobei sich orangegelbe Dämpfe von Schwefel entwickeln.

Schwefel wird beim Reiben negativ elektrisch, er ist unlöslich in Wasser, schwer löslich in Alkohol und Äther, leicht löslich in Schwefelkohlenstoff, er krystallisiert in 2 verschiedenen Formen (Krystallsystemen, Abb. 11).

In bezug auf seine chemischen Eigenschaften gleicht der Schwefel dem Sauerstoff. Er verbindet sich wie dieser mit fast allen Elementen. Er kann sich daher mit Metallen und Nichtmetallen verbinden. An der Luft oder im Sauerstoff erhitzt, verbrennt er mit blauer Flamme zu Schwefeldioxyd (SO_2). Beim Erhitzen mit Eisenpulver erfolgt die Vereinigung unter lebhafter Wärmeentwicklung.

In den Handel kommt der Schwefel meist in Stangen (Stangenschwefel) oder in Pulverform als Schwefelblumen, gereinigter Schwefel oder als Schwefelmilch.

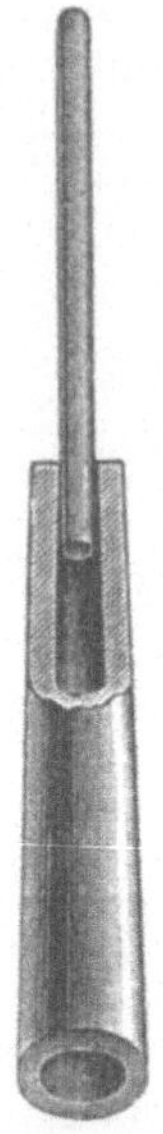

Anwendung des Schwefels. Große Mengen Schwefel werden zu chemischen Zwecken, z. B. zur Herstellung der Schwefelsäure, des gewöhnlichen Schießpulvers sowie in der Feuerwerkerei verbraucht. Auch zum Bestäuben der Weinreben als Vorbeugungsmittel gegen Blattkrankheiten findet der Schwefel Verwendung, ferner zum „Schwefeln" von Wein- oder Bierfässern, von Einmachegläsern usw., da beim Verbrennen des Schwefels die entstehende schweflige Säure schädliche Pilzkeime vernichtet. Wichtig ist ferner die Verwendung des Schwefels zum Vulkanisieren des Kautschuks, der dadurch die Eigenschaft verliert, in der Hitze klebrig zu werden und durch Kälte zu zerbröckeln.

Abb. 10.
Gußform zur Herstellung des Stangenschwefels.

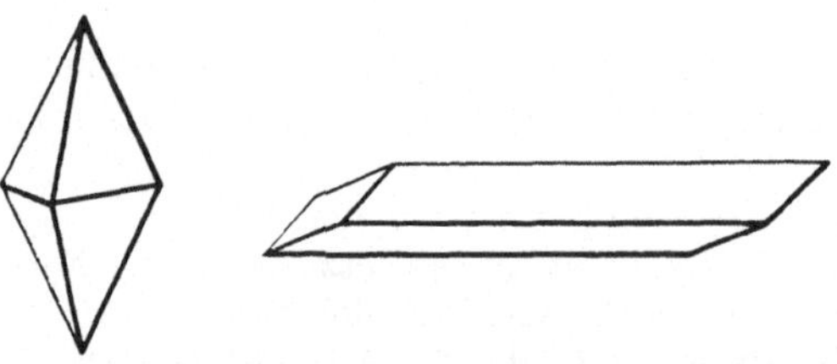
Abb. 11. Rhombischer und monokliner Schwefelkrystall.

Versuch: Man erhitzt eine kleine Menge Schwefelblumen in einem Reagensglase über kleiner Flamme. Der Schwefel schmilzt zuerst zu einer dünnen bräunlichen Flüssigkeit zusammen, die bei weiterem Erhitzen sich noch mehr bräunt und dickflüssig wird. Durch Eingießen in kaltes Wasser verwandelt er sich in eine weiche amorphe plastische Masse, die nach längerem Liegen erhärtet und wieder krystallinisch wird.

49. Schwefelwasserstoff, H_2S. Vorkommen. Das Schwefelwasserstoffgas kommt in vulkanischen Gegenden in der Natur vor, ferner findet es sich in einigen Mineralwässern, z. B. in Aachen, endlich tritt es auf bei der Fäulnis organischer Körper, z. B. beim Faulen der Eier.

Darstellung. Man läßt auf Schwefeleisen verdünnte Salzsäure oder verdünnte Schwefelsäure einwirken:

$$FeS + 2\,HCl = FeCl_2 + H_2S,$$
$$FeS + H_2SO_4 = FeSO_4 + H_2S.$$

Eigenschaften. Der Schwefelwasserstoff ist ein farbloses, giftiges Gas von unangenehmem, in verdünntem Zustande an faule Eier erinnerndem Geruch. In Wasser ist Schwefelwasserstoff löslich (Schwefelwasserstoffwasser).

Schwefelwasserstoff ist mit blaßblauer Flamme brennbar [und gibt beim Verbrennen je nach der Luftzufuhr Schwefeldioxyd und Wasser oder Wasser und Schwefel:

$$H_2S + 3O = H_2O + SO_2$$

oder

$$H_2S + O = H_2O + S.]$$

In wässeriger Lösung wird er durch den Sauerstoff der Luft langsam oxydiert unter Abscheidung von Schwefel; diese Zersetzung wird durch das Licht beschleunigt. Will man Schwefelwasserstoffwasser aufbewahren, so muß man es mit Hilfe von ausgekochtem — luftfreiem — Wasser bereiten, eine dunkle Flasche völlig damit anfüllen und luftdicht verschließen.

Verwendung des Schwefelwasserstoffes. Schwefelwasserstoff findet in der chemischen Analyse Verwendung, eine große Anzahl Metalle werden aus saurer Lösung durch Schwefelwasserstoff als Schwefelverbindungen ausgefällt; einige dieser Verbindungen zeigen dabei eine charakteristische Färbung, so wird z. B. Blei als schwarzes Schwefelblei, das Metall Antimon als orangerotes Schwefelantimon, das Metall Zink als weißes Schwefelzink gefällt.

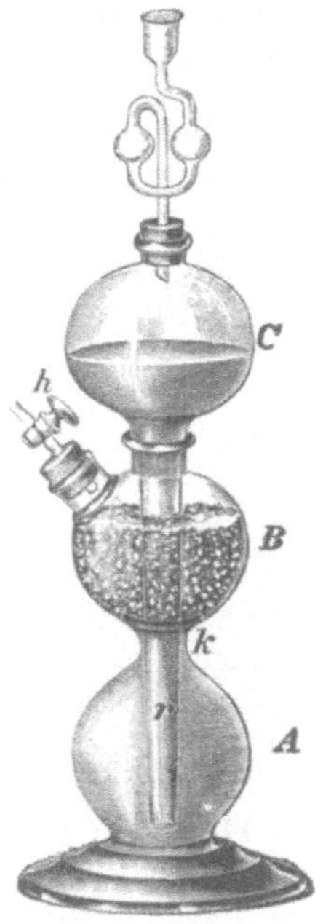

Abb. 12. Kippscher Gasentwicklungsapparat.

50. Der Kippsche Apparat. Um Schwefelwasserstoff, der zu analytischen Arbeiten viel gebraucht wird, stets zur Verfügung zu haben, ist von dem Niederländer Kipp ein Apparat erfunden worden, der hierzu besonders geeignet ist und auch für die Entwicklung vieler anderer Gase (Kohlensäure, Wasserstoff) verwendet werden kann.

Dieser Kippsche Apparat (Abb. 12) besteht aus zwei gläsernen Kugeln B und A, die durch eine, einen engen Hals bildende Röhre miteinander verbunden sind, während eine dritte Kugel C mit einem langen trichterförmigen Rohr r in den Hals von B luftdicht eingesetzt ist und bis in die unterste Kugel hinabreicht, ohne daß dadurch die Verbindung von A und B versperrt wird.

Das Schwefeleisen wird in die mittlere Kugel B hineingebracht und durch C verdünnte Säure in A gegossen, wobei der Hahn h geöffnet ist.

Sobald A gefüllt ist, wird der Hahn h geschlossen und die oberste Kugel C etwa noch halb mit Säure gefüllt.

Wird nun der Hahn h geöffnet, so sinkt die Flüssigkeit aus der obersten Kugel in die unterste, gelangt von hier nach B und entwickelt aus dem

Schwefeleisen Schwefelwasserstoff, der durch den Hahn h entweicht. Schließt man den Hahn, so dauert die Entwicklung noch fort; durch den Druck, den das entstehende Gas auf die Flüssigkeit ausübt, wird diese aus B nach A gedrückt. Sobald dies geschehen ist, hört die Entwicklung von selbst auf.

51. Wertigkeit der Elemente. Einige Elemente haben die Eigenschaft, daß sich jedes ihrer Atome nur mit einem Atom eines anderen Elementes verbinden kann, wie z. B. die Halogene (HCl, HBr, HJ). Diese Eigenschaft der Atome wird als Einwertigkeit bezeichnet. Von anderen Elementen, wie Sauerstoff und Schwefel, kann je ein Atom mit zwei einwertigen Atomen Verbindungen eingehen (H_2S, H_2O). Man nennt sie deshalb zweiwertig.

Die Anzahl einwertiger Atome, die sich mit je einem Atom eines anderen Elementes verbinden können, dient als Maß der Wertigkeit überhaupt; der Stickstoff vereinigt sich z. B. mit 3 Atomen Wasserstoff und ist daher dreiwertig, Kohlenstoff mit 4 Atomen Wasserstoff, er ist daher vierwertig.

Man deutet die Wertigkeit gewöhnlich durch Striche an, wobei jeder Strich eine Bindungseinheit vorstellt, also:

$$H-Cl \qquad O\Big\langle{}^{H}_{H} \qquad N{-}\Big\langle{}^{H}_{\substack{H\\H}} \qquad C\Big\langle{}^{\substack{H\\H}}_{\substack{H\\H}}$$

Salzsäure Wasser Ammoniak Methan

Die Wertigkeit desselben Elementes kann verschieden sein, je nach der Art der einwertigen Elemente, mit denen es sich verbindet. Schwefel kann sich z. B. nur mit zwei Wasserstoffatomen vereinigen; mit den einwertigen Elementen kann er aber auch die Verbindungen SCl_4 und SF_6 bilden, Schwefel ist daher in diesen Fällen vier- und sechswertig. Auch die Halogene, die sich dem Wasserstoff gegenüber einwertig verhalten, sind unter sich zuweilen mehrwertig, denn es sind Verbindungen wie JCl_3 und JF_5 bekannt.

52. Schwefeldioxyd oder wasserfreie schweflige Säure (Schwefligsäure-anhydrid), SO_2. Vorkommen und Entstehung. Dieses Gas kommt in der Natur in den Vulkangasen vor. Es entsteht, wenn Schwefel an der Luft oder in Sauerstoff verbrennt; der bekannte Geruch des brennenden Schwefels rührt davon her.

[Darstellung. Man erhitzt Kupferspäne mit Schwefelsäure:

$$2\,H_2SO_4 + Cu = CuSO_4 + SO_2 + 2\,H_2O.]$$

Eigenschaften. Schwefeldioxyd ist ein farbloses Gas von stechendem Geruch, in größeren Mengen eingeatmet, wirkt es giftig. Es gibt seinen Sauerstoff nur schwer ab, so daß brennende Körper in dem Gas erlöschen, auch ist es selbst nicht brennbar, es ist mehr als doppelt so schwer als Luft. Schwefeldioxyd löst sich reichlich in Wasser, durch Kochen einer solchen wässerigen Schwefeldioxydlösung wird das Gas wieder ausgetrieben. Durch freiwilliges Verdunsten entzieht die schweflige Säure sich und ihrer Umgebung viel Wärme; sie kann daher zur Erzeugung künstlicher Kälte dienen.

Schwefeldioxyd ist ein Säureanhydrid (wasserfreie Säure), die wässerige Lösung reagiert sauer und verhält sich auch sonst wie eine Säure. Durch Oxydationsmittel, wie z. B. Luft, Sauerstoff oder Chlorwasser, wird SO_2 leicht zu SO_3 oxydiert.

Auf dieser Eigenschaft des SO_2, anderen Körpern den Sauerstoff zu entziehen (Reduktionswirkung), beruht auch seine **Bleichwirkung auf Pflanzenfarbstoffe.** Eine rote Rose z. B. wird durch Schwefeldioxyd entfärbt.

In manchen Fällen tritt die Färbung wieder auf, wenn man den gebleichten Stoff der oxydierenden Wirkung der Luft aussetzt. Stoffe, die ein Bleichen mit Chlor nicht vertragen, werden daher in der Technik durch SO_2 gebleicht, wie z. B. Seide, Wolle, Federn, Strohgeflechte, Papier usw. Diese Gegenstände werden entweder, mit Wasser angefeuchtet, in einem geschlossenen Raum den Dämpfen brennenden Schwefels ausgesetzt, oder mit wässeriger schwefliger Säure behandelt.

Schwefeldioxyd wirkt aber — ebenso wie Chlor — nicht nur bleichend, sondern auch desinfizierend. Es besitzt die Fähigkeit, Bakterien, die Veränderungen in organischen Stoffen erzeugen, zu zerstören; so wirkt es gärungshemmend und wird daher als Konservierungsmittel von Nahrungs- und Genußmitteln (z. B. bei amerikanischen getrockneten Aprikosen) sowie zum Schwefeln von Weinfässern, Einmachegläsern usw. benutzt, um die vorhandenen Pilzkeime abzutöten.

53. Schweflige Säure, H_2SO_3. Sie ist in freiem Zustande nicht bekannt. Man nimmt an, daß in der wässerigen Lösung von SO_2 die schweflige Säure H_2SO_3 enthalten ist, denn diese Lösung reagiert sauer, leitet den elektrischen Strom, gibt mit Basen Salze und entwickelt mit einigen Metallen, z. B. mit Magnesium, Wasserstoff. Die Verbindung H_2SO_3 selbst hat man noch nicht gewinnen können.

54. [Wasserfreie Schwefelsäure (Schwefelsäureanhydrid), SO_3, bildet sich in kleinen Mengen neben dem Hauptprodukt SO_2 beim Verbrennen des Schwefels; reichlich entsteht es beim Überleiten eines Gemisches von Schwefeldioxyd und Sauerstoff oder Luft über erhitzten, mit Platinschwamm überzogenen Asbest oder über andere katalytisch wirkende „Kontaktsubstanzen", wie Eisenoxyd, Chromoxyd usw. In dieser Weise wird es jetzt im großen dargestellt. Bei der „Kontaktwirkung" handelt es sich meist um die Beschleunigung chemischer Reaktionen, welche durch die bloße Anwesenheit gewisser Stoffe, der sog. „Kontaktsubstanzen" oder „Katalysatoren" eingeleitet und zu Ende geführt werden. Vielfach nehmen solche Stoffe wie hier der Platinschwamm durch die Verdichtung von Sauerstoff an der Reaktion teil.

Eigenschaften. Die Verbindung bildet lange durchsichtige Nadeln, die wie Eis aussehen; sie vereinigt sich sehr leicht mit Wasser zu Schwefelsäure:

$$H_2O + SO_3 = H_2SO_4.$$

Sie raucht daher an feuchter Luft; bringt man sie in Wasser, so erfolgt die Vereinigung unter Zischen und starker Wärmeentwicklung.]

55. Schwefelsäure, H_2SO_4. Die Schwefelsäure wurde im 18. Jahrhundert durch Erhitzen von geglühtem Eisenvitriol gewonnen, woher auch ihr noch heute gebräuchlicher Name Vitriolöl entlehnt ist. Auch durch Verbrennen von Schwefel mit Salpeter wurde sie dargestellt, und zwar im großen zuerst in England, weshalb die Säure auch jetzt noch als „englische Schwefelsäure" bezeichnet wird.

Darstellung. In der Technik wird die Schwefelsäure nach zwei Verfahren hergestellt, nämlich 1. durch den sog. Bleikammerprozeß und 2. durch das Kontaktverfahren.

1. Bleikammerprozeß. Bei diesem Verfahren kommt es hauptsächlich

darauf an, die Oxydation des Schwefeldioxyds durch Salpetersäure bei Gegenwart von Wasser herbeizuführen:

$$[3\ SO_2 + 2\ HNO_3 + 2\ H_2O = 3\ H_2SO_4 + 2\ NO.]$$

Diese Oxydation wird hauptsächlich in den Bleikammern vorgenommen. Die Wandungen der drei bis vier Bleikammern bestehen aus Bleiplatten, weil Blei von Schwefelsäure und von den zu ihrer Darstellung verwendeten Stoffen nur wenig angegriffen wird. Die entstandene Schwefelsäure ist noch sehr wasserhaltig, man konzentriert die Säure deshalb durch Eindampfen in besonderen Räumen bis zu einer Stärke von 96—98% und befreit diese rohe Schwefelsäure noch von verschiedenen Verunreinigungen.

2. Kontaktverfahren. Man leitet ein von Staub völlig befreites Gemisch von SO_2 und Luft bei ungefähr 400^0 auf mit Platin umsponnenen Asbest (als Katalysator), dadurch bildet sich SO_3, das in destilliertes Wasser geleitet wird.

Eigenschaften. Die reine Schwefelsäure ist bei gewöhnlicher Temperatur eine ölige Flüssigkeit, die bei niedriger Temperatur fest wird.

Mischt man Schwefelsäure mit Wasser, so tritt eine sehr beträchtliche Wärmeentwicklung auf. Man muß deshalb stets die Säure in dünnem Strahl und unter Umrühren in das Wasser eingießen; gibt man dagegen das Wasser zu der Schwefelsäure, so kann die starke Wärmeentwicklung ein Umherspritzen der Säure oder ein Springen des Glases bewirken.

Das Mischen von Schwefelsäure mit Wasser geht unter einem Volumenverlust vor sich, d. h. das Volumen der verdünnten Säure ist geringer als die Summe der Volumen von Säure und Wasser.

Die Schwefelsäure ist eine starke zweibasische Säure, d. h. sie kann zwei Reihen von Salzen bilden, da sie zwei durch Metalle ersetzbare Wasserstoffatome besitzt, z. B. Na_2SO_4 und $NaHSO_4$. Die schwefelsauren Salze einiger Schwermetalle, wie z. B. die des Eisens, Kupfers und Zinks führen den Namen Vitriole: Eisenvitriol $FeSO_4 \cdot 7\,H_2O$ (d. h. Eisenvitriol krystallisiert mit 7 Molekülen Wasser), Kupfervitriol $CuSO_4 \cdot 5\,H_2O$, Zinkvitriol $ZnSO_4 \cdot 7\,H_2O$.

In Berührung mit vielen Metallen entwickelt sie Wasserstoff, man benutzt deshalb verdünnte Schwefelsäure zur Darstellung dieses Elementes.

In Papier, Leinewand, Kleiderstoffe usw. frißt die Schwefelsäure Löcher, überhaupt wirkt sie auf die meisten organischen Stoffe, z. B. auf Zucker, zerstörend und verkohlend. Dies beruht auf der großen Neigung der Schwefelsäure, sich mit Wasser zu verbinden und ferner darauf, daß die Schwefelsäure an die organischen Körper Sauerstoff abgibt, also reduziret wird.

Salze der Schwefelsäure. Die meisten Salze der Schwefelsäure (Sulfate) sind in Wasser löslich. Unlöslich sind Barium-, Strontium- und Bleisulfat, sehr schwer löslich Calciumsulfat oder Gips.

Anwendung der Schwefelsäure. Die Schwefelsäure findet in der Technik vielfach Verwendung, z. B. bei der Herstellung der Soda nach dem Leblanc-Prozeß. Im Laboratorium benutzt man sie unter anderem auch als Trockenmittel. Eine feuchte Substanz wird völlig getrocknet, wenn man sie in einem geschlossenen Apparat neben eine Schale mit konzentrierter Schwefelsäure bringt.

56. Nachweis der Schwefelsäure. 1. Setzt man zur Schwefelsäure oder

ihren Salzen eine Lösung von Bariumchlorid, so fällt Bariumsulfat aus, das in Säuren und Alkalien unlöslich ist:

$$BaCl_2 + H_2SO_4 = BaSO_4 + 2\,HCl.$$

2. Fügt man zur Schwefelsäure oder zu schwefelsauren Salzen eine Bleinitratlösung, so erhält man einen weißen Niederschlag von Bleisulfat, der in Natronlauge löslich ist:

$$\underset{\text{Bleinitrat}}{Pb(NO_3)_2} + H_2SO_4 = \underset{\text{Bleisulfat}}{PbSO_4} + \underset{\text{Salpetersäure}}{2\,HNO_3}.$$

3. Freie Schwefelsäure weist man dadurch nach, daß man die betreffende Flüssigkeit mit ein wenig Zucker auf dem Wasserbade eindampft. Bei Gegenwart von Schwefelsäure verkohlt der Zucker.

57. [**Thioschwefelsäure,** $H_2S_2O_3$. Diese Säure ist nur in verdünnter wässeriger Lösung bekannt, sie ist sehr unbeständig und zersetzt sich in kurzer Zeit vollständig. Ihre Salze sind dagegen sehr beständig, das wichtigste Salz dieser Säure ist das Natriumthiosulfat.]

58. Natriumthiosulfat oder unterschwefligsaures Natrium (Antichlor), $Na_2S_2O_3 \cdot 5\,H_2O.$

[**Darstellung.** Man läßt Schwefeldioxyd auf Natriumsulfit einwirken:

$$4\,Na_2S + 6\,SO_2 = 4\,Na_2S_2O_3 + 2\,S.]$$

Es ist in Wasser sehr leicht löslich. Die Lösung besitzt die Fähigkeit, die Halogenverbindungen des Silbers leicht zu lösen, es wird deshalb in der Photographie vielfach verwendet (vgl. beim Abschnitt Silber).

Ferner wird es durch Oxydationsmittel, z. B. durch Chlor, leicht oxydiert, wobei Chlor gebunden wird:

$$[Na_2S_2O_3 + 8\,Cl + 5\,H_2O = 2\,NaCl + 2\,H_2SO_4 + 6\,HCl.]$$

Von letzterer Eigenschaft macht man Gebrauch, indem man das Natriumthiosulfat als Antichlor benutzt, d. h. um Stoffe von den letzten Spuren Chlor zu befreien, die nach dem Bleichen oft sehr hartnäckig haften bleiben und zerstörende Wirkungen ausüben können.

Versuch: Eine geringe Menge Natriumthiosulfatlösung wird in einem Reagensglas schwach erwärmt und hierauf mit einigen Tropfen verdünnter Salzsäure versetzt. Es scheidet sich Schwefel ab, weiterer Schwefeldioxyd entweicht.

Stickstoff (Nitrogenium), N (Drei- und fünfwertig).

59. Vorkommen. Dies Element kommt in der Luft in freiem Zustande vor, die ungefähr 80% Stickstoff und 20% Sauerstoff enthält. In gebundenem Zustande ist es in den salpetersauren Salzen, z. B. im Kalisalpeter (KNO_3) und im Chilesalpeter ($NaNO_3$), sowie im Ammoniak (NH_3) enthalten, ferner ist es ein wichtiger Bestandteil der pflanzlichen und tierischen Eiweißstoffe, des Blutes, der Muskeln, der Nerven sowie vieler Nahrungsmittel.

Gewinnung. Der Stickstoff läßt sich leicht aus der Luft durch Entziehung des Sauerstoffes gewinnen. Dies kann z. B. geschehen durch Verbrennen von Phosphor unter einer Glasglocke, die auf der Brücke einer mit Wasser gefüllten pneumatischen Wanne steht. Der Phosphor verbindet sich dabei mit dem Sauerstoff der Luft zu wasserfreier Phosphorsäure (P_2O_5), die sich in dem Wasser auflöst; das übrigbleibende Gas ist Stickstoff. Dadurch ist ein luftverdünnter Raum entstanden, das Wasser wird durch den Druck der äußeren Luft in die Glocke gedrängt und fängt dort an zu steigen (Abb. 13).

[Darstellung. Man stellt Stickstoff gewöhnlich dar durch Erhitzen einer konzentrierten Lösung von Ammoniumnitrit (unter Zusatz einiger Tropfen verdünnter Schwefelsäure):

$$NH_4NO_2 = 2\,N + 2\,H_2O.]$$

Eigenschaften. Der Stickstoff ist ein farbloses und geruchloses Gas. [1 Liter Stickstoff wiegt 1,25 g bei 0⁰ und 760 mm Druck.] Er gehört zu den am schwierigsten zu verflüssigenden Gasen. In Wasser ist er nur wenig löslich. Er ist nicht brennbar und vermag auch die Verbrennung anderer Körper nicht zu unterhalten. In reinem Stickstoff ersticken Menschen und Tiere, weil sie zur Atmung des Sauerstoffes bedürfen. Mit der atmosphärischen Luft wird Stickstoff beständig eingeatmet, ohne daß er einen schädlichen Einfluß auf den tierischen Körper ausübt. Er nimmt jedoch nicht unmittelbar teil an den chemischen Veränderungen, die durch den eingeatmeten Sauerstoff an dem Blut und bei der Verdauung unserer Nahrungsmittel an dem verbrennenden Körper hervorgerufen werden, er schwächt vielmehr die starke Oxydationskraft des Sauerstoffes ab, dient also gleichsam als Verdünnungsmittel.

Abb. 13. Verbrennung von Phosphor unter einer Glasglocke.

Der Stickstoff verbindet sich bei gewöhnlicher Temperatur mit keinem Element und bei höherer Temperatur nur mit wenigen Elementen, z. B. mit Calcium und Magnesium. Hervorgehoben sei, daß an den Wurzeln von Hülsenfrüchten lebende Bakterien vorkommen, die fähig sind, den Stickstoff der Atmosphäre zum Aufbau von Stickstoffverbindungen (Eiweiß) für den Pflanzenkörper nutzbar zu machen.

In neuerer Zeit wird der Luftstickstoff mittels starker elektrischer Ströme der Luft entzogen, zu Salpetersäure oxydiert und für die chemische Industrie, für die Erzeugung von Sprengstoffen und für die Gewinnung von Kalksalpeter nutzbar gemacht (vgl. bei Salpetersäure, § 73).

Versuch: Man bringt salpetrigsaures Ammonium in eine kleine Retorte und fängt das entwickelte Gas in einem mit Wasser gefüllten umgestülpten Probierglase auf, das in Wasser unten eingetaucht ist. Ein glimmender Span in das mit Gas erfüllte Probierglas eingeführt, erlischt sofort. Das Gas ist Stickstoff.

Atmosphärische Luft.

60. Geschichte. Die atmosphärische Luft wurde bis zum Ende des 18. Jahrhunderts für ein Element gehalten, erst durch die Entdeckung des Sauerstoffes durch Scheele und Priestley (1774) sowie durch ihre Feststellung, daß neben dem Sauerstoff noch ein anderes Gas in der Luft enthalten sein müsse, das die Verbrennung nicht unterhalte, war festgestellt, daß Luft kein Element, sondern ein Gemenge von Gasen ist. Lavoisier erkannte dann, daß der in der Luft vorkommende Sauerstoff bei jeder Verbrennung und Oxydation nötig sei.

Bestandteile der atmosphärischen Luft. Außer Sauerstoff und Stickstoff enthält die Luft noch Argon und einige andere seltene Elemente

(Helium, Neon, Krypton und Xenon), ferner geringe Mengen Wasserdampf, Wasserstoff, Kohlendioxyd, Spuren Ammoniak und Ozon.

Die nach verschiedenen Verfahren und zu verschiedenen Zeiten ausgeführte Analyse trockener und kohlensäurefreier Luft hat ergeben, daß ihre Zusammensetzung nahezu (Abweichungen 0,1%) immer dieselbe ist; an allen Orten der Erde und auch in den höchsten Schichten, die man mit dem Luftballon erreicht hat, besteht sie durchschnittlich aus 20,8 Raumprozent (Litern) Sauerstoff, 78,3 Raumprozent (Litern) Stickstoff und 0,90 Raumprozent (Litern) Argon [oder 23,0 Gewichtsprozent Sauerstoff, 75,8 Gewichtsprozent Stickstoff und 1,20 Gewichtsprozent Argon.]

Man hat berechnet, daß die atmosphärische Luft eine Grenze hat und ihre Gesamthöhe ungefähr 80 km beträgt.

Eigenschaften der Luft. Die Luft ist ein Gemenge, sie ist ein schlechter Leiter für Wärme und Elektrizität, namentlich in trocknem Zustande. 1 Liter (1 cdcm) trockene und kohlensäurefreie Luft wiegt bei 0° und 760 mm Druck 1,293 g, 1 cbm Luft wiegt also 1293 g. Dieses Gewicht der Luft drückt auf die Erde, und zwar lastet auf 1 qcm Fläche ein Druck von 1,033 kg (Druck einer Atmosphäre). Dieser Druck ist gleich dem Drucke einer Quecksilbersäule von 760 mm Höhe. Die Höhe der Quecksilbersäule im Barometer, die nach der Verschiedenheit des Luftdruckes natürlich eine verschiedene ist, wird als Barometerstand bezeichnet. Da der Luftdruck von allen Seiten auf uns gleichmäßig wirkt, so fühlen wir ihn nicht.

Luft ist in Wasser löslich, und zwar ist die Löslichkeit abhängig vom Luftdruck; je geringer dieser ist, desto weniger Luft ist im Wasser löslich, daher enthalten hochgelegene Gebirgsseen (ungefähr in 2000 m Höhe) keine Luft, so daß Fische und andere Wassertiere in einem solchen luftleeren See nicht leben können.

Die Luft mischt sich mit den übrigen Gasen, diese Eigenschaft nennt man Diffusion; eine solche erfolgt auch durch poröse feste Körper, wie z. B. Mauersteine; sie ist von großer hygienischer Bedeutung für den zu unserer Gesundheit notwendigen Luftwechsel in unseren Wohnungen, der nicht nur durch das Öffnen der Fenster und Türen, sondern auch durch die Poren unserer Mauerwände vermittelt wird. Je leichter die Diffusion durch diese von statten geht, desto vollständiger wird der Luftwechsel sein. Ziegel und Sandsteine sind wegen ihrer porösen Beschaffenheit dem Marmor und Granit in dieser Beziehung vorzuziehen. Häuser von Eisen oder Glas, durch die eine Diffusion schwierig ist oder nicht stattfindet, sind wegen mangelnden Luftwechsels nicht wohnlich. Die Schädlichkeit feuchter Wohnungen beruht zum Teil darauf, daß die Feuchtigkeit die Poren der Steine und des Mörtels verschließt und diese dadurch für die Diffusion der Luft untauglich macht. Die Verwendung luftdichter Stoffe, wie z. B. Gummi, zu Kleidungsstoffen ist nicht empfehlenswert, denn den Gummistoffen fehlt die Luftdurchlässigkeit, die den porösen Geweben eigen ist.

Die Luft läßt sich bei niedriger Temperatur verflüssigen.

Versuche: 1. Ein Stück Chlorcalcium wird der atmosphärischen Luft ausgesetzt. Nach einiger Zeit des Liegens wird es feucht und zerfließt schließlich, weil es aus der Luft Feuchtigkeit angezogen hat. Man nennt diese Eigenschaft des Chlorcalciums „hygroskopisch".

2. Auf einen flachen Teller wird klares Kalkwasser gegeben. Nach einiger Zeit bildet sich auf der Oberfläche eine zarte Haut, welche aus kohlensaurem Kalk besteht. Der Kalk hat aus der Luft Kohlensäure angezogen und sich mit ihm verbunden.

61. Flüssige Luft. Flüssige Luft ist eine leicht bewegliche bläuliche Flüssigkeit. Zur Erzeugung von sehr niedrigen Temperaturen wird sie jetzt vielfach verwendet und spielt eine große Rolle bei der Konservierung von Nahrungsmitteln in großen Städten (Gefrier- und Kühlhallen)· Leitet man Kohlendioxyd in ein Gefäß, in dem sich flüssige Luft befindet, so fällt Kohlendioxyd in fester Form wie Schneeflocken nieder. Flüssige Luft enthält mehr Sauerstoff als die gasförmige der Atmosphäre (gegen 50%). Taucht man daher einen glimmenden Holzspan in flüssige Luft, so beginnt er unter heftiger Reaktion lebhaft zu brennen; eine glimmende Zigarre verbrennt ebenfalls sehr schnell in flüssiger Luft. Läßt man flüssige Luft in offenen Gefäßen stehen, so verflüchtigt sie sich, weil ihre Temperatur rasch steigt.

62. [Argon. Dieses Element wurde im Jahre 1894 in einer Menge von 0,90 Raumprozent in der Luft entdeckt; es war bis dahin wegen seiner außerordentlichen Ähnlichkeit mit dem Stickstoff stets übersehen worden. Später wurde das Argon auch in einigen anderen Körpern, z. B. in einigen Mineralwässern, gelöst gefunden.

Eigenschaften. Das Argon ist ein farb- und geruchloses Gas, das bisher noch nicht in Verbindungen hat übergeführt werden können.

Nach der Entdeckung des Argons wurden noch vier andere Gase — nämlich Helium, Neon, Krypton und Xenon — in sehr geringer Menge in der Luft aufgefunden.]

63. Kreislauf des in der Luft vorhandenen Stickstoffes und Sauerstoffes. Der in der Atmosphäre vorkommende Sauerstoff wird hauptsächlich für die Atmung der Menschen, Tiere und Pflanzen, zur Oxydation von Pflanzen- und Tierresten unter Mitwirkung von Bakterien sowie zur Verbrennung von Brennstoffen verbraucht (Oxydationsvorgänge), bei allen diesen Vorgängen entsteht Kohlendioxyd (CO_2). Dieses wird von den Pflanzen für ihren Assimilationsprozeß verbraucht, es wird dabei das Kohlendioxyd gespalten in Kohlenstoff und Sauerstoff ($C + O_2$); ersterer wird von den Pflanzen zum Aufbau ihres Körpers verwendet, letzterer wandert wieder in die Atmosphäre zurück (Assimilationsprozeß); es wird also von der Stärke dieses Prozesses abhängen, ob ebensoviel Sauerstoff in die Luft zurückgelangt, als zuvor zur Bildung von Kohlendioxyd verbraucht ist.

Der in der Luft vorhandene Stickstoff stammt aus Tier- und Pflanzenkörpern, in denen er in organischen Verbindungen vorhanden ist. Nach dem Absterben dieser Körper bleibt er in gebundenem Zustande, z. B. als Ammoniak oder Salpetersäure zurück und wird durch Verwesungsprozesse teilweise, durch Verbrennung von Pflanzen- und Tierresten völlig in Freiheit gesetzt und der Atmosphäre zugeführt.

Andererseits nehmen einige Pflanzen, wie z. B. die Hülsenfrüchte, mit Hilfe von Bakterien freien Stickstoff aus der Luft auf, ferner verbindet sich bei Gewittern etwas Stickstoff mit Sauerstoff, so daß fortwährend der Atmosphäre Stickstoff entzogen wird.

Es findet somit ein ständiger Kreislauf des in der Luft vorhandenen Sauerstoffes und Stickstoffes statt, eine merkbare Veränderung in der Zusammensetzung der Luft entsteht dadurch aber nicht, weil außerordentlich große Luftmengen in der Atmosphäre vorhanden sind.

Einige wichtige Verbindungen des Stickstoffs.

64. Ammoniak, NH_3. Vorkommen. Es findet sich nur in geringer Menge frei in der Natur, und zwar als Fäulnis- oder Verwesungsprodukt, häufiger in Verbindung mit Säuren als sog. Ammoniumverbindungen.

Entstehung. Ammoniak bildet sich hauptsächlich bei der Fäulnis organischer Stoffe, z. B. Harn, ferner beim Erhitzen stickstoffhaltiger organischer Körper (z. B. der Steinkohlen). [Beim Durchschlagen elektrischer Funken durch feuchte Luft entsteht eine Ammoniakverbindung, das salpetersaure Ammonium, NH_4NO_3.]

Darstellung. Das Ammoniak wird meist aus dem Ammoniakwasser der Gasfabriken, d. h. dem Wasser, durch welches das Leuchtgas behufs Entfernung des Ammoniaks hindurchgeleitet worden ist, gewonnen. [Die hieraus dargestellten Ammoniumsalze (meist Salmiak) werden mit Kalkmilch erhitzt, wodurch Ammoniak frei wird:

$$\underset{\text{Salmiak}}{2\,NH_4Cl} + \underset{\text{Kalkmilch}}{Ca(OH)_2} = \underset{\text{Calciumchlorid}}{CaCl_2} + 2\,H_2O + 2\,NH_3.$$

Das entstandene gasförmige Ammoniak wird in destilliertes Wasser geleitet, in dem es sich sehr leicht löst.]

Eigenschaften. Das Ammoniak ist bei gewöhnlicher Temperatur ein Gas von charakteristischem, zu Tränen reizendem Geruch, es ist nur halb so schwer als Luft, es kann leicht verflüssigt werden, in Wasser ist es sehr leicht löslich. Läßt man verflüssigtes Ammoniakgas bei niedrigem Druck verdunsten, so entzieht der verdunstende Teil dem noch flüssigen viel Wärme und kühlt ihn hierdurch stark ab; dieses Verhalten benutzt man daher zur Darstellung von künstlichem Eis mittels Eismaschinen.

Die charakteristischste Eigenschaft des Ammoniaks besteht darin, daß es sich mit Säuren zu Salzen vereinigt, z. B.:

$$NH_3 + HCl = NH_4Cl \text{ (Ammoniumchlorid)}.$$
$$NH_3 + \underset{\text{Salpetersäure}}{HNO_3} = NH_4NO_3 \text{ (Ammoniumnitrat)}.$$
$$2\,NH_3 + H_2SO_4 = (NH_4)_2SO_4 \text{ (Ammoniumsulfat)}.$$

In diesen Salzen, die fast sämtlich in Wasser leicht löslich sind, spielt die Atomgruppe NH_4 die Rolle eines Metalls; diese Gruppe NH_4 hat deshalb einen besonderen Namen erhalten, sie heißt Ammonium. Es ist bisher noch nicht gelungen, dieses Ammonium aus seinen Verbindungen zu gewinnen.

Die wässerigen Lösungen des Ammoniaks (Salmiakgeist genannt), sowie die feuchten Dämpfe des Ammoniaks reagieren stark basisch (färben rotes Lackmuspapier blau); Fette werden durch wässerige Ammoniaklösungen in Seifen verwandelt; hierauf beruht ihre Verwendung zum Reinigen der Kleidungsstoffe von Fettflecken. Die wässerige Ammoniaklösung dient auch als Mittel gegen Insektenstiche und gegen die Wirkungen der Brennessel. Aus einer wässerigen Lösung kann man Ammoniak durch Kochen völlig austreiben.

Eine Oxydation des Ammoniaks findet in der Ackererde durch die Tätigkeit gewisser Bakterien statt, dabei entsteht Salpetersäure.

Versuche: 1. Man füllt ein Reagensglas zur Hälfte mit Wasser, gibt einige Stückchen Ätzkali hinein, fügt noch etwas Salmiaksalz hinzu und erwärmt das Glas über kleiner Flamme. Es entwickelt sich gasförmiges Ammoniak, welches durch Bräunung eines über das Reagensglas gestülpten Filtrierpapiers, das mit verdünnter Kupfervitriollösung betupft ist, erkannt wird. Auch ist der Geruch des Gases charakteristisch.

2. In eine Schale gebe man eine kleine Menge eines Gemisches von gleichen Teilen Eisen- und Zinkpulver in eine starke Kalilaugenlösung und erwärme. Es entsteht Wasserstoff. Nun gebe man tropfenweise verdünnte Salpetersäure hinzu, aber nur so viel, daß. die Flüssigkeit ihre alkalische Reaktion nicht verliert. Die Flüssigkeit wird durch den Wasserstoff reduziert und es entsteht Ammoniak.

65. Nachweis von Ammoniak. 1. Ammoniak und Ammoniumsalze werden nachgewiesen durch das Nesslersche Reagens (eine Auflösung von Jodquecksilber in alkalischer Kaliumjodidlösung), wodurch eine gelbrote Färbung bzw. ein Niederschlag ($Hg_2O \cdot NH_2J$) hervorgerufen wird.

2. In einer Ammoniakatmosphäre bildet sich um einen an einem Glasstabe hängenden Salzsäuretropfen ein weißer Nebel von Ammoniumchlorid.

66. Chlorammonium, Salmiak, NH_4Cl. Salmiak wird aus dem Ammoniakwasser der Gasanstalten hergestellt, indem man das daraus gewonnene Ammoniak (vgl. § 64) in Salzsäure leitet. Beim Eindampfen der Lösung scheidet sich Salmiak ab; der feste Rückstand wird erhitzt, wobei er als weißes Pulver sublimiert. Er ist in Wasser leicht löslich und besitzt einen scharf salzigen Geschmack. Salmiak wird vielfach gebraucht, besonders wird er beim Löten und Verzinnen verwendet; man zieht dabei den heißen Lötkolben über ein Stück Salmiak hinweg. Durch die starke Erwärmung wird Salmiak in Ammoniak und Salzsäure zersetzt, letztere beseitigt die oberflächliche Oxydschicht der Metallfläche, wodurch nunmehr das Zusammenlöten der Metalle ermöglicht wird.

67. Ammoniumkarbonat, saures kohlensaures Ammonium, Hirschhornsalz, $(NH_4)HCO_3$. Es wurde früher durch trockene Destillation stickstoffhaltiger organischer Stoffe, wie Horn, Leder u. dgl. gewonnen, daher auch der Name Hirschhornsalz. Jetzt wird es dargestellt durch trockene Destillation eines Gemisches von Kreide und Salmiak. Es wird in der Küche angewendet, namentlich zum Backen von Zuckerbackwerk. Das Hirschhornsalz verflüchtigt sich in der Hitze, die entweichende Kohlensäure treibt und lockert die Masse durch Bildung von Blasen und kleinen porenartigen Hohlräumen. Die im Handel als Hirschhornsalz bezeichnete Ware enthält außerdem noch normales Ammoniumcarbonat, $(NH_4)_2CO_3$.

68. [Ammoniumhydrosulfid, Schwefelammonium, $(NH_4)SH$. Vermischt man 1 Raumteil Schwefelwasserstoffgas mit 1 Raumteil Ammoniakgas, so entstehen farblose, sich schnell gelb färbende Krystalle von Ammoniumhydrosulfid:

$$H_2S + NH_3 = (NH_4)SH.$$

Eine Lösung dieser Verbindung wird erhalten durch Einleiten von Schwefelwasserstoff in eine Ammoniaklösung. Eine solche Ammoniumhydrosulfidlösung führt die Bezeichnung Schwefelammonium, sie ist frisch bereitet farblos, färbt sich aber an der Luft durch die Berührung mit Sauerstoff bald gelb.

Diese Schwefelammoniumlösung wird zu analytischen Zwecken verwendet; sie löst außer Schwefel eine Anzahl Metallsulfide (Schwefelgold, Schwefelzinn, Schwefelarsen, Schwelefantimon).]

69. Nachweis der Ammoniumsalze. 1. Nesslers Reagens ruft eine gelbrote Färbung bzw. einen gelbroten Niederschlag hervor (vgl. § 65).

2. Natronlauge zersetzt die Ammoniumsalze beim Erhitzen, Ammoniak verflüchtigt sich und ist am Geruch und an der Nebelbildung kenntlich, die

es um einen am Glasstabe hängenden Salzsäuretropfen bewirkt; feuchtes rotes Lackmuspapier wird gebläut.

[3. Platinchlorid bildet mit Ammoniumchlorid einen gelben krystallinischen Niederschlag von Ammonium-Platinchlorid, $(NH_4)_2PtCl_6$, das sich beim Erhitzen zersetzt, es hinterbleibt schwammförmiger Platin (Platinschwamm).]

Verbindungen des Stickstoffs mit Sauerstoff.

70. [**Stickstoffoxydul, N_2O. Darstellung.** Man erhitzt Ammoniumnitrat auf 250^0:

$$NH_4NO_3 = N_2O + 2\,H_2O.$$

Eigenschaften: Stickstoffoxydul ist ein farb- und geruchloses Gas, das in Wasser leicht löslich ist. Da es die Eigenschaft besitzt, mit Sauerstoff eingeatmet, bewußt- und empfindungslos zu machen, so wurde es unter der Bezeichnung **Lachgas** früher in der zahnärztlichen Praxis benutzt; es kommt in flüssigem Zustande in den Handel.]

71. [**Stickstoffoxyd, NO. Darstellung.** Man läßt auf Kupfer Salpetersäure einwirken:

$$3\,Cu + 8\,HNO_3 = 3\,Cu(NO_3)_2 + 4\,H_2O + 2\,NO.$$
Salpetersäure   Kupfernitrat

Eigenschaften. Stickstoffoxyd ist ein farbloses, in Wasser wenig lösliches Gas. Mit Sauerstoff verbindet es sich sofort zu dem rotbraunen, unangenehm riechenden **Stickstoffdioxyd**, $NO + O = NO_2$.]

72. [**Salpetrige Säure, HNO_2.** Diese Säure ist nur bei gewöhnlicher Temperatur in verdünnter wässeriger Lösung bekannt, ihre Salze sind jedoch beständig.

Darstellung. Man stellt die Salze der salpetrigen Säure durch Erhitzen von Kalium- oder Natriumnitrat (Salpeter) dar, dabei wird Sauerstoff abgespalten; sehr leicht erfolgt diese Abspaltung, wenn man Blei als sauerstoffentziehendes Mittel zusetzt:

$$KNO_3 + Pb = KNO_2 + PbO].$$

73. Salpetersäure, HNO_3. Vorkommen. Findet sich in der Natur in der Form von Salzen, den Nitraten, die den Namen Salpeter führen. Man unterscheidet **Natron-** oder **Chilesalpeter** (salpetersaures Natrium, in großen Lagern in Chile vorkommend), **Kalisalpeter** (salpetersaures Kalium) und **Kalksalpeter** (salpetersaures Calcium), der in geringer Menge in der Nähe von Aborten aus den Wänden auskrystallisiert.

Darstellung. 1. Man zersetzt Chilesalpeter mit starker Schwefelsäure in gußeisernen Kesseln und destilliert die Salpetersäure ab:

$$NaNO_3 \;+\; H_2SO_4 \;=\; NaHSO_4 \;+\; HNO_3.$$
Natronsalpeter   Doppelschwefelsaures Salpetersäure
Natrium

2. Darstellung aus dem Stickstoff der Luft, nach dem Verfahren von Birkeland und Eyde. Man erzeugt durch einen starken elektrischen Strom (Spannung 5000 Volt) einen Lichtbogen in Gestalt einer flachen Scheibe. Diese Flammenscheibe wird in ein dosenförmiges Gefäß eingeschlossen, durch die ein rascher Luftstrom gepreßt wird; es bildet sich Stickstoffoxyd NO, das sich mit dem vorhandenen Sauerstoff zu Stickstoffdioxyd NO_2 verbindet. Dieses wird mit Wasser in Berührung gebracht, dabei entstehen Salpetersäure und salpetrige Säure:

$$2\,NO_2 + H_2O = HNO_3 + HNO_2.$$

Die salpetrige Säure HNO_2 zerfällt beim Konzentrieren der Flüssigkeit wieder nach der Gleichung:

$$2\,HNO_2 = H_2O + NO_2 + NO,$$

wobei aus NO_2 wieder Salpetersäure, aus Stickstoffoxyd NO wieder NO_2 gebildet wird, so daß schließlich alles wieder in Salpetersäure übergeführt wird.

Die erhaltene Salpetersäure wird mit Kalk gesättigt, wodurch Kalksalpeter $Ca(NO_3)_2$, entsteht, der als Ersatz für Chilesalpeter verwendet wird (§ 177).

3. **Darstellung aus dem Stickstoff der Luft nach dem Verfahren von Haber.** Mit Hilfe eines starken elektrischen Stromes gelingt es bei etwa 500^0 und einem Druck von 200 Atmosphären unter Anwendung eines geeigneten Katalysators (z. B. chemisch reines Eisen), eine Vereinigung des Stickstoffs der Luft mit Wasserstoff zu Ammoniak herbeizuführen:

$$2\,N + 6\,H = 2\,NH_3.$$

Das Ammoniak läßt sich durch Oxydation (Verbrennung) leicht in Salpetersäure überführen.

Eigenschaften. Salpetersäure ist eine der stärksten bekannten Säuren; wird sie mit Metallen in Berührung gebracht, so entstehen die salpetersauren Salze (Nitrate), die alle in Wasser löslich sind. Die Einwirkung von Salpetersäure auf die Metalle ist verschieden. Gold und Platin werden nicht von Salpetersäure aufgelöst; Silber, Quecksilber und Kupfer werden bei gewöhnlicher Temperatur nicht angegriffen, wohl aber beim Erhitzen unter Entwicklung von Stickstoffoxyd.

Salpetersäure wirkt häufig als kräftiges Oxydationsmittel, besonders bei höherer Temperatur. Holz, Kork, die Haut, Wolle und andere Stoffe werden durch Salpetersäure gelb gefärbt.

Ein Gemisch von 1 Teil Salpetersäure und 3 Teilen Salzsäure wird **Königswasser** genannt, weil es die Könige der Metalle, Gold und Platin, aufzulösen vermag.

Phosphor, P (Drei- und fünfwertig).

74. Geschichte. Der Phosphor ist schon lange bekannt, er wurde im Jahre 1674 durch den Alchemisten **Brand** entdeckt, als er Harn mit Sand in einer irdenen Retorte erhitzte. **Scheele** bereitete den Phosphor zuerst aus Knochen nach einem Verfahren, wie es in der Hauptsache noch jetzt angewendet wird. Der Name Phosphor leitet sich ab von den griechischen Wörtern phos = Licht und phoros = Träger, bedeutet also Lichtträger. Diese Bezeichnung beruht darauf, daß der Phosphor im Dunkeln leuchtet.

Vorkommen. Der Phosphor kommt in der Natur nicht in freiem Zustand vor, da er sich sehr leicht mit Sauerstoff verbindet. Dagegen sind phosphorsaure Salze sehr verbreitet und kommen in großen Mengen vor; so werden in beträchtlichen Lagern zwei Calciumslaze des Phosphors angetroffen, **Phosphorit** ($Ca_3[PO_4]_2$) und **Apatit** ($3\,Ca_3[PO_4]_2 + CaCl_2$).

Ferner kommen Phosphate in kleiner Menge auch im Granit und in vulkanischen Gesteinen vor; durch ihre Verwitterung gelangen sie in die Ackererde. Land von mittlerer Fruchtbarkeit enthält ungefähr 0,1% wasserfreie Phosphorsäure (P_2O_5). Aus dem Boden wird die Phosphorsäure durch die Pflanzen aufgenommen, durch diese gelangt sie in den Körper der Menschen und Tiere, wo sie hauptsächlich zur Knochenbildung verwendet wird; ein Teil der Phosphorsäureverbindungen wird durch den Harn und den Kot wieder ausgeschieden und kann, als Dünger in den Boden gebracht, von neuem den Kreislauf antreten. Die Knochen bestehen zum großen Teil aus phosphorsaurem Calcium. Außerdem findet sich Phosphor in sehr geringen Mengen im Fleisch, im Gehirn und in den Nerven der Menschen und Tiere.

[Darstellung. Zur Darstellung von Phosphor dienen von Fett (durch Behandeln mit Benzin) und Knorpelsubstanz (durch Behandeln mit Wasserdampf unter hohem Druck) befreite, gebrannte und gepulverte Knochen, die mit verdünnter Schwefelsäure behandelt werden:

$$\underset{\substack{\text{Knochen}\\\text{(Tricalciumphosphat)}}}{Ca_3(PO_4)_2} + 2\,H_2SO_4 = \underset{\substack{\text{primäres}\\\text{Calciumphosphat}}}{Ca(H_2PO_4)_2} + \underset{\text{Gips}}{2\,CaSO_4}$$

Nach Entfernung des Gipses wird die Flüssigkeit eingedampft und stark erhitzt, wodurch Wasser abgespalten wird:

$$Ca(H_2PO_4)_2 = 2\,H_2O + \underset{\text{Calciummetaphosphat}}{Ca(PO_3)_2}$$

Das Calciummetaphosphat wird mit Kohle vermischt, in Retorten stark geglüht und destilliert. Die Kohle wirkt reduzierend, das dadurch entstehende Kohlenoxyd (CO) entweicht in die Luft, während der dampfförmig übergehende Phosphor in den Vorlagen unter Wasser aufgefangen wird:

$$\underset{\substack{\text{Calcium-}\\\text{metaphosphat}}}{3\,Ca(PO_3)_2} + \underset{\text{Kohlenstoff}}{10\,C} = \underset{\text{Tricalciumphosphat}}{Ca_3(PO_4)_2} + \underset{\text{Kohlenoxyd}}{10\,CO} + \underset{\text{Phosphor}}{4\,P}$$

Der so gewonnene Phosphor ist durch Kohlenteilchen geschwärzt und enthält auch noch andere Verunreinigungen, er wird deshalb zur Reinigung nochmals destilliert, unter Wasser geschmolzen und darauf in Stangen gegossen.]

[Anmerkung. Zuweilen werden die Knochen unter Luftabschluß erhitzt (trocken destilliert), dabei scheidet sich ein Öl ab (Dippels Tieröl), das in der organischen Chemie Verwendung findet und es bleibt Knochenkohle (Tierkohle) in den Retorten zurück, die in den Zuckerfabriken zur Entfärbung von Zuckerlösungen gebraucht wird. Erst wenn die Knochenkohle hierzu nicht mehr brauchbar ist, wird sie auf Phosphor verarbeitet.]

Eigenschaften. Phosphor ist bei gewöhnlicher Temperatur fest, krystallinisch, von gelber Farbe, der sich mit dem Messer schneiden läßt, bei 44° zu einer gelben lichtbrechenden Flüssigkeit schmilzt und bei 290° siedet. Durch die Einwirkung des Sonnenlichtes wird er gelb und bedeckt sich mit einer undurchsichtigen rötlichweißen Schicht. Der Phosphor ist wenig löslich in Alkohol und Äther, leicht löslich in Schwefelkohlenstoff, unlöslich in Wasser, man bewahrt ihn deshalb unter Wasser auf. Er ist sehr giftig und entzündet sich bereits an der Luft, schon die Berührung mit einem heißen Glasstab genügt, um ihn zur Enztündung zu bringen; dabei verbrennt er unter starker Licht- und Wärmeentwicklung zu wasserfreier Phosphorsäure (P_2O_5).

Die langsame Oxydation von Phosphor durch Sauerstoff bei gewöhnlicher

Temperatur ist von einer bläulichen Lichterscheinung begleitet. Dieses Leuchten des Phosphors ist namentlich im Dunkeln deutlich zu erkennen.

Versuch: Ein kleines Stück gelben Phosphors wird mit der Tiegelzange in ein Reagensglas gebracht und mit etwas Schwefelkohlenstoff übergossen, in dem sich der Phosphor leicht auflöst. Man gießt diese Lösung auf ein Stück Filtrierpapier, nimmt dieses in eine Tiegelzange und bewegt es hin und her. Der Schwefelkohlenstoff verdunstet und der fein verteilte Phosphor entzündet sich von selbst.

75. Umwandlung des gelben Phosphors in roten Phosphor. Der gewöhnliche oder gelbe Phosphor kann durch Erhitzen auf 250—300° bei Luftabschluß in geschlossenen eisernen Zylindern in wenigen Minuten in ein rotbraunes Pulver, den roten Phosphor, umgewandelt werden.

Dieser rote Phosphor weicht in seinen Eigenschaften sehr von dem gelben Phosphor ab; er ist nicht schmelzbar, verändert sich nicht an der Luft, ist nicht giftig, leuchtet nicht im Dunkeln und löst sich nicht in Schwefelkohlenstoff. Er ist geruchlos, während der gelbe Phosphor infolge der Bildung von Ozon einen eigentümlichen Geruch verbreitet; beim Erhitzen an der Luft entzündet er sich erst bei 260°. Erhitzt man roten Phosphor in einem Destillierkolben und kühlt die entstehenden Phosphordämpfe schnell ab, so erhält man wieder gelben Phosphor.

Der Phosphor ist also in zwei verschiedenen Arten (Modifikationen) vorhanden.

76. Herstellung der Zündhölzer. Phosphor dient hauptsächlich zur Herstellung von Zündhölzchen.

Bei dem älteren Verfahren wurden die Hölzchen (meist aus Espenholz bestehend) mit dem einen Ende in geschmolzenen Schwefel, sodann in eine breiige Masse getaucht, die aus einem Gemisch von gelbem Phosphor, einem Oxydationsmittel — gewöhnlich Braunstein — und Gummi bestand. Durch Reiben an einer rauhen Fläche entzündeten sie sich. Diese Zündhölzchen waren wegen ihres Gehaltes an gelbem Phosphor sehr giftig und feuergefährlich. Ferner war die Herstellung für die Arbeiter gesundheitsschädlich, deshalb ist ihre Herstellung in Deutschland und auch in einigen anderen Ländern verboten.

Sie sind fast völlig durch Zündhölzer verdrängt, die zuerst in Schweden hergestellt wurden und daher schwedische Zündhölzer genannt werden. Bei diesen besteht der Kopf hauptsächlich aus einem Gemisch von chlorsaurem Kalium, Schwefelantimon und Dextrin; um sie zu entzünden, bedarf man einer Reibfläche, die ungiftigen roten Phosphor, Schwefelantimon, Glaspulver und Leim enthält; dadurch ist eine Entzündung durch zufällige Reibung ausgeschlossen. Beim Reiben des Streichholzes an der Schachtel lösen sich Phosphorteilchen von der Reibfläche, während Sauerstoff an der Kuppe frei wird, so daß der Phosphor sich entzündet und zunächst die Kuppe, dann das Holzstäbchen in Brand setzt. Das leicht schmelzende Schwefelantimon hält die Masse zusammen, während der Leim nicht nur als Bindemittel wirkt, sondern auch die Explosionsgefahr verringert.

In neuerer Zeit werden Zündhölzer nach dem älteren obengenannten Verfahren hergestellt, jedoch wird statt des gelben Phosphors eine ungiftige Schwefelphosphorverbindung verwendet; sie entzünden sich durch Streichen auf jeder rauhen Fläche.

Damit die Zündhölzchen besser brennen, sind sie gewöhnlich mit Paraffin, die besseren Sorten zur Verhütung des Nachglimmens außerdem noch mit phosphorsaurem Natrium getränkt.

77. [**Gasförmiger Phosphorwasserstoff, Phosphin, PH_3.** Diese Verbindung bildet sich beim Zusammenbringen von Phosphorcalcium mit Wasser.

$$\underset{\text{Phosphorcalcium}}{Ca_3P_2} \quad + \quad 6\,H_2O = 3\,Ca(OH)_2 + 2\,PH_3.$$

Neben gasförmigem Phosphorwasserstoff entstehen hierbei auch Dämpfe des flüssigen Phosphorwasserstoffes (P_2H_4), der selbstentzündlich ist, daher entzündet sich jede Gasblase sofort an der Luft, wobei sich ein ringförmiger Rauch von wasserfreier Phosphorsäure (P_2O_5) bildet.

Eigenschaften. PH_3 ist bei gewöhnlicher Temperatur ein Gas von eigenartigem, unangenehmem Geruch, in Wasser ist er wenig löslich, er ist sehr giftig. Er verbrennt sehr leicht, dabei entsteht Phosphorsäure.]

78. Phosphorsäuren. Beim Verbrennen des Phosphors an der Luft entstehen zwei Oxyde, die wasserfreie phosphorige Säure (P_2O_3) und wasserfreie Phosphorsäure (P_2O_5), beide können sich mit verschiedenen Mengen Wasser zu Säuren vereinigen. Von P_2O_5 leiten sich drei Phosphorsäuren ab, nämlich:

$$P_2O_5 + H_2O = 2\,HPO_3 \text{ (Meta-phosphorsäure)},$$
$$P_2O_5 + 2\,H_2O = H_4P_2O_7] \text{ (Pyro-phosphorsäure) und}$$
$$P_2O_5 + 3\,H_2O = 2\,H_3PO_4 \text{ (Ortho-phosphorsäure)}.$$

Die wichtigste von diesen Säuren ist die gewöhnlich als „Phosphorsäure" bezeichnete Orthophosphorsäure (H_3PO_4).

[Darstellung. Gewöhnlich stellt man die Säure durch Oxydation von Phosphor und Salpetersäure dar.]

Eigenschaften. Orthophosphorsäure ist bei gewöhnlicher Temperatur fest und krystallisiert, sie ist geruchlos und in Wasser leicht löslich; die Lösung reagiert stark sauer. Sie hat den Charakter einer starken Säure. Die drei Wasserstoffatome sind sämtlich durch Metall ersetzbar, sie ist also dreibasisch. Es sind daher drei Reihen von Salzen möglich, je nachdem ob ein, zwei oder alle drei Wasserstoffatome durch Metall ersetzt sind; man bezeichnet diese Salze als primäre, sekundäre oder tertiäre.

Die im Handel vorkommende Phosphorsäure ist eine wässerige Lösung, die ungefähr 25% Säure enthält.

[Die Pyrophosphorsäure ($H_4P_2O_7$) sowohl wie die Metaphosphorsäure (HPO_3) entstehen beim Erhitzen der Phosphorsäure (H_3PO_4).

Bemerkenswert ist noch, daß von den drei Säuren nur die Metaphosphorsäure imstande ist, Eiweiß zum Gerinnen zu bringen.]

Arsen, As (Drei- und fünfwertig).

79. Vorkommen. Arsen kommt in der Natur in freiem Zustande vor es heißt dann Scherbenkobalt (Fliegenstein). Außerdem findet es sich vielfach in Verbindung mit Schwefel (Realgar, As_2S_2; Auripigment, As_2S_3) oder mit Metallen (Arsenkies, FeSAs; Glanzkobalt, CoSAs usw.) oder mit Sauerstoff (Arsenikblüte, As_2O_3).

Gewinnung. 1. Arsenkies (FeSAs) wird erhitzt, dabei sublimiert Arsen:

$$FeSAs = FeS + As.$$

2. Arsenikblüte (As_2O_3) wird mit Kohle erhitzt, dadurch wird der Verbindung der Sauerstoff entzogen:

$$As_2O_3 + 3\,C = 2\,As + 3\,CO.$$

Eigenschaften. Arsen kommt gewöhnlich in krystallisiertem Zustande vor; es besitzt dann stahlgraue, metallglänzende Farbe und ist ein guter Leiter der Elektrizität. Es sublimiert bei gewöhnlichem Druck, ohne zu schmelzen, bei erhöhtem Druck schmilzt es jedoch. Das Arsen zeichnet sich durch starke **Giftigkeit** aus.

In trockner Luft verändert das Arsen sich nicht bei gewöhnlicher Temperatur, in feuchter Luft bedeckt es sich oberflächlich mit einer Oxydschicht. Beim Erhitzen verbrennt es mit bläulicher Flamme zu As_2O_3, wobei ein eigentümlicher, knoblauchartiger Geruch auftritt.

Arsen bildet zahlreiche Verbindungen, die wichtigsten sind kurz die folgenden:

80. [Arsenwasserstoff, AsH_3. Die Verbindung entsteht aus den meisten Arsenverbindungen, wenn diese mit Wasserstoff (aus Zink und Schwefelsäure) in Berührung kommen. Dargestellt wird sie am bequemsten durch Übergießen von Arsencalcium mit Wasser:

$$Ca_3As_2 + 6\,H_2O = 2\,AsH_3 + 3\,Ca(OH)_2.$$

Eigenschaften. Arsenwasserstoff ist ein farbloses giftiges Gas, man muß deshalb sehr vorsichtig mit ihm umgehen; seine Gegenwart verrät sich aber durch einen knoblauchartigen unangenehmen Geruch.

Er ist leicht entzündlich und verbrennt bei genügendem Luftzutritt mit bläulich weißer Flamme. Leitet man Arsenwasserstoff durch ein erhitztes Glasrohr, so findet eine Zerlegung der Verbindung statt, wobei sich das Arsen in dem Glasrohr als brauner, glänzender Spiegel (Arsenspiegel) absetzt, während Wasserstoff entweicht.]

81. Weißer Arsenik, Arsenigsäureanhydrid, As_2O_3. Vorkommen und Entstehung. Arsenik kommt in der Natur als Arsenikblüte vor; es entsteht bei der Verbrennung von Arsen in Sauerstoff oder Luft.

Darstellung. Technisch wird es in großem Maßstabe beim Rösten arsenhaltiger Erze gewonnen. Hierbei verflüchtigt es sich und wird in gemauerten Kanälen (Giftfängen) kondensiert, in denen es sich als weißes Pulver (Giftmehl) ansammelt, das durch Sublimation gereinigt wird.

Eigenschaften. Arsenik ist ein fester, geruchloser Körper, der unter gewöhnlichem Druck nicht schmilzt, sondern sublimiert. Arsenik ist eines der am stärksten wirkenden anorganischen Gifte.

[Das Hydroxyd des Arseniks, die **arsenige Säure** (AsO_3H_3), ist in freiem Zustande nicht bekannt. Oxydiert man As_2O_3 durch Kochen mit Salpetersäure, so erhält man **Arsensäure** (H_3AsO_4), eine der Phosphorsäure ähnliche Säure, erhitzt man diese, so geht die Verbindung durch Wasserverlust in **Arsensäureanhydrid** (As_2O_5) über ($2\,H_3AsO_4 - 3\,H_2O = As_2O_5$), einen weißen glasigen Körper, der in Wasser wenig, in Säuren dagegen leicht löslich ist.]

Anwendung des Arseniks. Das Arsenik dient zur Vertilgung von Ratten und Mäusen, zum Schutze ausgestopfter Tiere gegen Insekten, zur Darstellung von Malerfarben (Schweinfurter Grün u. a.). Eigentümlich ist es, daß der Mensch sich an den Genuß von immer größeren Mengen Arsenik ohne Gesundheitsschädigung gewöhnen kann. So soll das Arsenikessen unter Bergsteigern verbreitet sein, weil diese Leute glauben, daß ihnen dadurch das Atmen beim Bergsteigen erleichtert wird und sie imstande sind, größere Anstrengungen zu überwinden. Auch Pferden soll Arsenik zuweilen in betrügerischer Absicht mit dem Futter verabreicht werden, weil dadurch das Fell dieser Tiere ein glänzenderes Aussehen erhält. In der Arzneikunde wird arsenige Säure in sehr geringen Mengen meist in Form der Kaliumverbindung (Fowlersche Lösung) bei Nervenerkrankungen und bei Blutarmut verwendet.

82. [**Nachweis von Arsen.** Die meisten Arsenverbindungen sind sehr giftig. Manche, wie z. B. Schweinfurter Grün (arsenigsaures Kupfer) sind im Handel erhältlich und es kommen deshalb nicht selten Vergiftungen vor. Da einige Arsenverbindungen wegen ihrer schönen grünen Farbe noch zuweilen zum Färben von Tapeten, Vorhängen u. dgl. verwendet werden, so enthalten Zimmer, in denen sich dergleichen gefärbte Gebrauchsgegenstände befinden, meist arsenhaltigen Staub, der auf die Gesundheit der Bewohner einen schädlichen Einfluß ausübt. Es ist deshalb wichtig, daß man in Verdachtsfällen Arsen, selbst in sehr geringen Mengen, nachweisen kann. Zu diesem Zweck wird die verdächtige Substanz (gefärbte Stoffe, Tapeten usw.) mit Salzsäure versetzt und auf dem Wasserbade unter Zusatz von geringen Mengen chlorsaurem Kalium erhitzt; ist Arsen vorhanden, so bildet sich dabei Arsensäure. Man erwärmt so lange, bis der Geruch von entweichendem Chlor verschwunden ist, filtriert ab und leitet in das Filtrat Schwefel

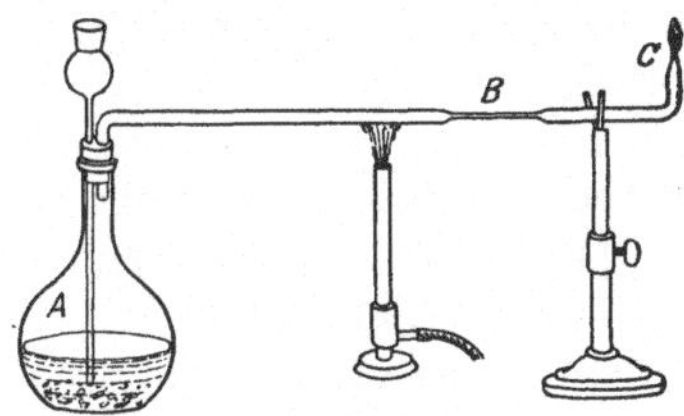

Abb. 14. Marshscher Apparat
zum Nachweis von Arsen.

wasserstoff ein, wodurch das Arsen als Schwefelarsen (As_2S_3) ausfällt. Dieses wird in Salpetersäure gelöst, die Lösung auf dem Wasserbade zur Trockne eingedampft, um die überschüssige Säure zu entfernen, der Rückstand in Wasser gelöst und die erhaltene Lösung im Marshschen Apparat auf Arsen geprüft.

Der Marshsche Apparat (Abb. 14) besteht aus einem Kolben (*A*), in dem mittels Zink und Schwefelsäure Wasserstoff entwickelt wird. Durch ein Trichterrohr wird die zu untersuchende Flüssigkeit eingegossen, ist Arsen vorhanden, so verbindet sich ein Teil des entstehenden Wasserstoffes mit dem Arsen zu Arsenwasserstoff. Das Gemisch von Wasserstoff und Arsenwasserstoff gelangt in ein schwer schmelzbares Glasrohr, das an einigen Stellen ausgezogen ist und verläßt den Apparat durch die aufwärtsgebogene Spitze (*C*), hier zündet man es an — nachdem alle Luft durch den Wasserstoff aus dem Apparat verdrängt ist. — Darauf erhitzt man das Rohr vor den ausgezogenen Stellen (*B*) durch eine Bunsenflamme, wodurch der Arsenwasserstoff zerlegt wird und das Arsen sich als glänzender Metallspiegel an den verengten Stellen absetzt. Wird das Rohr nicht erhitzt, so gelangt der Arsenwasserstoff in die Flamme und verbrennt dort, hält man in die Flamme eine Porzellanschale, so setzt sich das Arsen darauf ab; dieser Arsenfleck löst sich leicht in unterchlorigsaurem Natrium (NaOCl), während das dem Arsen sehr ähnliche Antimon dies nicht tut.]

Antimon (Stibium), Sb (Drei- und fünfwertig).

83. Vorkommen. Antimon kommt in mehreren Mineralien, hauptsächlich im Grauspießglanz als Schwefelantimon (Sb_2S_3) in Böhmen, Ungarn und Japan vor.

Das Element wurde von dem römischen Naturforscher Plinius Stibium genannt wegen seiner Benutzung zum Schwarzfärben der Augenbrauen (stiba = spießglanzhaltige Schminke).

[Darstellung. 1. Grauspießglanz (Sb_2S_3) wird geröstet, dadurch wird es zu Sb_2O_4 oxydiert, das Oxyd wird dann mit Kohle zu metallischem Antimon unter Bildung von Kohlensäure reduziert:

$$Sb_2S_3 + 10\ O = Sb_2O_4 + 3\ SO_2$$
$$Sb_2O_4 + 2\ C = 2\ Sb + 2\ CO_2.$$

2. Grauspießglanz (Sb_2S_3) wird mit Eisen zusammengeschmolzen, dadurch wird Antimon frei:

$$Sb_2S_3 + 3\ Fe = 2\ Sb + 3\ FeS.$$

Das gewonnene Rohantimon enthält meist noch Verunreinigungen (Blei, Schwefel, Arsen) und kann von diesen durch Schmelzen mit Salpeter gereinigt werden.]

Eigenschaften. Das Antimon ist silberweiß, stark metallglänzend, sehr spröde, es läßt sich leicht pulvern.

[Bei gewöhnlicher Temperatur wird es von der Luft nicht verändert, beim Erhitzen verbrennt es mit bläulich-weißer Flamme zu Sb_2O_3, mit den Halogenen vereinigt es sich unmittelbar unter Feuererscheinung. Von Salzsäure wird es in der Hitze unter Wasserstoffentwicklung gelöst, in Königswasser (3 Teile Salzsäure und 1 Teil Salpetersäure) ist es leicht löslich.]

Anwendung. Das Antimon ist ein Bestandteil verschiedener Metalllegierungen. Die wichtigsten von diesen sind das Letternmetall, aus dem die Lettern für den Buchdruck hergestellt werden; es enthält gewöhnlich 50% Blei, 25% Antimon und 25% Zinn und das Britanniametall (9 Teile Zinn, 1 Teil Antimon.)

Verbindungen des Antimons. Die Verbindungen des Antimons sind sehr zahlreich, sie sind ebenso giftig wie die des Arsens, denen sie auch sonst in ihrem chemischen Verhalten sehr ähnlich sind. Von ihnen sollen nur die folgenden hervorgehoben werden.

84. [**Antimonwasserstoff,** SbH_3, bildet sich, wenn man die löslichen Sauerstoffverbindungen oder die Chloride des Antimons mit Zink und Schwefelsäure in den Marshschen Apparat bringt, es mischt sich dann dem Wasserstoff Antimonwasserstoff bei.

Darstellung. Dargestellt wird die Verbindung gewöhnlich durch Behandeln einer Legierung von Antimonzink mit verdünnten Säuren:

$$Sb_2Zn_3 + 3\ H_2SO_4 = 3\ ZnSO_4 + 2\ SbH_3.$$

Eigenschaften. Farbloses Gas von eigentümlichem Geruch, das angezündet mit grünlich weißem Licht zu Antimonoxyd (Sb_2O_3) verbrennt.]

85. Schwefelantimon, Antimontrisulfid, Sb_2S_3, bildet als Grauspießglanz das Hauptvorkommen des Antimons in der Natur. Es besteht aus grauen abfärbenden Massen, die beim Rösten an der Luft in das entsprechende Oxyd Sb_2O_3 übergehen.

86. Goldschwefel, Fünffachschwefelantimon, Sb_2S_5, [entsteht u. a. beim Einleiten von Schwefelwasserstoff in eine Lösung von Antimonpentachlorid:

$$2\ SbCl_5 + 5\ H_2S = Sb_2S_5 + 10\ HCl.]$$

Die Verbindung bildet ein feines, lockeres, stark elektrisches, orangerotes Pulver, das in Wasser, Alkohol und Äther nicht löslich ist. [Beim Erhitzen

in einem engen Probierrohr sublimiert Schwefel, während schwarzes Antimontrisulfid (Sb_2S_3) zurückbleibt. Von Salzsäure wird die Verbindung unter
Entwicklung von Schwefelwasserstoff und Abscheidung von Schwefel zu
$SbCl_3$ gelöst.] Goldschwefel findet in der Medizin, namentlich aber in der
Technik zum Vulkanisieren des Kautschuks Anwendung.

87. [**Nachweis des Antimons.** 1. Die Oxyde des Antimons geben, im
Marshschen Apparat mit Zink und Schwefelsäure behandelt, Antimonwasserstoff (SbH_3), der unter den gleichen Umständen wie die Arsenverbindung Spiegel und Flecke von Antimon liefert, die sich von denen des Arsens
durch ihre Nichtflüchtigkeit und ihre Unlöslichkeit in unterchlorigsaurem
Natrium unterscheiden.

2. Schwefelwasserstoff fällt Antimonverbindungen aus angesäuerten Lösungen in Form ihrer Sulfide Sb_2S_3 bzw. Sb_2S_5 als orangefarbenen Niederschlag, der in Schwefelammonium löslich ist.

3. Die Lösung der Sulfide in Salzsäure liefert beim Behandeln mit metallischem Zink freies Antimon als schwarzes Pulver.]

Bor, B (Dreiwertig).

88. Vorkommen. Das Bor findet sich in der Natur nicht in freiem Zustande, sondern nur mit Sauerstoff verbunden, hauptsächlich in Form von
Borax ($Na_2B_4O_7$) und Borsäure (H_3BO_3). Auch in verschiedenen Pflanzen
ist Bor in sehr geringen Mengen nachgewiesen worden.

Darstellung. Bor erhält man meist durch Reduktion von Borsäureanhydrid (B_2O_3) als amorphes braunes Pulver. [Man kann es auch gewinnen
durch Reduktion des entwässerten Borax mit Aluminiumpulver in der Rotglut, wobei es sich in dem überschüssigen Aluminium löst und beim Erkalten
in Krystallen ausscheidet, die jedoch noch kleine Mengen Aluminium und
Kohlenstoff enthalten.]

Eigenschaften. Das amorphe Bor ist ein kastanienbraunes Pulver,
an der Luft erhitzt, verbrennt es zu Boroxyd (B_2O_3), durch starke Oxydationsmittel, wie z. B. Salpetersäure oder Salpeter, wird es leicht zu Borsäure
oxydiert.

Das krystallisierte Bor ähnelt in Härte, Lichtbrechungsvermögen und
Glanz dem Diamanten, es ist widerstandsfähiger als das amorphe Bor.

89. Borsäure, H_3BO_3. Vorkommen und Darstellung. Borsäure findet
sich in der Natur in freiem Zustande als Sassolin, sie ist auch in geringen
Mengen in Wasserdämpfen enthalten, die in vulkanischen Gegenden Toskanas
aus Erdspalten ausströmen. Die Dämpfe (Fumarolen genannt) werden in
Wasser geleitet, das die Borsäure aufnimmt. Das Wasser wird in Klärbehälter abgelassen und darauf in langen Bleipfannen, die durch die Fumarolen auf 50—60° erwärmt werden, eingedampft, bis die Borsäure anfängt, auszukrystallisieren.

Eigenschaften und Anwendung. Die Borsäure ist eine schwache
Säure, sie bildet schuppige, seidenglänzende, farblose Blättchen, die schwer
in kaltem, leicht in heißem Wasser, Alkohol und Glycerin löslich sind; die
alkoholische Lösung brennt mit grüner Flamme. Die wässerige Lösung der
Borsäure wirkt antiseptisch, sie dient daher als konservierendes und desinfizierendes Mittel, z. B. zum Gurgeln bei Halsentzündungen, gegen Wund

Abb. 15. Borsäure führende Dämpfe werden in Wasser geleitet.

laufen, als Schnupfenpulver usw. Ihre früher häufige Verwendung zum Konservieren von Fleischwaren ist durch das Gesetz, betr. die Schlachtvieh- und
Fleischbeschau vom 18. Februar 1902 verboten.

90. Borax, $Na_2B_4O_7 \cdot 10\,H_2O$. Borax kommt in der Natur im Wasser
einiger Seen in Asien und in Nevada unter dem Namen Tinkal vor. [Künstlich wird er aus der Borsäure durch Zusammenschmelzen oder Kochen mit
Soda dargestellt.] Er ist in Wasser leicht löslich; beim Erhitzen bläht er sich
auf, wobei das Krystallwasser entweicht, er schmilzt dann bei Rotglut zu
einer durchsichtigen farblosen Masse, der sog. Boraxperle, die beim Zusammenschmelzen mit Metalloxyden doppelborsaure Salze bildet. Viele von
diesen sind charakteristisch gefärbt, man benutzt daher die Boraxperle, um
die Anwesenheit gewisser Metalle nachzuweisen. Wegen dieser Eigenschaft,
Metalloxyde zu lösen, wird der Borax auch beim Löten benutzt, um an den
zu lötenden Oberflächen die Oxyde zu entfernen, da das Lot nur an blanken
Metallflächen haftet.

Versuch: In einem Becherglas erhitzt man 100 ccm Wasser zum Sieden und gibt
langsam unter Umrühren 25 g Borax hinzu. Man filtriert ab und gießt in die noch heiße
Lösung langsam tropfenweise konzentrierte Salzsäure, bis blaues Lackmuspapier deutlich rot gefärbt wird. Man läßt erkalten, es scheiden sich nach einiger Zeit Krystalle
von Borsäure ab, die man durch Waschen mit kaltem destillierten Wasser noch reinigen
kann.

91. Nachweis von Borsäure und borsauren Salzen. Alle Borverbindungen
färben eine Alkohol- oder eine Bunsenflamme grün.

[Freie Borsäure und ebenso die mit wenig Salz- oder Schwefelsäure angesäuerten Lösungen von borsauren Salzen rufen auf dem gelben Kurkumapapier eine erst beim Trocknen auf dem Wasserbade auftretende eigentümliche Rotfärbung hervor, die beim Betupfen mit verdünnten Alkalien oder
mit Sodalösung in ein dunkles Blaugrün übergeht.]

Silizium, Si (Vierwertig).

92. Vorkommen. Das Silizium (der Name leitet sich ab von silex = der
Kieselstein) bildet, gebunden an Sauerstoff, einen Hauptbestandteil der

Erdrinde. In freiem Zustande kommt es nicht vor, sondern fast ausschließlich als Kieselsäureanhydrid (SiO_2) oder in kieselsauren Salzen, den sog. Silikaten. Die Hauptbestandteile des Tons, des Feldspats, Granits, der Porzellanerde und vieler anderer Mineralien bestehen aus kieselsauren Salzen.

[Darstellung: Man erhitzt Kieselfluornatrium mit Natrium

$$Na_2SiF_6 + 4\,Na = 6\,NaF + Si.$$

Ein anderes Verfahren, das man leicht im Laboratorium ausführen kann, besteht in folgendem: 40 Gewichtsteile getrockneter, feiner, weißer Sand werden mit 40 Teilen Magnesium in einem weiten Reagensrohr erhitzt. Wenn die Reaktion an einer Stelle angefangen hat, schreitet sie von selbst durch die ganze Masse fort.]

Eigenschaften. Das nach dem ersteren Verfahren gewonnene Silizium ist ein braunes stark abfärbendes Pulver, es läßt sich unter einer Schicht geschmolzenen Kochsalzes schmelzen und krystallisiert dann beim Erkalten in schwarzen, starkglänzenden, sehr harten Krystallen. An der Luft erhitzt, verbrennt das Silizium unter Feuererscheinung zu Kieselsäureanhydrid (SiO_2).

Von den Verbindungen des Siliziums ist die wichtigste das Siliziumdioxyd.

93. Siliziumdioxyd, Kieselsäureanhydrid, SiO_2. **Vorkommen.** Diese Verbindung kommt in großen Mengen und in verschiedenen Spielarten in der festen Erdrinde vor und zwar: krystallisiert als Bergkrystall, Quarz, Rauchquarz (bräunlich gefärbt), Amethyst (violett); in amorphem Zustand: wasserhaltig als Opal und wasserfrei als Achat, von diesen Spielarten werden viele als Schmucksteine (Halbedelsteine) benutzt.

Auch Sand, Sandstein und Feuerstein bestehen zum größten Teil aus Siliziumdioxyd, ferner enthält die als Kieselgur bezeichnete Infusorienerde hauptsächlich Kieselsäure.

Eigenschaften. In krystallisiertem Zustande ist SiO_2 sehr hart und unlöslich in Wasser; von Säuren, außer Flußsäure, wird es wenig angegriffen. In neuerer Zeit ist es der Firma Heraeus in Hanau gelungen, aus Quarz chemische Geräte, z. B. Schalen anzufertigen, die vielfach als Ersatz für Platingeräte verwendet werden. Derartige aus Quarz hergestellte Apparate sind gegen die verschiedensten Einflüsse (z. B. gegen starke Erhitzung und darauf folgender schneller Abkühlung) sehr widerstandsfähig, angegriffen werden sie nur durch metallische Oxyde bei hoher Temperatur. Im elektrischen Ofen wird Siliziumdioxyd durch Kohle reduziert, wobei gleichzeitig Carborundum (SiC) entsteht. Diese Verbindung ist außerordentlich hart, so daß es in Pulverform zum Schleifen von Glas und Edelsteinen verwendet wird.

94. Kieselsäure. Wenn man Wasserglas, d. i. eine Lösung von Kalium- oder Natriumsilikat, mit Salzsäure versetzt, so erhält man eine voluminöse, gelatinöse Masse; diese besteht aus wasserhaltiger Kieselsäure.

Eigenschaften. Mit Wasser gewaschen und an der Luft getrocknet, stellt sie ein weißes Pulver dar von der Zusammensetzung H_2SiO_3.

Die Kieselsäure findet sich vielfach in der organischen Natur, so kommt sie in einigen vulkanischen Quellen, z. B. im Geysir auf Island vor. Im Pflanzenreiche findet sie sich in der Asche der Pflanzen, namentlich der Gräser, z. B. in den Schachtelhalmen, dem Bambusrohr, in der glänzenden Rinde des sog. spanischen Rohres usw. Manche Gräser sind so reich an

Kieselsäure, daß sie zum Polieren und zum Abreiben von Holz benutzt werden. Im Tierreich findet sich die Kieselsäure in allen Vogelfedern (bis zu 40% der Asche). Die Salze der Kieselsäure, die Silikate, bilden einen Hauptbestandteil vieler Gebirge, zu diesen Silikaten gehören unsere Gesteinsarten: Feldspat, Glimmer, Granit, Gneis, Glimmerschiefer, ferner Tonerde, Bimsstein usw.

Glas ist ein Gemisch von Alkalisilikaten mit Calcium-, Blei- und anderen Silikaten (vgl. § 207). Die kieselsauren Salze von Kalium und Natrium sind in Wasser löslich, die der übrigen Metalle unlöslich.

95. [**Nachweis von Kieselsäure und Silikaten.** Beim Erhitzen in der Phosphorsalzperle erhält man ein sog. Kieselskelett, d. h. in der heißen Phosphatperle schwimmt die Kieselsäure als ein weißer Körper, während Metalloxyde von der Perle meist mit bestimmten Färbungen gelöst werden. Die Phosphorsalzperle erhält man durch Erhitzen von Natriumammoniumphosphat, $Na(NH_4)HPO_4$, in der Öse eines Platindrahtes, es entsteht dabei Natriumphosphat, d. i. die Phosphorsalzperle:

$$Na(NH_4)HPO_4 = NaPO_3 + NH_3 + H_2O.]$$

Kohlenstoff, Kohlenstoffverbindungen.

Kohlenstoff (Carboneum), C (Vierwertig).

96. Vorkommen. Kohlenstoff kommt in der Natur in gebundenem und in freiem Zustande vor. Gebunden findet sich der Kohlenstoff in großer Menge in den kohlensauren Salzen, vor allem in kohlensaurem Kalk ($CaCO_3$), dem Kalkstein, der ganze Gebirgszüge bildet.

Ferner ist der Kohlenstoff ein Bestandteil aller Tier- und Pflanzenkörper, er kommt darin in zahlreichen Verbindungen vor. Noch größer ist die Zahl der künstlich dargestellten Kohlenstoffverbindungen, man handelt alle diese Verbindungen in der „organischen Chemie" ab, die man deshalb auch die „Chemie der Kohlenstoffverbindungen" nennt.

Aus praktischen Gründen bespricht man aber auch in der „anorganischen Chemie" einige der einfachsten Verbindungen des Kohlenstoffes mit anderen Elementen. Es sollen daher an dieser Stelle nur die Verbindungen des Kohlenstoffes mit Sauerstoff und Schwefel sowie einige für die Praxis besonders wichtige „organische" Verbindungen besprochen werden.

Frei kommt der Kohlenstoff vor in drei verschiedenen Formen, nämlich als Diamant, als Graphit und als amorphe Kohle.

a) **Diamant.** Im Jahre 1814 zeigte **Davy**, daß bei der Verbrennung von Diamant nur Kohlendioxyd (CO_2) entsteht und er daher nur aus Kohlenstoff bestehen könne.

Vorkommen und Eigenschaften. Der Diamant ist krystallisierter Kohlenstoff, er ist meist farblos, zuweilen aber auch gelb oder schwarz, er ist ein schlechter Leiter für Elektrizität und Wärme; dagegen bricht er das Licht außerordentlich stark und besitzt eine große Härte, so daß man mit ihm alle anderen Mineralien und Glas ritzen kann, man benutzt ihn daher auch zum Schneiden von Glas. Trotz seiner großen Härte besitzt er nur geringe Festigkeit, er ist spröde und läßt sich pulvern. Der Diamant kommt hauptsächlich vor in Kalifornien, Südafrika (Transvaal), Kanada, Brasilien, Ostindien, Südwestafrika. Er ist von Natur unansehnlich und wird für den Gebrauch als Schmuckstein mit Diamantpulver geschliffen (in Amsterdam, London und in Hanau bei Frankfurt a. M.), wodurch er lebhaften Glanz und prächtiges Feuer erhält, da er imstande ist, Licht zu verschlucken (zu absorbieren) und wieder auszustrahlen. Als geschliffener Edelstein führt er auch den Namen Brillant.

Wenn der Diamant bei Luftabschluß sehr stark erhitzt wird, so verwandelt er sich in Graphit, an der Luft oder im Sauerstoff auf 700—800^0 erhitzt, verbrennt er unter großer Lichtentwicklung zu Kohlendioxyd.

Darstellung künstlicher Diamanten. Im Jahre 1893 gelang es dem französischen Chemiker **Moissan**, kleine Diamanten von 0,5 mm Durchmesser künstlich darzustellen. Er löste dazu Kohlenstoff bei sehr hoher

Temperatur in geschmolzenem Eisen auf und kühlte diese Lösung plötzlich ab. Dies erreichte er dadurch, daß Eisen im elektrischen Ofen bei hoher Temperatur mit reinem Kohlenstoff — gewonnen durch Verkohlen von Zucker — zusammengebracht, und die geschmolzene Masse nach erfolgter Sättigung des Eisens mit Kohlenstoff plötzlich stark abgekühlt wurde.

Wenn das Eisen vollkommen erkaltet ist, wird es durch Säuren entfernt, der Kohlenstoff, der sich nicht mit dem Eisen verbunden hat, bleibt übrig; er besteht aus kleinen Diamanten, die an Härte, Krystallform usw. den natürlichen Diamanten völlig gleichen.

Elektrischer Ofen. Der elektrische Ofen, den Moissan zu diesen und

Abb. 16. Versuchsschmelzofen für elektrischen Betrieb. *a a*₁ Kohlenelektroden, *e e*₁ Stromzuführung, *c* Stellschraube zum Einstellen des Blockes *b* (nach Erdmann).

vielen anderen Versuchen gebrauchte, besteht aus zwei gut aufeinanderpassenden Blöcken von ungelöschtem Kalk (CaO). In dem unteren Block ist eine Rinne, in welche die Kohlenspitzen des elektrischen Lichtbogens hineingelegt werden. Der obere Block ist an seiner unteren Seite schwach konkav ausgehöhlt, um die Wärmestrahlen nach dem Tiegel zurückzuwerfen. Mit diesem Ofen können Temperaturen von 2500—3000 ⁰ erzielt werden, die Temperatur von 3000 ⁰ kann jedoch nur ganz kurze Zeit innegehalten werden, da hierbei der ungelöschte Kalk schmilzt und flüssig wird. Einen Ofen für elektrischen Betrieb zeigt die vorstehende Abbildung (Abb. 16).

b) **Graphit** (das Wort ist abgeleitet vom griechischen „graphein = schreiben) ist **krystallinischer Kohlenstoff**, d. h. er besitzt keine ausgeprägten

Flächen, Ecken und Kanten. Im Gegensatz zum Diamant ist er sehr weich und bildet schwarze, undurchsichtige Massen, die stark abfärben, weshalb er auch als Füllmasse für Bleistifte verwendet wird. Da er selbst bei sehr hohen Temperaturen nicht schmilzt, so wird er zur Anfertigung von feuerfesten Schmelztiegeln benutzt; er ist ein guter Leiter der Wärme und der Elektrizität.

c) **Nicht krystallisierter (amorpher) Kohlenstoff oder Kohle.** Völlig rein erhält man amorphen Kohlenstoff durch Verkohlen von Zucker. Fast reiner Kohlenstoff ist der Lampen- oder der Kienruß; letzteren gewinnt man durch Verbrennen von Harz, harzreichem Holz, alten Öllappen usw. bei nicht genügendem Luftzutritt.

Der amorphe Kohlenstoff ist undurchsichtig, schwarz und unschmelzbar. Man kennt verschiedene Arten von amorphem Kohlenstoff, nämlich:

1. **Ruß.** Er entsteht bei ungenügender Verbrennung aller unserer Brennstoffe und wird verwendet zur Herstellung von Druckerschwärze, Tusche usw.

2. **Gaskohle und Koks.** Diese beiden Arten werden bei der trockenen Destillation der Steinkohle (bei der Gasbereitung) gewonnen; sie leiten Wärme und Elektrizität, deshalb wird Gaskohle in der Elektrotechnik verwendet.

3. **Holzkohle.** Sie wird bei der trockenen Destillation des Holzes, z. B. in Meilern, erhalten, sie ist sehr porös und kann in ihren Poren bedeutende Mengen von Gasen verdichten. Hauptsächlich gebraucht wird sie bei der Bereitung des Schießpulvers, ferner zum Reinigen (Filtrieren) von Wasser Fruchtsäften usw.

4. **Knochen- und Blutkohle.** Sie wird durch Erhitzen von entfetteten Knochen oder von Blut unter Luftabschluß erhalten; sie besitzt die Fähigkeit, aus Flüssigkeiten Farbstoffe aufzunehmen und wird deshalb zum Filtrieren gebraucht, um Farbstoffe, übelriechende Gase und schädliche Salze (z. B. Bleisalze) aus dem Trinkwasser (durch sog. Kohlefilter) zu entfernen; ferner wird sie in Zuckerfabriken zur Entfärbung von Rohrzuckerlösungen benutzt.

5. **Glanzkohle.** Diese Kohle wird bei der trockenen Destillation von Zucker erhalten.

Diese verschiedenen Arten von amorpher Kohle bestehen nicht aus reinem Kohlenstoff, sondern enthalten noch zahlreiche andere Stoffe.

Eigenschaften des Kohlenstoffes. Der Kohlenstoff verbindet sich unmittelbar mit verschiedenen Elementen, z. B. mit Wasserstoff zu Acetylen (C_2H_2), wenn man einen elektrischen Lichtbogen zwischen Kohlenspitzen in Wasserstoffgas entzündet. Mit Sauerstoff verbindet sich der Kohlenstoff bei hoher Temperatur zu Kohlenoxyd (CO) oder zu Kohlendioxyd (CO_2), je nachdem Kohlenstoff oder Sauerstoff im Überschuß anwesend ist.

Der französische Chemiker Moissan hat ferner gefunden, daß sich viele Metalle bei sehr hoher Temperatur mit Kohlenstoff zu den sog. **Karbiden** verbinden können, z. B. Calciumkarbid (CaC_2) oder Natriumkarbid (NaC_2).

Versuch: Man bringt etwas Sägemehl in ein Reagensglas und erhitzt. Das Sägemehl verkohlt. Es bildet sich Kohlenstoff; es entweicht ein brennbares Gas, zurück bleiben Holzteer und Holzessig.

a) Verbindungen des Kohlenstoffs mit Sauerstoff und Schwefel.

97. Kohlenoxyd, CO. Diese Verbindung bildet sich stets, wenn Kohle bei ungenügendem Luft- oder Sauerstoffzutritt verbrennt, z. B. beim frühzeitigen Schließen der Ofenklappen in einem mit Kohlen geheizten Ofen.

Ferner entsteht es, wenn Kohlendioxyd (Kohlensäure) über glühende Kohlen (Kohlenstoff) geleitet wird, ersteres wird dadurch reduziert:

$$C + CO_2 = 2\,CO.$$

Dieser Vorgang tritt oft bei unseren Feuerungsanlagen ein, wenn man z. B. auf ein Feuer im Ofen frische Kohlen schüttet, oder wenn so viel Kohlen vorhanden sind, daß nur die unteren langsam verbrennen können, ferner wenn das Feuer im Ofen nicht den nötigen Luftzug besitzt und daher nur ein Glimmen des Heizstoffes eintritt; in allen diesen Fällen sind bläuliche Flammen, die aus Kohlenoxyd bestehen, zu beobachten.

Eigenschaften. Kohlenoxyd ist ein farb- und geruchloses Gas, es verbrennt mit blauer Flamme zu Kohlendioxyd; es ist sehr giftig, denn es verbindet sich mit dem Hämoglobin des Blutes zu Kohlenoxydhämoglobin und verhindert das Blut dadurch, sich mit Sauerstoff zu Oxydhämoglobin zu vereinigen. Das Blut solcher Personen, die durch Vergiftung von Kohlenoxyd verstorben sind, ist kirschrot gefärbt.

98. Kohlendioxyd, wasserfreie Kohlensäure, Kohlensäureanhydrid, CO_2. Vorkommen. Kohlendioxyd kommt in freiem und in gebundenem Zustand in der Natur vor. So kommt es frei vor in der Luft und in vielen Mineralquellen, ferner entströmt es an einigen Orten aus Rissen und Spalten dem Erdboden, wie z. B. in der Hundsgrotte bei Neapel und aus den alten Kratern der Eifel, auch findet es sich unter den Gasen von Vulkanen.

Gebunden kommt es in sehr großer Menge als kohlensaurer Kalk (Kreide, Marmor, Kalkstein) und als kohlensaures Magnesium (Magnesit) sowie in anderen kohlensauren Salzen (Carbonaten) vor.

Darstellung (auch als **Versuche** zu benutzen). 1. Man glüht (brennt) kohlensauren Kalk:

$$CaCO_3 \;=\; CaO \;+\; CO_2,$$

kohlensaurer Kalk   Calciumoxyd   Kohlendioxyd
(Kreide, Marmor)

2. Man behandelt kohlensauren Kalk (oder ein anderes kohlensaures Salz) mit verdünnter Salz- oder Schwefelsäure:

$$CaCO_3 \;+\; 2\,HCl \;=\; CaCl_2 \;+\; H_2O \;+\; CO_2.$$

Marmor, Kreide,   Salzsäure   Calciumchlorid   Wasser   Kohlendioxyd

3. In der Technik gewinnt man CO_2 durch Glühen von Koks in einem Luftstrom: $C + O_2 = CO_2$.

Kohlendioxyd wird auch fortwährend durch verschiedene natürliche Vorgänge erzeugt. Alle in der Luft atmenden Tiere geben aus ihren Lungen Kohlendioxyd ab, ebenso atmen die Pflanzen Sauerstoff ein und Kohlendioxyd aus. Auch durch die Verbrennung der stets kohlenstoffhaltigen organischen Brennstoffe und ebenso bei der Verwesung von Tier- und Pflanzenstoffen bildet sich Kohlendioxyd, das zunächst größtenteils in die Luft übergeht, ebenso entsteht bei der alkoholischen Gärung zuckerhaltiger Säfte und bei einigen anderen ähnlichen Prozessen Kohlendioxyd. Andererseits spielen sich fortwährend Vorgänge ab, wie namentlich der Ernährungsprozeß der Pflanzen, durch die Kohlendioxyd aus der Luft verbraucht wird; diese beiden entgegengesetzt verlaufenden Prozesse halten sich so das Gleichgewicht, daß der mittlere Kohlendioxydgehalt der Atmosphäre annähernd der gleiche ist.

Eigenschaften. Kohlendioxyd ist ein farbloses Gas von säuerlichem Geschmack, es ist $1\frac{1}{2}$ mal so schwer als Luft und bleibt an den Stellen, an denen es dem Erdboden entströmt, wie in der Hundsgrotte bei Neapel, in den untersten Luftschichten, so daß darin z. B. ein Hund erstickt, während ein Mensch ungehindert atmen kann. Wegen seiner Schwere läßt es sich von einem Gefäß in ein anderes ausgießen.

Kohlendioxyd wird bei starkem Druck flüssig. Flüssiges Kohlendioxyd wird gewöhnlich flüssige Kohlensäure genannt. Es wird in der Technik im großen dargestellt und in Stahlflaschen in den Handel gebracht.

Es bildet eine leicht bewegliche Flüssigkeit, die beim schnellen Ausströmen aus der Flasche zum Teil verdampft und dadurch eine so große Abkühlung hervorruft, daß der Rest in Form weißer Flocken fest wird.

Ein Gemisch von diesem festen Kohlendioxyd mit Äther oder Alkohol wird oft zu **Kältemischungen** verwendet, man erzielt damit eine Temperatur bis zu 80⁰ Kälte.

Kohlendioxyd ist in Wasser und Alkohol in hohem Grade löslich. So wird z. B. von Wasser bei 15⁰ ein Raumteil Kohlendioxyd gelöst. Bei vermehrtem Druck nimmt das Lösungsvermögen des Wassers für Kohlendioxyd zu, so daß bei 2 Atmosphären Druck ungefähr 2, bei 3 Atmosphären Druck ungefähr 3 Raumteile dieses Gases gelöst werden. Hebt man den Druck wieder auf, so entweicht Kohlendioxyd unter Aufbrausen. Hierauf beruht das Moussieren von Selter- und Sodawasser, von Champagner, Bier und anderen kohlensäurehaltigen Getränken.

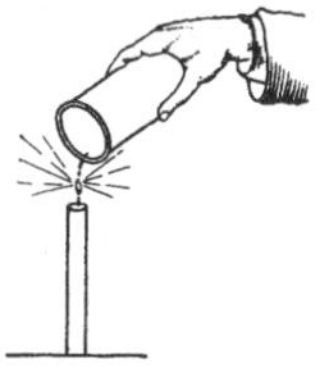

Erhitzt man eine kohlensäurehaltige Flüssigkeit, so wird dadurch Kohlendioxyd ausgetrieben.

Abb. 17. Löschen einer Flamme durch Ausgießen von Kohlendioxyd.

Das Kohlendioxyd ist eine sehr beständige Verbindung, es wird erst bei sehr hoher Temperatur (1300⁰) in Sauerstoff und Kohlenoxyd zerlegt. Diese Zersetzung ist jedoch nicht vollständig, denn sobald eine bestimmte Menge dieser Gase gebildet ist, vereinigen sie sich wieder unter Explosion zu CO_2.

Kohlendioxyd läßt sich nicht weiter oxydieren, ist deshalb **nicht brennbar** und unterhält die Verbrennung nicht, es wird daher zu Feuerlöschzwecken benutzt; gießt man Kohlendioxyd über eine brennende Kerze, so erlischt sie (Abb. 17). Kohlendioxyd vermag auch die Atmung nicht zu unterhalten, es ersticken daher lebende Wesen in einer Kohlendioxydatmosphäre.

Die wässerige Lösung des Kohlendioxyds reagiert schwach sauer, man nimmt darin eine Verbindung H_2CO_3 an ($H_2O + CO_2 = H_2CO_3$), von der man viele Salze kennt.

Diese Säure, die **Kohlensäure**, hat bisher in freiem Zustande nicht gewonnen werden können, auch beim Zerlegen ihrer Salze, der sog. **Carbonate** durch eine Säure, erhält man nicht H_2CO_3, denn diese Verbindung zerfällt sofort wieder in Wasser und Kohlendioxyd. Die Kohlensäure ist eine sehr schwache Säure, sie wird durch die meisten anderen Säuren aus ihren Salzen in Freiheit gesetzt.

Versuch: Man mischt 2—3 g gepulvertes Kupferoxyd mit 0,2—0,3 g Kohlenpulver und erhitzt das Gemisch im Reagensglase. Das entstehende Gas wird in Kalkwasser aufgefangen, letzteres trübt sich, da die entstandene Kohlensäure sich mit dem Kalk zu kohlensaurem Kalk $CaCO_3$ verbindet.

99. Nachweis von Kohlendioxyd. Man leitet CO_2 in Kalk- oder Barytwasser, dadurch bilden sich unlösliche kohlensaure Salze, die eine Trübung der Flüssigkeit hervorrufen:

$$Ca(OH)_2 + CO_2 = CaCO_3 + H_2O.$$
Kalkwasser $\qquad$ Kohlens. Kalk

$$Ba(OH)_2 + CO_2 = BaCO_3 + H_2O.$$
Barytwasser $\qquad$ Kohlens. Barium

100. Schwefelkohlenstoff, CS_2. Er entsteht beim Überleiten von Schwefeldampf über glühende Kohlen.

Eigenschaften. Schwefelkohlenstoff ist eine stark lichtbrechende, fast farblose Flüssigkeit, die bereits bei gewöhnlicher Temperatur verdunstet, einen an Rettich erinnernden Geruch besitzt, in Wasser unlöslich, in Alkohol und Äther leicht löslich ist. Er ist giftig, sehr leicht entzündbar und brennt mit bläulicher Flamme; man muß deshalb beim Arbeiten mit ihm sehr vorsichtig sein. Mit Luft gemischt bildet er ein explosives Gasgemisch. Er ist ein ausgezeichnetes Lösungsmittel für Öle, Harze und Fette; auch Schwefel, gelber Phosphor, Jod und Kautschuk lösen sich leicht, er findet deshalb eine weitgehende Anwendung in der Technik. Er dient auch als Mittel gegen die Traubenkrankheit und die Reblaus.

b) Sonstige (organische) Kohlenstoffverbindungen.

Von den sonstigen überaus zahlreichen Kohlenstoffverbindungen, die in das Gebiet der organischen Chemie fallen, mögen die folgenden kurz Erwähnung finden:

1. Cyan und Cyanverbindungen.

101. Cyan, CN oder Cy. Der Kohlenstoff verbindet sich unter gewöhnlichen Umständen nicht mit Stickstoff, kommen jedoch die beiden Elemente bei hoher Temperatur in Gegenwart von starken Basen z. B. von Kaliumkarbonat (Pottasche) zusammen, so vereinigen sie sich. [Das freie Cyan erhält man durch Erhitzen von Cyanquecksilber $HgCy_2$, das dabei in $Hg + 2Cy$ zerfällt.] Das Cyan verdankt seinen Namen[1] dem Umstande, daß verschiedene seiner Verbindungen eine blaue Farbe besitzen. Es ist ein farbloses, sehr giftiges Gas von stechendem Geruch, das in Wasser löslich ist.

102. Cyankalium CNK. [Leitet man Cyan in Kalilauge, so entsteht Cyankalium, man kann es auch darstellen durch Zusammenschmelzen von gelbem Blutlaugensalz mit Pottasche.] Cyankalium ist ein sehr giftiges farbloses Salz, das vielfach in der Photographie zum Lösen des Bromsilbers, in der Technik zur Herstellung von Gold- und Silberbädern zwecks galvanischer Vergoldung und Versilberung benutzt wird. Die wässerige Lösung zersetzt sich beim Aufbewahren.

103. Cyanwasserstoff, Blausäure, HCN. Vorkommen. Sehr geringe Spuren Blausäure finden sich in den bitteren Mandeln, in den Kirschkernen, im Kirschwasser, im Bittermandelöl usw.

Darstellung und Eigenschaften. [Blausäure wird dargestellt durch Erhitzen von gelbem Blutlaugensalz $K_4Fe(CN)_6$ mit verdünnter Schwefelsäure.] Die wasserfreie Blausäure ist eine farblose Flüssigkeit, deren Geruch an den bitterer Mandeln erinnert; bei längerer Aufbewahrung serzetzt sie sich. Cyanwasserstoff ist ein starkes Blutgift, es wirkt schon in sehr geringen

---

[1] cyemos = blau.

Mengen tödlich. Als Gegengift wird Wasserstoffsuperoxyd oder das Einatmen chlorhaltiger Luft empfohlen. Es wird neuerdings besonders in Amerika in großem Maßstabe zur Schädlingsbekämpfung verwendet.

Über „Rotes und gelbes Blutlaugensalz" vgl. den Abschnitt Eisen (§ 284/285).

2. Kohlenwasserstoffe.

Werden die vier Wertigkeiten eines Kohlenstoffatoms durch Wasserstoffatome ersetzt, so erhält man die gesättigte Kohlenwasserstoffverbindung Methan.

104. Methan, Sumpfgas, Grubengas, CH_4. Vorkommen. Methan kommt unter den Vulkangasen vor, ferner entströmt es in der Nachbarschaft von Petroleumquellen der Erde. Den Namen Sumpfgas verdankt es dem Umstande, daß es sich aus Morästen beim Aufwühlen des Grundes entwickelt. Grubengas heißt es nach seinem Vorkommen in Kohlenflözen, bei deren Anschlagen entweicht es in die Gruben und Stollen, mit atmosphärischer Luft oder Sauerstoff ($CH_4 + 4O = CO_2 + 2H_2O$) gemischt, bildet es ein explosives Gemenge, das beim Betreten der Gruben mit offenem Licht zu heftigen Explosionen, den sog. **schlagenden Wettern**, führt.

Die Gefahr der Entzündung solcher Grubengasgemische in Bergwerken wird abgewendet durch die Benutzung der **Davyschen Sicherheitslampe**, einer mit feinmaschigen Drahtgeflecht umgebenen Lampe (vgl. § 147).

Entstehung. Methan entsteht bei der trockenen Destillation vieler organischer pflanzlicher Stoffe, daher kommt es auch in beträchtlicher Menge im Leuchtgas vor (30—40%).

[**Darstellung.** Man erhitzt essigsaures Natrium mit Natronlauge:

$$\underset{\text{Essigsaures Natrium}}{C_2H_3O_2Na} + NaOH = CH_4 + Na_2CO_3.]$$

Eigenschaften. Methan ist ein farb- und geruchloses Gas, das mit schwach leuchtender Flamme brennt.

Von den Abkömmlingen des Methans seien erwähnt:

105. Chloroform, $CHCl_3$. Diese Verbindung kann aus Methan dadurch gewonnen werden, daß man in ihm drei Wasserstoffatome durch Chloratome ersetzt; [gewöhnlich stellt man es dar durch Destillation von Alkohol mit Chlorkalk (CaO_2Cl_2).] Chloroform ist eine farblose Flüssigkeit von eigentümlich ätherischen Geruch und süßlichem Geschmack. In Wasser ist Chloroform wenig löslich, dagegen löst es sich in Alkohol und Äther. Es ist ein gutes Lösungsmittel füt Fette, Harze, Kautschuk, Jod. Das Einatmen seiner Dämpfe erzeugt Bewußt- und Gefühlslosigkeit, man benutzt es daher häufig in der Heilkunde als Betäubungsmittel bei Operationen.

106. Jodoform, CHJ_3. Jodoform ist aufzufassen als ein Methan, in dem drei Wasserstoffatome durch Jod ersetzt sind; [gewöhnlich stellt man es dar durch Einwirkung von Jod auf wässerigen Alkohol bei Gegenwart von Natriumkarbonat.]

Es ist ein gelber fester Körper von eigenartigem Geruch, der in der Heilkunde viel als Fäulnis verhinderndes Mittel angewendet hat.

107. Aethan, C_2H_6 ist ein Bestandteil des Leuchtgases und findet sich unter den aus Steinölquellen entweichenden gasförmigen Körpern. Es bildet ein farbloses, mit bläulicher, schwach leuchtender Flamme brennendes Gas.

Von den ungesättigten Kohlenwasserstoffen mögen genannt werden das Äthylen und das Acetylen.

108. Äthylen, C_2H_4. Äthylen entsteht bei der trockenen Detillation komplizierter Kohlenstoffverbindungen, z. B. bei der Gasbereitung, daraus erklärt sich sein Vorkommen im Leuchtgas. [Es wird gewöhnlich durch Erhitzen von Schwefelsäure mit Alkohol erhalten.] Es ist ein Gas, das einen süßlichen Geruch besitzt und mit leuchtender Flamme brennt.

109. Acetylen, C_2H_2. Acetylen wird durch Zersetzung von Calciumkarbid (CaC_2) mit Wasser dargestellt:

$$CaC_2 + 2\,H_2O = C_2H_2 + \underset{\text{Gelöschter Kalk}}{Ca(OH)_2}$$

(Calciumkarbid wird durch Erhitzen von Kohle mit gebranntem Kalk (CaO) im elektrischen Ofen gewonnen).

Acetylen brennt beim Ausströmen aus einer feinen Öffnung mit hell leuchtender, nicht oder nur wenig rußenden Flamme; es wird wegen seiner starken Leuchtkraft für Beleuchtungszwecke, namentlich für Automobil- und Radfahrlaternen verwendet. Da es mit Luft gemischt beim Entzünden sehr heftig explodiert und da andererseits das Acetylen stets noch mancherlei Verunreinigungen (z. B. PH_3) enthält, die auf den menschlichen Organismus giftig wirken können, so ist seine Verwendung in der Beleuchtungstechnik mit gewissen Gefahren verknüpft, die seiner weiteren Verbreitung hinderlich sind. Mit Kupfer bildet es das explosive Acetylenkupfer, weshalb Kupfer zu Acetylenapparaten nicht verwendet werden darf.

3. Alkohole.

110. Allgemeines. Als Alkohole bezeichnet man sauerstoffhaltige Verbindungen von neutraler Reaktion, die mit Säuren, ähnlich wie Basen, unter Wasseraustritt Verbindungen bilden können, die den Salzen entsprechend zusammengesetzt sind und Ester genannt werden, z. B.:

$$\underset{\text{Alkohol}}{C_2H_5OH} + \underset{\text{Salpetersäure}}{HNO_3} = C_2H_5O \cdot NO_2 + H_2O.$$

Solche Verbindungen (Ester) organischer Säuren mit Glyzerin sind die Fette und fetten Öle.

Der Theorie nach leiten sich die Alkohole von den Kohlenwasserstoffen durch Eintritt von Hydroxyl (OH) an die Stelle von Wasserstoff ab. (Also z. B. CH_4, ein H wird ersetzt durch $OH = CH_3 \cdot OH$ Methylalkohol, Holzgeist.) Je nach der Anzahl der vorhandenen Hydroxylgruppen unterscheidet man ein-, zwei- und dreiwertige usw. Alkohole.

Die wichtigsten einwertigen Alkohole sind die folgenden:

111. Methylalkohol, Holzgeist, CH_3OH. Dieser Alkohol entsteht bei der trockenen Destillation des Holzes und wird aus dem Holzessig durch wiederholte Destillation dargestellt.

Eigenschaften. Farblose Flüssigkeit vom Siedepunkt 66^0, brennt mit blaßblauer leuchtender Flamme, löst Fette, Öle und Harze, besitzt einen scharfen, aromatischen Geschmack und wirkt berauschend wie Äthylalkohol. Er wird hauptsächlich zur Bereitung von Teerfarben, zur Herstellung von Firnissen und Polituren sowie zum Denaturieren von Spiritus benutzt. Methylalkohol kann, innerlich genommen, bei Mengen zwischen 120—140 g den Tod eines Menschen herbeiführen, während schon bei Gaben von 8—20 g in zahlreichen Fällen starke Vergiftungserscheinungen und Erblindungen vorgekommen sind. (Massenerkrankungen und Sterbefälle in Berlin im Dezember 1911.)

112. Äthylalkohol, Weingeist, Alkohol, $C_2H_5 \cdot OH$. Schon im Altertum waren weingeisthaltige Lösungen bekannt, erwähnt als „Alkohol" findet er sich im 16. Jahrhundert.

Alkohol entsteht unmittelbar aus Trauben- und Fruchtzucker ($C_6H_{12}O_6$) sowie aus Malzzucker ($C_{12}H_{22}O_{11}$) durch Gärung. Aus den übrigen Zuckerarten kann er erst nach Umwandlung dieser Zucker (Rohrzucker, Stärke) in Traubenzucker gewonnen werden, was meist durch Kochen mit verdünnter Säure bewirkt wird.

113. Gärung. Gärungen sind in der Regel unter Gasentwicklung und Erwärmung vor sich gehende Zersetzungsprozesse organischer Stoffe, die durch Kleinlebewesen (Bakterien) oder durch Fermente (z. B. Diastase) hervorgerufen werden.

Die geistige, d. h. die zu Weingeist (Alkohol) führende Gärung des Zuckers wird bewirkt durch die Ausscheidungen (Zymase) des Hefepilzes, der mikroskopische, länglichrunde, sich durch Sprossung vermehrende Zellen bildet und in verschiedenen Arten vorkommt. Er bedarf zum Wachstum organischer Salze.

Bei der geistigen Gärung zerfallen 94—95 % des Zuckers in Alkohol und Kohlensäure:

$$C_6H_{12}O_6 = 2\,C_2H_5OH + 2\,CO_2.$$

Daneben entstehen geringe Mengen Glycerin, Bernsteinsäure und Fuselöle (hauptsächlich Amylalkohol).

Die Gärung ist an den Temperaturgrenzen von 3—35° gebunden und verläuft am besten bei 25—30°.

Sie ist ferner gebunden an etwas Luftzutritt und nicht zu starker Konzentration der Zuckerlösung. Die Hefe verliert ihre Wirksamkeit durch völliges Austrocknen oder durch Erhitzen auf 60°, ferner ist sie unwirksam bei Gegenwart von Salicylsäure, Phenol usw.

Als Stoffe zur Darstellung von Alkohol bzw. alkoholhaltigen Flüssigkeiten dienen:

a) Traubenzucker und Fruchtzucker, also Trauben, reife Früchte (zur Darstellung von Wein und Champagner);

b) Rohrzucker, Rübenzucker, Melasse (zur Bereitung von Branntwein)

c) Milchzucker, namentlich aus der Stutenmilch (zur Bereitung von Kefir);

d) Getreidestärke (zur Herstellung von Bier und Kornbranntwein);

e) Kartoffelstärke (zur Herstellung von Kartoffelbranntwein).

Die Stärke wird zunächst unter dem Einflusse eines Fermentes (Diastase) in Malzzucker und Dextrin oder durch Kochen mit verdünnter Schwefelsäure in Traubenzucker (Kartoffelzucker) und Dextrin übergeführt. Die entstandenen Zuckerarten werden dann vergoren und die verschiedenen Branntweinarten durch „Brennen", d. h. durch Destillieren gegorener Flüssigkeiten gewonnen.

Eigenschaften des Alkohols. Der Äthylalkohol ist eine farblose, leicht bewegliche Flüssigkeit von charakteristischem Geruch. Er siedet bei 78°. Er brennt mit kaum leuchtender Flamme, zieht begierig Feuchtigkeit aus der Luft an und läßt sich mit Wasser in jedem Verhältnis mischen.

Er ist ein sehr gutes Lösungsmittel für Fette, Öle und Harze. Alkohol oxydiert sich leicht in verdünnten Lösungen, z. B. in alkoholhaltigen Flüssigkeiten durch den Sauerstoff der Luft zu Essigsäure, es werden daher Bier und Wein beim Stehen an der Luft sauer; enthält jedoch ein Wein mehr als ungefähr 10% Alkohol, so tritt ein Sauerwerden nicht mehr ein (Südweine, Portwein, Madeira).

Der Alkohol wird als Wein, Bier, Branntwein zu Genußzwecken verwendet, ferner dient er zur Herstellung von Arzneien, zur Bereitung von Parfüms usw. Der Trinkbranntwein ist mit einer hohen staatlichen Steuer belegt, der nicht zu Trinkzwecken verwendete Alkohol ist von der Steuer befreit, muß jedoch mit Stoffen versetzt werden, die seine Verwendung als Trinkbranntwein unmöglich machen (Methylalkohol, Pyridinbasen); ein solcher Alkohol ist z. B. der zum Brennen von Spirituslampen usw. benutzte „Sprit".

114. Amylalkohol, $C_5H_{11}OH$. Dieser Alkohol bildet sich bei der Gärung in geringen Mengen und ist der Hauptbestandteil der sog. Fuselöle, er besitzt fuseligen Geruch und brennenden Geschmack, er ist giftig und veranlaßt die beim Branntweinrausch auftretenden Erscheinungen einer Vergiftung.

Von den dreiwertigen Alkoholen, d. h. von den Alkoholen, die drei Hydroxylgruppen (OH) besitzen, ist hervorzuheben das Glycerin.

115. Glycerin, Ölsüß, $C_3H_5(OH)_3$. Vorkommen. Das Glycerin ist ein Bestandteil der Fette und darin in Form von Estern an organische Säuren gebunden.

Darstellung. Das Glycerin wird meist als Nebenerzeugnis bei der Kerzenbereitung (vgl. § 149) gewonnen, indem man die Fette mit Kalkmilch $Ca(OH)_2$ in geschlossenen Kesseln (Autoklaven) bei höherer Temperatur erhitzt, wobei die Fette gespalten (verseift) werden in Glycerin und Fettsäuren, ersteres läßt sich dann von den darauf schwimmenden Fettsäuren und den entstandenen Kalkseifen leicht trennen.

Eigenschaften. Glycerin ist ein dicker, farbloser Sirup. Es erstarrt in starker Kälte zu kandiszuckerartigen Krystallen, es zieht begierig Wasser aus der Luft an und mischt sich mit Wasser und Alkohol in jedem Verhältnis.

Verwendung. Glycerin wird verwendet bei der Herstellung von Likören, Fruchtkonserven, zu nicht trocknenden Stempelfarben, zur Herstellung von Seifen; mit Leim gemischt zu Buchdruckerwalzen; als Heilmittel äußerlich zum Einreiben von spröden Hautstellen, wegen seiner konservierenden Eigenschaften auch zum Aufbewahren anatomischer Präparate, zum Konservieren von Tierhäuten, Pelzwerk und Pflanzenteilen; ferner wird es in der Farbenindustrie und zur Darstellung des Nitroglycerins (Dynamits) verwendet.

4. Äther.

115a. Allgemeines. Durch Zusammentreten von 2 Molekülen Alkohol entstehen unter Austritt von Wasser die alkoholischen Äther,

$$\underset{\text{2 Mol. Alkohol}}{C_2H_5OH + C_2H_5OH} = \underset{\text{1 Mol. Äthyläther}}{C_2H_5 - O - C_2H_5} + H_2O.$$

der wichtigste ist der Äthyläther.

116. Äthyläther, Äther, $(C_2H_5)_2O$. Im Volksmunde „Schwefeläther" genannt. Er wird dargestellt aus Alkohol durch Behandeln mit Schwefelsäure, er ist eine leicht bewegliche sehr flüchtige und stark ätherisch riechende

Flüssigkeit, die bereits bei 35^0 siedet. Äther erzeugt beim Verdunsten große Kälte, er ist leicht entzündlich und daher sehr feuergefährlich wegen Weiterfließens der spezifisch schweren Dämpfe, deren Gemisch mit Sauerstoff oder Luft beim Entzünden heftig explodiert; es ist deshalb beim Arbeiten mit Äther im Laboratorium große Vorsicht nötig. Äther mischt sich nur wenig mit Wasser.

Anwendung. Äther wird in der Heilkunde bei Ausführung von Operationen benutzt, da seine eingeatmeten Dämpfe Bewußt- und Empfindungslosigkeit erzeugen. Ferner wird er benutzt zur Herstellung der sog. Hoffmanns-Tropfen (1 Teil Äther und 3 Teile Alkohol), zur Bereitung von Eis in Eismaschinen, zur Herstellung von Kollodium, zum Ausziehen von Farbstoffen usw.

5. Aldehyde.

116a. Allgemeines. Aus den einwertigen Alkoholen bilden sich durch Oxydation, also durch Sauerstoffaufnahme, die Aldehyde, z. B.

$$CH_3 - CH_2 - OH + O = CH_3 - CHO + H_2O.$$
$$\text{Äthylalkohol} \qquad\qquad \text{Acetaldehyd}$$

Von diesen Aldehyden sei erwähnt der Formaldehyd.

117. Formaldehyd, CH_2O oder $H\text{-}CHO$. Er ist ein eigentümlich riechendes Gas, das sich leicht in Wasser löst, in den Handel gelangt er in ungefähr 40proz. Lösung unter der Bezeichnung Formalin oder Formol, er wird wegen seiner stark desinfizierenden Eigenschaften in der Heilkunde verwendet, so z. B. zur Herstellung von keimfreien (sterilen) Verbandstoffen, zum Reinigen der Hände (mit 1proz. Lösungen), gegen Fußschweiß usw. Der Formaldehyd wandelt sich leicht in Paraformaldehyd um $(CH_2O)_3$, der unter der Bezeichnung Paraform in der Medizin verwendet wird. Schon beim Eindampfen einer wässerigen Formaldehydlösung auf dem Wasserbade oder bei längerem Stehen an der Luft bleibt dieses Paraform als weißes, in Wasser unlösliches Pulver zurück. Es wird durch Vergasen zum Desinfizieren von Wohnräumen benutzt.

6. Organische Säuren.

117a. Allgemeines. Werden die Alkohole oder die Aldehyde weiter oxydiert, so erhält man organische Säuren, die durch die Gruppe COOH gekennzeichnet sind, so entsteht z. B. aus Methylalkohol die Ameisensäure, aus dem Äthylalkohol die Essigsäure. Je nach der Anzahl der in einem Molekül vorhandenen COOH-Gruppen bewertet man die Basizität der Säuren. Eine einbasische Säure ist z. B. die Essigsäure, da sie nur eine COOH-Gruppe enthält; sie kann nur eine Reihe von Salzen bilden, z. B. $CH_3 - COOH$ Essigsäure, $CH_3 - COONa$ Essigsaures Natrium (nur das H-Atom der COOH-Gruppe ist durch Metalle ersetzbar); eine zweibasische Säure ist z. B. die Oxalsäure, eine dreibasische die Zitronensäure. Man nennt die einbasischen Säuren auch Fettsäuren, weil einige von ihnen, z. B. Palmitin- und Stearinsäure, Bestandteile der Fette sind.

118. Ameisensäure, CH_2O_2 oder $H-COOH$. Die Ameisensäure kommt frei vor in den Ameisen, in den Prozessionsraupen, den Borsten der Brennesseln, in den Tamarinden und den Fichtennadeln, in kleiner Menge in verschiedenen tierischen Flüssigkeiten, im Schweiß, im Fleischsaft, im Harn. Sie bildet sich bei der Oxydation des Methylalkohols, dargestellt wird sie aus der Oxalsäure, die beim Erhitzen in Ameisensäure zerfällt:

$$COOH—COOH = H—COOH + CO_2.$$

Oxalsäure   Ameisensäure

Eigenschaften. Ameisensäure ist eine farblose, an der Luft schwach rauchende Flüssigkeit, die stark sauer und stechend riecht; sie wirkt stark ätzend. Auf die Haut gebracht, zieht sie Blasen. Sie dient zur Bereitung von Ameisenspiritus, der zu Einreibungen bei Rheumatismus benutzt wird.

119. Essigsäure, $C_2H_4O_2$ **oder** $CH_3—COOH$. Die Essigsäure war in verdünnter Form, als roher Weinessig, schon den Alten bekannt.

Vorkommen. Salze der Essigsäure finden sich in einigen Pflanzensäften, namentlich in den Säften von Bäumen.

Darstellung. 1. Aus Alkohol. Der Alkohol geht in verdünnter wässeriger Lösung, bei Gegenwart stickstoffhaltiger Stoffe, an der Luft unter der Vermittlung eines Kleinlebewesens, des Essigsäurepilzes, langsam in Essigsäure über. Diese sog. **Essigsäuregärung** tritt ein beim Sauerwerden des Bieres oder Weines unter Entstehen von Bieressig oder Weinessig.

Sie ist aufzufassen als eine Oxydation des Alkohols:

$$C_2H_5—OH \quad \text{oder } C_2H_6O \text{ Alkohol,}$$
$$CH_3—CHO \quad ,, \quad C_2H_4O \text{ Acetaldehyd,}$$
$$CH_3—COOH \quad ,, \quad C_2H_4O_2 \text{ Essigsäure.}$$

Es ist also an Stelle von 2 H ein O getreten, als Zwischenprodukt bildet sich Acetaldehyd.

In der Technik wird Essig meist nach dem Verfahren der sog. **Schnellessigfabrikation** hergestellt. Man bringe mit 20% fertigem Essig versetzten verdünnten Äthylalkohol,

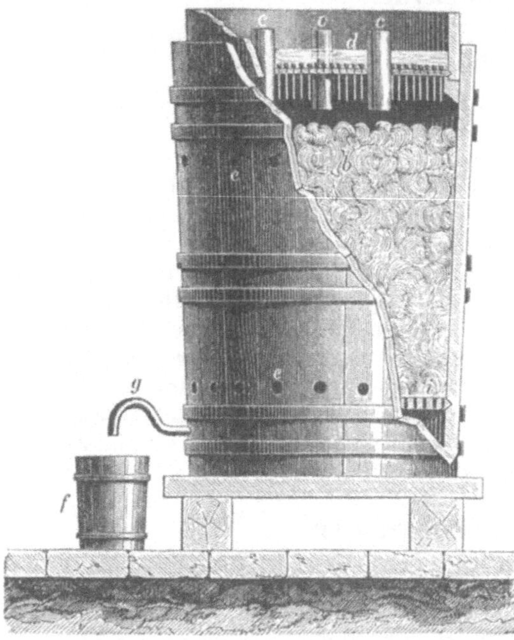

Abb. 18. Gradierfaß oder Essigbildner.

das sog. Essiggut, zur Oxydation in 2—3 m hohe und 1—1,5 m weite Fässer (sog. Essigbildner, vgl. Abb. 18). Auf dem siebartig durchlöcherten Boden des Fasses sind Buchenholzspäne, die vorher aufgekocht und dann mit Essigsäure angefeuchtet wurden, aufgeschichtet. Im oberen Teil des Fasses liegt auf einem Falz ein hölzerner Deckel (*d*), dessen siebartige Durchlöcherungen durch herabhängende baumwollene Fäden geschlossen sind. Man gießt auf den Deckel ein Gemisch aus Äthylalkohol, Wasser und Essig, das an den Fäden auf die Buchenspäne langsam herabtropft. An der seitlichen Wandung des Fasses befinden sich kleine Öffnungen (*e*), in dem Deckel einige offene Glasröhren, damit die atmosphärische Luft ungehinderten Zu- und Austritt hat. Das aus Glas oder Holz bestehende Heberrohr (*g*) steigt bis zur untersten Löcherreihe auf, so daß der unterste Teil des Fasses unter dem Siebboden *i* stets mit Flüssigkeit gefüllt bleibt. Dadurch wird ein zu schnelles Abkühlen des Inhaltes vermieden. Dem herabtropfenden Essiggut ist durch die Buchenspäne eine große Oberfläche zur Oxydation gegeben. Infolge der Oxydationswirkung findet im Fasse eine Erwärmung statt, jedoch darf die Temperatur 40° nicht übersteigen, weil sonst Verluste an Alkohol und Essigsäure eintreten. Ist die Temperatur zu hoch gestiegen, so gießt man kaltes Essiggut hinzu. Die aus dem Faß abfließende Essigsäure gibt man auf ein zweites und drittes Faß, bis die völlige Überführung des Alkohols in Essigsäure vor sich gegangen ist. Man kann den Säuregehalt des Essigs auf 12—14% bringen, meist enthält er jedoch weniger.

2. Aus Holz. Bei der trockenen Destillation des Holzes entsteht Holzessig, der außer anderen Bestandteilen auch Essigsäure enthält, die aus dem Holzessig durch entsprechende chemische Weiterverarbeitung gewonnen wird. Die im Handel vorkommende Essigessenz wird nach diesem Verfahren dargestellt.

Eigenschaften. Die Essigsäure ist eine stark saure, durchdringend essigsauer riechende Flüssigkeit, die in der Kälte zu großen Krystallblättern erstarrt, dem sog. Eisessig. Eine 3—5proz. Lösung der Essigsäure nennt man Essig.

120. Salze der Essigsäure. Von den zahlreichen Salzen der Essigsäure seien kurz erwähnt das essigsaure Blei, auch Bleizucker genannt $(CH_3—COO)_2Pb \cdot 3 H_2O$, das basisch essigsaure Blei oder Bleiessig $(CH_3—COO)_2Pb \cdot 2 Pb(OH)_2$ und die essigsaure Tonerde $(CH_3—COO)_2(OH)Al$, Salze, die in der Heilkunde vielfach verwendet werden, so z. B. der Bleiessig zur Bereitung von Bleiwasser und Bleisalbe, die essigsaure Tonerde zu Umschlägen und Waschungen, in starker Verdünnung mit Wasser als Mund- und Gurgelwasser usw.

Außerdem sei noch verwiesen auf das essigsaure Kupfer oder Grünspan $(CH_3—COO)_2Cu \cdot H_2O$, der sich beim Zusammenbringen von Kupfer mit Essigsäure bei Luftzutritt, z. B. nach dem Kochen von essigsauren Speisen in kupfernen Gefäßen bei längerem Stehen bildet (vgl. § 326).

121. Buttersäure, $[C_4H_8O_2$ **oder** $C_3H_7 — COOH.]$ Buttersäure kommt in geringen Mengen an Glycerin gebunden in der Butter vor; sie bildet sich bei der Fäulnis von Eiweißstoffen, besonders des Fibrins.

Dargestellt wird sie durch die sog. Buttersäuregärung aus Zucker oder Stärke bei Gegenwart von Spaltlitzen, namentlich des Buttersäurepilzes; es entsteht dabei zunächst Milchsäure und dann Buttersäure. Sie ist eine dicke Flüssigkeit von unangenehmem, ranzigem Geruch.

122. Milchsäure, $C_3H_6O_3$ **[oder** $C_2H_4(OH)COOH.]$ Vorkommen. Die Gärungsmilchsäure kommt vor im Sauerkraut und im Magensaft.

Die Säure entsteht bei der sog. Milchsäuregärung des Zuckers (Milchzucker, Rohrzucker, Traubenzucker) sowie verwandter Stoffe (Gummi, Stärke). Die Milchsäuregärung findet statt bei Gegenwart von faulenden Eiweißstoffen, z. B. beim Käse unter Einwirkung von Mikroorganismen (Milchsäurebakterien). Dir Gärung verläuft unter Kohlensäureentwicklung. Die Gärungsmilchsäure ist eine farblose sirupdicke Flüssigkeit, die sich mit Wasser in jedem Verhältnis mischt.

Von den zweibasischen Säuren sind besonders die folgenden erwähnenswert:

123. Oxalsäure, Kleesäure, $C_2H_2O_4 \cdot 2\,H_2O$ **oder** $COOH\!-\!COOH \cdot 2\,H_2O$. **Vorkommen.** Die Oxalsäure kommt in vielen Pflanzen, so als Kalisalz in den Kleearten, besonders im Sauerklee und in der Rhabarberwurzel vor. Sie bildet sich bei der Oxydation von Zucker oder Stärke mit Salpetersäure; [dargestellt wird sie gewöhnlich durch Einwirkung eines Gemisches von Natron- oder Kalilauge auf Sägespäne.]

Eigenschaften. Die Oxalsäure bildte feine Nadeln, die an der Luft verwittern und in Wasser und Alkohol leicht löslich sind. Beim Erhitzen zerfallen die Krystalle in Kohlensäure und Wasser.

Anwendung. Die Oxalsäure wird entweder für sich oder in Form des sauren Kaliumsalzes, des sog. **Kleesalzes**, noch immer in der Haushaltung zum Putzen angewendet. Da die Säure sehr giftig ist, auch andere Putzmittel der Hausfrau zur Verfügung stehen, so sollte ihre Verwendung im Haushalt möglichst vermieden werden. Dagegen findet sie technisch, z. B. als sogenannte Ätzbeize in der Kattundruckerei, wie in der Färberei ausgedehnte Verwendung.

Auch zur Entfernung von Rost- und Tintenflecken wird Oxalsäure bzw. Kleesalz benutzt, es bildet sich dabei lösliches oxalsaures Eisenoxyd. Ferner dient die Oxalsäure zur Bestimmung von Kalk, der dabei in ammoniakalischer Lösung als oxalsaurer Kalk ausfällt.

124. [**Bernsteinsäure,** $C_4H_6O_4$. Bernsteinsäure kommt im Bernstein, in einigen Harzen, in vielen Korbblütlern, in unreifen Weintrauben, im Blut usw. vor. Sie bildet Krystalle von schwach saurem, unangenehmen Geschmack, die in Wasser leicht löslich sind.]

125. Äpfelsäure, $C_4H_6O_5$. **Vorkommen.** Die Äpfelsäure ist im Pflanzenreich sehr verbreitet, so kommt sie in unreifen Äpfeln, Weintrauben, Vogelbeeren und in den Quitten vor. Die Äpfelsäure bildet kleine Nadeln, die in Wasser und Alkohol leicht löslich sind.

126. Weinsäure, $C_4H_6O_6$. **Vorkommen.** Die Weinsäure kommt in verschiedenen Früchten, namentlich als saures Kalisalz im Traubensafte, vor, aus dem sich bei der Gärung das saure Kalisalz, der **Weinstein** ($C_4H_5KO_6$), krystallinisch abscheidet.

Die Weinsäure krystallisiert in durchsichtigen Prismen von stark saurem Geschmack, sie ist in Wasser und in Alkohol sehr leicht löslich. Sie wird in der Medizin und in der Färberei vielfach angewendet.

Von ihren Salzen sind besonders wichtig der Weinstein.

127. Weinstein, saures weinsaures Kalium, Cremor tartari, $C_4H_5KO_6$, bildet kleine, in Wasser lösliche Krystalle, die einen angenehmen, säuerlichen Geschmack besitzen. Weinstein findet sich in den Weinbeeren und scheidet sich bei der Gärung des Weinmostes neben saurem weinsauren Calcium in den Weinfässern ab; er wird zur Herstellung von Backwerk benutzt.

Wird ein Wasserstoffatom des Weinsteins durch ein Natriumatom ersetzt, so erhält man Seignettesalz.

128. Seignettesalz, $C_4H_4KNaO_6$, es wird zur **Fehling**schen Lösung verwendet. Diese **Fehling**sche Lösung besteht aus einer Kupfervitriollösung, die unter Zusatz von einigen Tropfen Natronlauge mit Seignettesalz versetzt ist (vgl. § 328).

Für die Hauswirtschaft von Bedeutung ist ferner die Zitronensäure.

129. Citronensäure, $C_6H_8O_7$, findet sich im freien Zustande sowie an

Kalium oder Calcium gebunden in den Citronen, Orangen, Preißelbeeren, Stachelbeeren und in den Runkelrüben. Dargestellt wird sie aus dem Citronensaft; sie bildet große Prismen, die in Wasser leicht löslich sind. Sie findet wegen ihres angenehmen sauren und erfrischenden Geschmackes vielfach Verwendung als Zusatz zu Limonaden und anderen Getränken.

Während die bisher erwähnten organischen Kohlenstoffverbindungen von Methan oder Grubengas (CH_4) abgeleitet werden können, gibt es eine große zweite Gruppe organischer Kohlenwasserstoffverbindungen, die man als **Benzolabkömmlinge** bezeichnet. Von diesen mögen einige Körper, die ein allgemeines Interesse beanspruchen, erwähnt werden.

130. Benzol, C_6H_6, wird aus dem bei 80—85^0 siedenden Teil des Steinkohlenteeröls, der bei der Gasbereitung entsteht (vgl. Gasbereitung) gewonnen. Das Benzol ist eine wasserhelle, eigentümlich riechende, stark lichtbrechende Flüssigkeit, es ist leicht entzündbar und brennt mit leuchtender, rußender Flamme. Es ist ein gutes Lösungsmittel für Fette, Harze und Öle und wird deshalb auch als Fleckwasser benutzt, ebenso wie das Benzin (vgl. beim Petroleum). Es wird hauptsächlich zur Darstellung von Nitrobenzol und Anilin sowie als Betriebsstoff für Automobile benutzt.

Behandelt man das Benzol mit Salpetersäure, so wird ein Wasserstoffatom ersetzt durch NO_2, und man erhält das Nitrobenzol.

131. Nitrobenzol, $C_6H_5 — NO_2$, wird auch als Bittermandelöl oder Mirbanöl bezeichnet, eine gelbliche, nach Bittermandelöl riechende Flüssigkeit, die zu Parfüms und als Zusatz zu Seifen Verwendung findet. Behandelt man dieses weiter mit Eisenspänen und Salzsäure, so bildet sich Wasserstoff, Nitrobenzol wird reduziert und es entsteht Anilin:

$$C_6H_5NO_2 + 6H = C_6H_5NH_2 + 2H_2O.$$

132. Anilin, $C_6H_5 — NH_2$. Das Anilin, das auch im Steinkohlenteer vorkommt, bildet eine farblose, ölige Flüssigkeit von schwachem, eigentümlichem Geruch, die sich an der Luft bald gelb färbt. Es brennt mit rußender Flamme, löst sich in viel Wasser und ist giftig. Das Anilin ist von hervorragender Wichtigkeit für die Technik geworden, weil es die Grundsubstanz für die Herstellung künstlicher Farben, der sog. Anilinfarbstoffe, geworden ist. Man ist imstande, aus dem Anilin durch chemische Weiterverarbeitung Farbstoffe von allen möglichen Schattierungen herzustellen, und man färbt jetzt unsere Kleiderstoffe fast nur noch mit Hilfe der Anilinfarben, während die natürlichen Farbstoffe, namentlich, seitdem es vor mehreren Jahren gelungen ist, auch Indigo künstlich auf billige Weise herzustellen, kaum noch in der Technik zum Färben verwendet werden. Deutschland beschäftigte im Jahre 1912 über 18000 Arbeiter in ungefähr 25 Farbenfabriken, die jährlich für etwa 80 Millionen Mark Farbstoffe erzeugten.

133. Phenol, Karbolsäure, $C_6H_5 — OH$. Vorkommen. Karbolsäure kommt in geringen Mengen in Holzteer, namentlich im Buchenholzteer, vor (hierauf beruht die Wirkung des Räucherprozesses bei Fleischwaren), ferner findet sie sich im Steinkohlenteer.

Dargestellt wird Karbolsäure aus dem Benzol, sie bildet farblose, große Krystalle von eigentümlichem Geruch und brennendem Geschmack, sie färbt sich an der Luft rötlich und zieht aus der Luft Wasser an. Sie ist in konzentriertem Zustand giftig; verdünnt mit Wasser wird sie als ausgezeichnetes Antisepticum in der Wundbehandlung benutzt.

134. Benzoesäure, C_6H_5 — COOH. Die Säure findet sich in der Natur im Benzoëharz, aus dem sie durch Sublimation gewonnen werden kann, ferner im Steinkohlenteer, in den Preißelbeeren und im Perubalsam. Sie bildet weiße, glänzende Nadeln, die leicht sublimieren; die Dämpfe haben einen eigentümlichen, zum Niesen und Husten reizenden Geruch. Die Benzoësäure ist in heißen Wasser leicht, in kaltem Wasser schwer löslich. Sie wird ebenso wie ihr Natriumsalz C_6H_5 — COONa zum Konservieren von Nahrungsmitteln verwendet.

135. Salicylsäure, $C_6H_4(OH)COOH$. Die Salicylsäure kommt in den Blüten der Ulme in geringen Mengen vor, sie krystallisiert in Prismen, die in kaltem Wasser schwer, in heißem Wasser leicht löslich sind, die Krystalle sublimieren beim Erhitzen. Salicylsäure findet vielfach im Haushalt Verwendung zum Konservieren von eingemachten Früchten, Fruchtsäften usw. Von der Verwendung als Konservierungsmittel muß jedoch abgeraten werden, da nach Ansicht vieler Ärzte die Salicylsäure ungünstig auf den menschlichen Körper einzuwirken vermag. Für die im freien Verkehr feilgehaltenen oder verkauften Fleischwaren ist der Zusatz von Salicylsäure nicht gestattet.

136. [Tannin, Gerbsäure, Gallusgerbsäure, $C_{14}H_{10}O_9 \cdot 2H_2O$. Die Säure findet sich hauptsächlich in den Galläpfeln, die auf den Blattknospen und jüngeren Ästen durch den Stich der Gallwespen entstehen. Man gewinnt die Säure durch Ausziehen der getrockneten zerstoßenen Galläpfel mit einem Gemisch von Alkohol und Äther. Sie bildet ein schwach gelbliches Pulver, das vielfach in der Heilkunde als Streu- und Schnupfpulver Verwendung findet. Von seinen Abkömmlingen sind für die Arzneikunde wichtig geworden das Tannalbin (Eiweiß-Gerbäureverbindung), das Tannigen (essigsaure Gerbsäure) und das Tannoform (entstanden durch die Einwirkung von Formaldehyd auf Tannin); diese drei Verbindungen werden namentlich gegen Durchfall bei Kindern angewendet.

In naher Beziehung zu der Gerbsäure steht die Gallussäure $C_7H_6O_5 \cdot H_2O$, die sich in vielen Pflanzen, z. B. im chinesischen Tee und in den Galläpfeln findet. Sie wird erhalten durch Kochen von Gerbsäure mit verdünnten Säuren oder Alkalien sowie bei der Gärung von Tanninlösungen, sie krystallisiert in farblosen Nadeln, die im kalten Wasser schwer, in warmem Wasser leicht löslich sind.

Diese Gerbstoffe oder Gerbsäuren sind im Pflanzenreich weit verbreitet, sie schmecken meist herb zusammenziehend und führen tierische Häute in Leder über.]

Heizung und Beleuchtung.

Brenn- und Heizstoffe.

137. Allgemeines. Am wichtigsten für das tägliche Leben ist der Kohlenstoff als Bestandteil unserer Brennstoffe; die durch ihre Verbrennung erzeugte Wärme dient zum Erwärmen unserer Wohnräume, zum Kochen der Speisen, zum Antrieb von Dampfmaschinen usw.

Von den festen Brennstoffen werden hauptsächlich Holz, Holzkohle, Torf, Braunkohlen, Steinkohlen, Anthrazit, Koks und Briketts, von den flüssigen Petroleum und Spiritus, von den künstlich erzeugten vor allem Wassergas und Leuchtgas benutzt.

Alle diese Brennstoffe bestehen aus Sauerstoff, Wasserstoff und Kohlenstoff; die Verbrennung besteht darin, daß sich der Kohlenstoff des Brennstoffes mit dem Sauerstoff der Luft zu Kohlensäure und der Wasserstoff des Brennstoffes mit dem Sauerstoff der Luft zu Wasser verbindet: $C + O_2 = CO_2$ und $H_2 + O = H_2O$. Der Wert eines Brennstoffes wird somit hauptsächlich von dem Gehalt an Kohlenstoff und Wasserstoff abhängen.

Man unterscheidet bei einem Brennstoff die Brennbarkeit, d. h. die Fähigkeit, sich zu entzünden, und den Heizwert.

Ein Brennstoff wird sich um so leichter entzünden, je mehr Wasserstoff er enthält, weil sich dann schon bei geringen Temperaturen Kohlenwasserstoffe bilden, die eine niedrige Entzündungstemperatur besitzen.

Dagegen beruht der Heizwert eines Brennstoffes auf seinem Gehalt an Kohlenstoff. Dieser Heizwert wird gewöhnlich gemessen nach Calorien; eine Calorie ist diejenige Wärmemenge, die 1 kg Wasser um 1^0 zu erwärmen vermag.

138. Holz. Die Zusammensetzung der wasserfreien Hölzer ist ziemlich gleich und beträgt etwa 50% Kohlenstoff, 6% Wasserstoff, 44% Sauerstoff. Der Hauptbestandteil des Holzes besteht aus Cellulose ($C_6H_{10}O_5$). Frisches (grünes) Holz enthält 20—25%, lufttrockenes 10—20% Wasser. Der Heizwert ist wegen des hohen Sauerstoffgehaltes (der ja nicht brennt), gering, nämlich etwa 3000—4000 Calorien für 1 kg lufttrocknes Holz; auch die Verbrennungstemperatur ist eine niedrige. Dagegen besitzt Holz eine hohe „Brennbarkeit", d. h. es läßt sich leicht entzünden, und eine hohe „Flammbarkeit", d. h. es brennt mit langer Flamme. Wegen des hohen Preises findet Holz nur in waldreichen, verkehrsarmen Gegenden ausgedehntere Anwendung zur Wärmeerzeugung. Wenn man in kurzer Zeit durch Verbrennen von Holz eine beträchtliche Wärme erzeugen will, so nimmt man dazu die harten Hölzer (Eichenholz, Buchenholz usw.), wogegen man die weichen Hölzer unserer Nadelbäume zum Anzünden von Feuer benutzt.

139. Holzverkohlung. Das Verkohlen von Holz wird noch vielfach in sog. Meilern ausgeführt (Abb. 19), die in der Mitte unten angezündet werden.

Die Luft tritt unten langsam ein und verkohlt durch Verbrennung das Holz.
Die Verbrennung schreitet von innen nach außen fort. Bei diesem Verfahren
gehen die flüchtigen Erzeugnisse der trocknen Destillation verloren und man
erhält nur Holzkohle. Will man auch die wichtigen Nebenerzeugnisse gewinnen,
so muß man das Holz in geschlossenen eisernen, von außen geheizten Zylindern, die mit Kühlern in Verbindung stehen (sog. Retortenöfen), erhitzen,
man bekommt dabei die folgenden Erzeugnisse:

a) Holzgase (etwa 24%); diese bestehen aus einem Gemisch von Kohlensäure, Kohlenoxyd, Wasserstoff und verschiedenen Kohlenwasserstoffen,
hauptsächlich Methan (CH_4), Acetylen (C_2H_2), Äthylen (C_2H_4). Dieses Gemisch brennt mit leuchtender Flamme

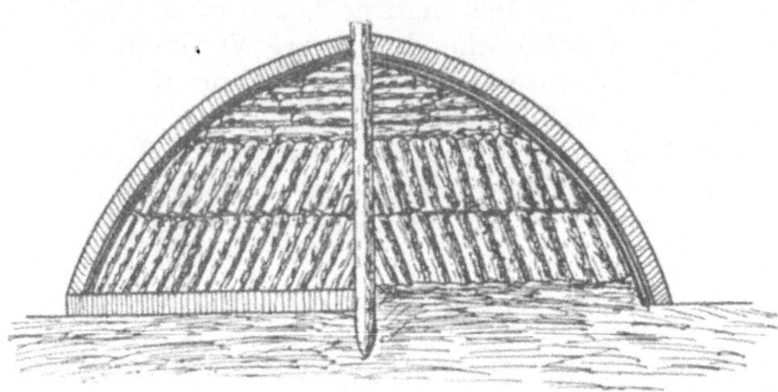

Abb. 19. Ein Meiler zum Verkohlen von Holz.

b) Holzteer (etwa 6%); er wird benutzt zu konservierenden Anstrichen von Tauen, Dachpappen, Mauerwerk usw. Der dünnflüssige Bestandteil des Birkenteers, das Birkenteeröl, dient zum Appretieren des russischen Juchtenleders. Teer aus Nadelhölzern liefert das Kienöl, eine leichte, an Terpentinöl reiche Flüssigkeit, die zu
Firnissen, Lack- und Ölfarben verwendet wird.

Dabei mag bemerkt werden, daß das Terpentinöl und das zugehörende
Fichtenharz Kolophonium aus lebenden Nadelhölzern durch Anschneiden
der Bäume gewonnen werden. Das Terpentinöl wird durch Destillation gereinigt und findet als gutes Lösungsmittel für Harze in der Firnis- und Lack-
industrie Verwendung. Das Fichtenharz Kolophonium ist das billigste Harz;
es ist gelb bis braun gefärbt und sehr spröde, es wird verwendet für Firnisse,
Seifen, zum Leimen von Papier und für viele andere Zwecke.

c) Holzessig (etwa 40%); eine wässerige Flüssigkeit, die als Hauptbestandteile Essigsäure (10%), Methylalkohol oder Holzgeist (1%) und Ace-
ton (0,1%) enthält.

Aus dem Holzessig gewinnt man durch wiederholte Destillation und
weitere chemische Verarbeitung die Essigsäure (vgl. § 119) und den Holzgeist oder Methylalkohol (vgl. § 111).

d) Holzkohle als Rückstand (etwa 30%). Diese enthält ungefähr 75%
Kohlenstoff; sie ist somit viel kohlenstoffreicher als das Holz, ihre Heiz-
wirkung ist daher auch größer als die des Holzes, sie beträgt ungefähr 8000
Calorien.

140. Torf. Der Torf ist das Vermoderungsprodukt von Torfmoosen der
Jetztzeit, die an sumpfigen Orten in den gemäßigten Klimaten, in den Mooren
gedeihen. Die Pflanzen sterben unten ab und wachsen oben weiter, oft hoch
über den Wasserspiegel sich erhebend und Wasser nachsaugend (Hochmoore).
Unter dem Wasserspiegel auf sumpfigen Wiesen entstehen die Niederungs-
moore. Dabei scheiden die Pflanzen (wie bei jeder Vermoderung) Sauerstoff

und Wasserstoff ab und werden dadurch reicher an Kohlenstoff. Nach dem Grade der Vermoderung unterscheidet man trockenen hellen Rasentorf und den dichten dunklen Pechtorf. Ausgedehnte Torfmoore besitzen Hannover, Bayern, Böhmen, Rußland usw.

Der Torf wird mit Spaten gestochen — Stechtorf — oder mit Baggermaschinen oder Dampfpflügen gewonnen — Bagger- oder Maschinentorf —, dann in Ziegeln geformt und getrocknet. Zur Erhöhung der Dichte wird der Torf häufig zu Brei zerrieben, gesiebt, geschlämmt und gepreßt, man erhält dann den sog. Preßtorf (mit 55% Kohlenstoffgehalt), der von den drei Torfsorten den höchsten Heizwert besitzt (3500—4000 Calorien Heizwert). In neuerer Zeit wird Torf viel verwendet als Torfstreu und Torfmull zur Desinfektion.

141. Braunkohlen. Die Braunkohlen sind Vermoderungsprodukte vorweltlicher Sumpf- und Landpflanzen (Moose, Schilfe und Nadelhölzer), die bei Luftabschluß einen langsamen Zersetzungsprozeß erlitten haben, ihre Entstehung ist also ähnlich derjenigen des noch jetzt sich bildenden Torfes. Zuweilen lassen die Braunkohlen noch die Formen von Baumstämmen und Blättern erkennen.

Bedeutende Lager von Braunkohlen finden sich in Deutschland bei Zeitz, Weißenfels, in der Lausitz (Senftenberg); ferner in Böhmen, und zwar meist in Lagern von ungefähr 30 m Tiefe, oft dicht unter der Erdoberfläche, so daß Tagebau möglich ist.

Die Braunkohle ist stets braun bis schwarzbraun gefärbt, sie enthält ungefähr 75% Kohlenstoff, ihr Heizwert beträgt im Durchschnitt 6000 Calorien, oft enthält sie aber viel Asche und viel Wasser, so daß ihre Heizwirkung auf 3000—4000 Calorien herabsinkt. Vor der Steinkohle hat sie den Vorzug, daß sie wenig rußt, außerdem liefert sie eine Asche, die sich lange glühend erhält.

Je nach dem Aussehen der Braunkohle unterscheidet man Pechkohle, eine ältere, der Steinkohle nahestehende Braunkohle, die aus glänzend schwarzen Stücken besteht, oft ist der Bruch glänzend und politurfähig, dann wird diese Kohle zu „Jet" verarbeitet; eine andere Kohle ist die Schweelkohle, die auf Paraffin verarbeitet wird; und eine dritte Sorte heißt Lignit (jüngste Braunkohle oder bituminöses Holz); sie läßt oft noch Pflanzenteile erkennen.

Bei der trockenen Destillation der Braunkohle entstehen: a) gasförmige Produkte, b) ein wässeriges Destillat, c) Teeröle, d) Grudekoks (der Rückstand).

Von diesen Erzeugnissen sind die wichtigsten die Teeröle, diese werden weiter verarbeitet, man erhält dann:

1. feste Produkte, die Paraffin genannt und zur Kerzenfabrikation verwendet werden; ferner als Ersatz des Bienenwachses bei der Herstellung des Wachspapieres, Wachstuches und Bohnerwachses und zum Tränken der Streichhölzer dienen.

2. flüssige Produkte, nämlich die sog. Solaröle, Paraffinöle und Fettöle, von denen die Solaröle auf besonders konstruierten Lampen gebrannt werden (in gewöhnlichen Lampen rußen sie), währed die Paraffin- und Fettöle zur Herstellung von Fettgas dienen, das zu Beleuchtung von Eisenbahnwagen verwendet wird.

142. Steinkohlen. Die Steinkohlen sind die ältesten Überreste gewaltiger vorweltlicher Wälder. Sie sind durch langsame Vermoderung riesiger Schachtelhalme, Farne und Bärlappgewächse entstanden. Sie finden sich tief in der Erde in mächtigen zusammenhängenden Lagern (Flözen), aus denen sie bergmännisch gewonnen werden; oft sind Pflanzenabdrücke deutlich auf ihnen erkennbar (Abb. 20). Die wichtigsten und größten Lagerstätten finden sich in England, Amerika und in Deutschland, und zwar hier namentlich im Ruhrgebiet, in Ober- und Niederschlesien, im Saargebiet, in Sachsen usw.

In Deutschland werden jährlich ungefähr 100 Millionen Tonnen Steinkohlen gefördert. Das Ruhrbecken lieferte vor dem Weltkrieg allein nahezu 60% der Gesamtförderung in Deutschland; größer ist die Förderung nur in England (200 Millionen Tonnen) und in den Vereinigten Staaten von Nordamerika (155 Millionen Tonnen).

Die Steinkohle ist immer schwarz, die Bruchflächen sind meist glänzend, oft auch matt. Man unterscheidet zwei Hauptgruppen, nämlich 1. Magerkohlen und 2. Fett- oder Flammkohlen.

Abb. 20. Pflanzenabdruck auf Steinkohle.

Die Magerkohlen entwickeln beim Glühen wenig Gase und brennen mit kurzer Flamme, sie sind meist arm an Wasserstoff und Sauerstoff, beim Erhitzen verringert sich ihr Volumen, sie fallen zusammen (sintern) und bilden Schlacken, oft zerfallen sie völlig zu Pulver, deshalb nennt man sie auch Sinter- oder Sandkohlen. Sie liefern keinen Koks und sind daher für die Gasbereitung nicht geeignet, wohl aber für Heizzwecke, sie rauchen und rußen nicht und sind schwerer entzündbar als andere Sorten.

Die Fett- oder Flammkohlen geben beim Glühen viel Gase ab, die stets viel Kohlenstoff besitzen und unter starkem Rußen brennen. Sie sintern beim Erhitzen nicht zusammen, geben einen guten Koks und werden deshalb auch zur Koksgewinnung, die besseren Sorten zur Leuchtgasbereitung verwendet (Gaskohlen). Zu diesen Fettkohlen gehört auch die englische Cannelkohle, die ein vorzügliches Leuchtgas liefert. Die Steinkohlen enthalten ungefähr 86% Kohlenstoff, ihr Heizwert beträgt 7000—8500 Calorien.

Die älteste Steinkohle (die unterste Schicht) ist die Anthrazitkohle, sie ist die beste und wertvollste Magerkohle, mit einem Kohlenstoffgehalt von ungefähr 98%. Große Anthrazitlager finden sich in England und in den Vereinigten Staaten von Nordamerika. Da sie am wenigsten Wasserstoffgehalt besitzt, so brennt sie schwer an, gibt aber einen sehr hohen Heizwert (8500 Calorien), sie wird besonders in Dauerbrandöfen gebrannt. Der durchschnittliche Kohlenstoffgehalt der genannten Brennstoffe ist folgender: Es enthält Torf 60%, Braunkohle 75%, Steinkohle 86%, Anthrazit 98% Kohlenstoff.

143. Koks. Wird Steinkohle bei Luftabschluß erhitzt, z. B. in Retorten, so bilden sich verschiedene gasförmige Produkte, darunter das Leuchtgas, Ammoniak, ferner ein Teer (Gasteer), aus dem eine Anzahl wichtiger Stoffe gewonnen werden (Benzol, Anilin, Anilinfarbstoffe). Zurück bleibt ein fester, poröser, sehr kohlenstoffreicher Körper, der Koks. Er ist noch reicher an Kohlenstoff als die Steinkohle, er enthält annähernd 90% Kohlenstoff, ist deshalb ein vorzüglicher Brennstoff (Heizwert 7—8000 Calorien), nur läßt er sich wegen seines geringen Wasserstoffgehaltes schwer entzünden. Er findet in der Technik vielfache Anwendung, so vor allem bei der Eisendarstellung im Hochofen. Steinkohlen könnten dabei nicht verwandt werden, da sie zusammensintern und den Ofen verstopfen würden oder durch das Gewicht der darüberliegenden schweren Eisenerze völlig zusammengedrückt würden. Dadurch würde in den Ofen weder Luft eingeblasen, noch abgesaugt werden können (vgl. Eisengewinnung).

144. Briketts (Preßkohlen). Der bei der Gewinnung der Stein- und Braunkohlen entstehende Abfall (Grus) wird auf Briketts verarbeitet, indem man den Kohlenstaub mit Teer, Asphalt und Harz vermischt und unter hohem Druck in Formen preßt. Die Steinkohlenbriketts werden viel auf Dampfschiffen und Lokomotiven, die Braunkohlenbriketts wegen ihrer Sauberkeit und Billigkeit viel für Zimmerheizung verwendet. Die Briketts geben viel Asche, besitzen aber einen hohen Heizwert (ungefähr 5000 Calorien).

Die Roste, auf denen diese Feuerungsmaterialien verbrannt werden sollen, müssen so beschaffen sein, daß sie der Luft einen genügenden Zutritt zu den Brennstoffen gestatten, und daß sie unverbrannte Kohle durch die Roststäbe nicht hindurchfallen lassen.

Beleuchtung.

145. Entstehung und Eigenschaften der Flamme. Eine Flamme entsteht, wenn ein Gas brennt; feste Körper, wie Eisen, Kohlenstoff, verbrennen ohne Flamme. Tritt beim Verbrennen von Steinkohle, einer Kerze usw. eine Flamme auf, so kommt dies daher, daß bei der hohen Temperatur gasförmige Zersetzungsstoffe auftreten, die verbrennen.

Verbrennt Gas an der Luft, so nennt man es ein brennbares Gas und bezeichnet den Sauerstoff der Luft als den die Verbrennung unterhaltenden Stoff. Eine Flamme kann leuchtend oder nicht leuchtend sein; sie leuchtet, wenn feste Teilchen darin vorhanden sind. Eine gewöhnliche Gasflamme leuchtet dadurch, daß Kohlenteilchen, die sich bei der Verbrennung abscheiden, zum Glühen kommen. Diese setzen sich als Ruß ab, wenn man einen kalten Gegenstand, z. B. eine Porzellanschale, in die Flamme hält. Anders verhält es sich mit dem Auerschen Gasglühlicht, bei diesem wird das Licht durch den feuerfesten Glühkörper hervorgerufen.

Viele Gase, bei deren Verbrennung nur gasförmige Körper entstehen, leuchten gar nicht oder nur schwach, so z. B. Wasserstoff oder Kohlenstoff. Andere glühende Gase, z. B. die Dämpfe einiger Metalle oder Metallverbindungen (Kochsalz) können jedoch eine Flamme leuchtend machen, und zwar geben sie ihr eine bestimmte Farbe.

146. Bunsenbrenner (Abb. 21 u. 22). Eine Gasflamme, deren Licht von den glühenden Kohlenteilchen herrührt, wird nicht leuchtend, wenn das Gas vor der Verbrennung mit Luft gemischt wird. Hierauf beruht der Bunsenbrenner, der im Laboratorium allgemein gebraucht wird und auch sonst in abgeänderter Form zu allen unseren Gaskoch- und Heizapparaten Verwendung findet.

Das Leuchtgas wird bei dem Bunsenbrenner durch ein auf einem Fuße befestigtes Rohr zugeführt, durch dessen enge Mündung (A) es ausströmt. Es wird hier mit Luft gemischt, die durch die Seitenöffnungen (C) von dem aufsteigenden Gasstrom angesaugt wird. Das Gemisch von Gas und Luft brennt, angezündet, mit farbloser Flamme.

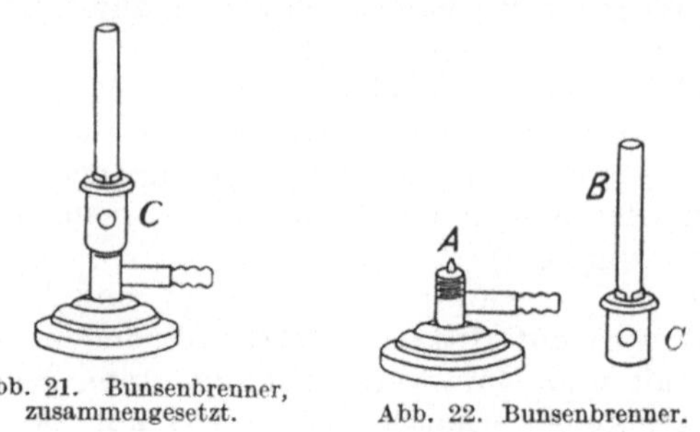

Abb. 21. Bunsenbrenner, zusammengesetzt.

Abb. 22. Bunsenbrenner.

Will man die Flamme eines solchen Brenners durch Verringerung der Gaszufuhr verkleinern, so müssen auch die Öffnungen bei C entsprechend verkleinert werden; unterläßt man dies, so tritt ein „Zurückschlagen" der Flamme ein, d. h. das Gas brennt, da es in dem Rohre B bereits genug Luft findet, teilweise schon an der Öffnung A. Diese Verbrennung ist jedoch eine unvollständige; es tritt dabei Acetylen auf, kenntlich an seinem eigentümlichen Geruch.

Bei dem Auerschen Gasglühlicht ist der Glühstrumpf auf einem Bunsenbrenner aufgesetzt und wird durch dessen Hitze zum Glühen gebracht.

147. Davys Sicherheitslampe. Durch ein Kupferdrahtnetz kann man ein verbrennendes Gasgemisch so stark abkühlen, daß die Verbrennung sich nicht durch dieses hindurch fortzusetzen vermag, die Flamme schlägt also nicht durch das Drahtnetz hindurch (Abb. 23).

Läßt man aus einem Bunsenbrenner Gas austreten und hält dann quer in diesen Gasstrom in einiger Entfernung von der Mündung ein Drahtnetz,

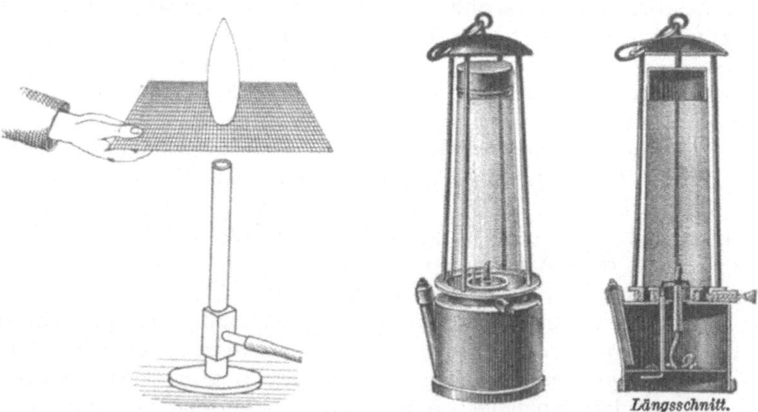

Längsschnitt.

Abb. 23. Wirkung eines Drahtnetzes auf die Flamme.

Abb. 24. Davys Sicherheitslampe (nach Erdmann).

so läßt sich das Gas über dem Drahtnetz anzünden, ohne daß die Flamme zum Brenner zurückschlägt, weil das metallene Netz die Wärme schnell weiter leitet. (Alle Metalle sind gute Wärmeleiter.)

Hierauf beruht die von Davy erfundene Sicherheitslampe der Bergleute (Abb. 24). Diese besteht aus einer Öllampe, deren Flamme von Metallgaze umgeben ist. Ein brennbares Gasgemisch kann sich wohl innerhalb der Laterne entzünden, die Verbrennung pflanzt sich jedoch nicht nach außen fort.

148. Schichten einer leuchtenden Flamme (Abb. 25—27). Bei jeder Flamme kann man drei verschiedene Schichten unterscheiden. In der innersten Schicht dem sog. Kern, findet keine Verbrennung statt, bei einer Kerzenflamme, z. B. wird das Stearin durch die Hitze der übrigen Flammenschichten in flüchtige brennbare Stoffe verwandelt, die durch ein Glasrohr abgeleitet und an der Mündung des Rohres angezündet werden können (vgl. Abb. 25).

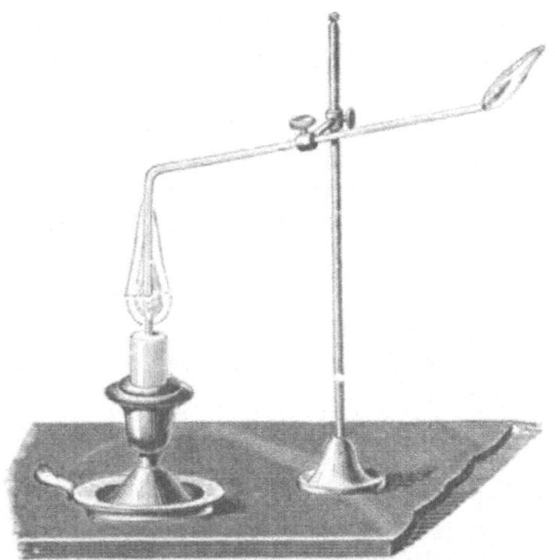

Abb. 25. Untersuchung einer Kerzenflamme.

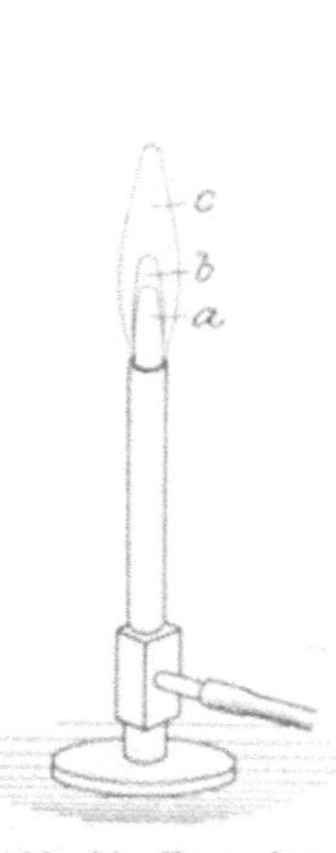

Abb. 26. Zone einer Bunsenflamme.

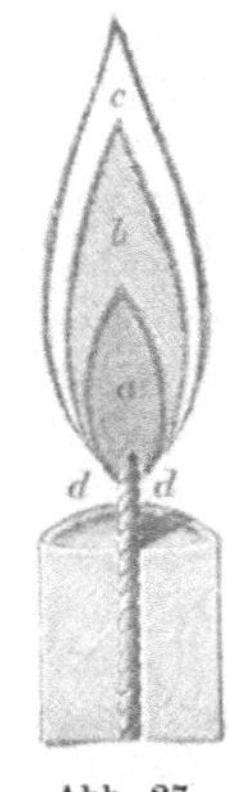

Abb. 27. Zone einer Kerzenflamme.

a) dunkler Kern,
b) leuchtende Zone,
c) blauer Saum.

Die um den Kern liegende zweite Schicht besteht aus einem leuchtenden Mantel, in dem sich die verflüchtigten Kohlenwsserstoffe unter Abscheidung von Kohlenwasserstoff zersetzen, weil hier die Luftzufuhr für die vollständige Verbrennung noch nicht ausreicht. Diese Kohlenstoffteilchen glühen und bewirken das Leuchten der Flamme.

In der äußeren dritten Schicht, die wenig Licht ausstrahlt und daher eine bläuliche Farbe besitzt, erfolgt die Verbrennung der glühenden Kohlenstoff- und Wasserstoffteilchen durch die unmittelbare Berührung der Flamme mit der Luft zu Kohlensäure und Wasser. Diese Schicht ist die heißeste.

Die verschiedenen Beleuchtungsarten.

149. Kerzen. Zur Herstellung der Kerzen verwendete man bis zum Anfang des 19. Jahrhunderts allgemein Talg, nur die von der Kirche und den Höfen der Könige und Fürsten benötigten Kerzen wurden aus Bienenwachs hergestellt. Zur Bereitung der Kerzen benutzt man jetzt Talg nur noch selten, meist werden Paraffin, Stearin, sowie der bei der Margarineherstellung abfallende Preßtalg, ferner Wachs, zuweilen auch Walrat benutzt.

1. Talgkerzen. Die aus Hammel- oder Rindertalg hergestellten Talgkerzen tropfen leicht und entwickeln beim Ausblasen übelriechende Dämpfe, dazu kommt, daß der Docht der Talglichte mit der Lichtputzschere von

Zeit zu Zeit abgeschnitten werden muß. Der Grund hierzu liegt darin, daß man einen gedrehten Docht benutzt, d. h. die einzelnen Baumwollfäden liegen, eine steile Schraubenlinie beschreibend, nebeneinander.

Um das lästige Putzen der Flamme zu vermeiden, benutzt man bei den Stearin- und Paraffinkerzen geflochtene, mit Borsäure durchtränkte Baumwollfäden. Unter dem Einfluß der Spannung, in der sich die einzelnen Baumwollfäden des zopfartig, gewöhnlich nur dreischnürig geflochtenen Dochtes befinden, erleidet das aus der Kerzenmasse hervorragende Ende eine Krümmung, wodurch es bestrebt ist, sich seitlich aus der Flamme herauszubiegen; auf diese Weise kommt es mit der Luft in Berührung und verbrennt. Die Krümmung des Dochtes wird durch die Anwesenheit der Borsäure erhöht, weil sich diese beim Verbrennen mit den Aschebestandteilen des Dochtes zu einer festen Masse verbindet.

Bei den Talgkerzen kann man aber geflochtene Dochte nicht verwenden, weil Talg schon bei einer niedrigeren Temperatur schmilzt als Stearin und daher durch den nach einer Seite sich krümmenden Docht ein einseitiges Abschmelzen der Talgmasse herbeigeführt würde. In Deutschland werden Talgkerzen fast gar nicht mehr verwendet.

2. Paraffinkerzen. Zur Herstellung wird das bei der trockenen Destillation der Braunkohlen gewonnene Paraffin verwendet, dem man 2—4% Stearin zusetzt, weil die Kerzen beim Brennen sonst leicht weich werden. Die Paraffinkerzen werden, ebenso wie die Stearinkerzen, in Maschinen gegossen, die Paraffinkerzen geben mehr Licht als die Stearinkerzen, sie schmelzen bei 54^{0}.

3. Stearinkerzen. Im Jahre 1811 wies der französische Chemiker Chevreul nach, daß alle tierischen und pflanzlichen Fette und Öle aus einem Gemenge verschiedener Fettsäuren, namentlich aber der Palmitinsäure, Stearinsäure und Ölsäure (Oleïnsäure) mit Glycerin bestehen (sog. Glycerinester der drei genannten Säuren, diese Ester bezeichnet man kurz mit der Endung „in“).

Die Zusammensetzung der drei Säuren ist folgende:

Palmitinsäure ($C_{16}H_{32}O_2$), Schmelzpunkt 62^{0},
Stearinsäure ($C_{18}H_{36}O_2$), Schmelzpunkt 69^{0},
Oleïnsäure ($C_{18}H_{34}O_2$), Schmelzpunkt 14^{0}.

Da Glycerin ein dreiwertiger Alkohol ist, $C_3H_5(OH)_3$, so müssen zur Esterbildung drei Moleküle dieser Säuren mit Glycerin unter Wasserabspaltung zusammentreten, also z. B.:

$$3\,C_{16}H_{32}O_2 + C_3H_5(OH)_3 = C_3H_5(O \cdot C_{16}H_{31} \cdot O)_3 + 3\,H_2O.$$
Palmitinsäure   Glycerin   Palmitin

Ebenso entstehen Stearin $C_3H_5(\cdot OC_{18}H_{35}O)_3$ und Oleïn $C_3H_5(O \cdot C_{18}H_{33}O)_3$.

Palmitin und Stearin sind fest, Oleïn flüssig, so daß der Aggregatzustand des Gemisches durch das Zurücktreten oder Vorwiegen der festen Ester bedingt ist.

Im Jahre 1825 gelang es Chevreul und Gay-Lussac in Paris, Stearinkerzen aus den Fetten herzustellen, jedoch war ihr Verfahren zu teuer, erst sechs Jahre später glückte es de Milly, das Verfahren so zu vereinfachen, daß die Herstellung des Stearins auf billige Weise durchgeführt werden konnte. Das Verfahren, das auch jetzt noch mit geringer Abänderung in der Technik angewendet wird, besteht kurz in folgendem: Man erhitzt die Fette in einem kupfernen, geschlossenen Kessel (Autoklaven) unter Hinzufügung von 2% Ätzkalk (vom Gewicht der Fette) auf 170—180°, dadurch wird Kalk an die Fette gebunden unter Bildung von fettsaurem Kalk, gleichzeitig wird ein Teil der Fettsäuren und Glycerin frei. Das Glycerin wird abgelassen, der Rückstand wird mit Schwefelsäure behandelt, dadurch werden die an Kalk gebundenen Fettsäuren frei gemacht, während der Kalk sich mit der Schwefelsäure zu schwefelsaurem Kalk oder Gips verbindet. Die Fettsäuren gießt man von dem Gips ab und preßt die drei Säuren zunächst bei 20° ab, dadurch wird die Ölsäure (Schmelzpunkt 14°) entfernt, der zurückbleibende, feste Rückstand, bestehend aus Stearinsäure und Palmitinsäure, wird dann gewöhnlich nicht weiter getrennt, sondern zur Herstellung der Stearinkerzen verwendet.

Herstellung der Kerzen. Die Stearin- und Paraffinkerzen werden in Formen gegossen, die Spitze nach unten, in deren Mitte der Docht, von einer Spule sich endlos abwickelnd, gehalten wird; nach unten wird die Form durch den Docht verschlossen. Vor dem Eingießen der Kerzenmasse werden die Formen von außen mit Dampf erhitzt und darauf mit kaltem Wasser abgekühlt. Beim Herausheben der Kerzenbatterie aus den Formen werden die Dochte mit emporgezogen und das Gießen kann von neuem beginnen. Die Kerzen werden vom Docht abgeschnitten und durch Abdrehen der Spitze und des Fußes, zuweilen auch durch Polieren zwischen Wolltüchern, zugerichtet. Man färbt die Kerzen durch die ganze Masse, Wachsstöcke nur in der obersten Schicht, meist mit Teerfarbstoffen, wie z. B. Chinolingelb, Eosin (rot), Spritblau usw. (vgl. Abb. 28).

4. Wachskerzen. Diese werden nicht gegossen, weil Wachs beim Erstarren sich stark zusammenzieht, Hohlräume bildet und an der Form kleben bleibt. Sie werden deshalb (z. B. Altarkerzen) um einen senkrecht aufgehängten Docht durch schichtweises Angießen des geschmolzenen Wachses hergestellt. Wachsstöcke werden durch Ziehen des Dochtes durch geschmolzenes Wachs und durch gelochte Schablonen gewonnen.

Abb. 28.
Gießtisch des
Lichtgießers.

Bei der Bereitung der Kerzen setzt man dem natürlichen Wachs immer noch künstliches Wachs zu, und zwar entweder Carnaubawachs, das in Brasilien von einigen Bäumen ausgeschwitzt wird, oder eine namentlich in Galizien als Ozokerit oder Erdwachs vorkommende paraffinähnliche Masse, die gereinigt als Ceresin in den Handel kommt.

5. Walratkerzen. Im Kopfe des Pottwales befindet sich das Walratöl, aus dem in der Kälte reichlich eine feste Masse, das Walrat, auskrystallisiert. Aus diesem Fett werden Kerzen hergestellt, die ein schönes, helles Licht geben und namentlich in England als Luxuskerzen Verwendung finden.

150. Petroleum. Vorkommen. Das Erdöl oder Petroleum kommt im Erdinnern fertiggebildet vor, und zwar hauptsächlich in den Vereinigten Staaten von Nordamerika (Pennsylvanien, Ohio, Kanada, Texas, Virginien), in Rußland (Kaukasus), Galizien, Rumänien, Holländisch-Indien und Japan.

Auch in Deutschland sind an einigen Stellen (z. B. in Ölheim i. d. Provinz Hannover) Petroleumquellen erbohrt worden.

Gewinnung. Das Petroleum wird aus Bohrlöchern gewonnen, aus denen es mit Maschinen heraufgepumpt wird. Zuweilen schießen anfangs mächtige Ölfontänen empor, die über 100 l Rohpetroleum in einer Sekunde auswerfen. Nach wenigen Jahren, manchmal auch früher, ist eine Ölquelle erschöpft und man treibt neue Bohrlöcher in größere Tiefen nieder. Die Erdölgewinnung der Welt beträgt ungefähr 50 Millionen Tonnen im Jahre, davon entfallen auf die Vereinigten Staaten von Nordamerika etwa 30 Millionen, auf Rußland 10 Millionen, auf Rumänien 2 Millionen Tonnen.

Entstehung. Man nimmt an, daß das Petroleum aus dem Fett vorweltlicher Tierüberreste entstanden ist (Fische und Seetiere).

Eigenschaften. Das rohe Petroleum ist eine hellbraun bis pechschwarz aussehende, mit Wasser nicht mischbare Flüssigkeit. Sämtliche Petroleumsorten enthalten fast nur Kohlenwasserstoffe, selten mehr als 2—3% Sauerstoff, wenig Schwefel und Spuren von Stickstoff.

Als Brennpetroleum ist kein Rohöl unmittelbar geeignet, vielmehr müssen die Rohöle in den Petroleum-Raffinerien zunächst durch Destillation in drei Teile zerlegt werden, nämlich:

a) in die Rohbenzine, bis zum Siedepunkt 150°;

b) in Brennpetroleum, Siedepunkt 150—300°;

c) in die Rückstände, über 300° siedend.

a) Die Rohbenzine werden in großen eisernen Zylindern von neuem destilliert, man erhält dann die folgenden Anteile:

1. Das Petroleumäther oder Gasolin wird durch Erhitzen auf 40 bis 70° gewonnen, es dient als Lösungsmittel für Harze, Öle und Kautschuk.

2. Leichtbenzin, zwischen 60 und 110° C siedend, für chemische Wäschereien, für Autos, Luftfahrzeuge und Grubenlampen.

3. Schwerbenzin, zwischen 100 und 140° C siedend, für Fettextraktion, besonders der Knochen und Palmkerne und für stehende Motoren verwendet. Die Anteile 2. und 3. nennt man Benzin.

Bei der Reinigung von Kleiderstoffen durch Benzin werden die Stoffe in geschlossenen Waschmaschinen mit Benzin bewegt, wodurch das Fett gelöst und damit der anhängende Schmutz entfernt wird, dann werden sie in Spülgefäßen mit Benzin gespült, in Zentrifugen geschleudert und getrocknet. Das Benzin wird wieder gewonnen. Die hierbei zuweilen vorkommenden Selbstentzündungen des Benzins entstehen durch Reibungselektrizität von der bewegten Seide oder Wolle.

4. Bei weiterem Erhitzen auf 120—130° destilliert das Ligroin über, das zum Brennen in Ligroinlampen im Freien, auf Jahrmärkten usw. benutzt wird.

5. Die bei weiterem Erhitzen zwischen 130—150° übergehenden Teile, die sog. Putzöle, dienen zum Putzen von Maschinenteilen, als Terpentinöl-Ersatz für Lacke, Firnisse und Ölfarben.

b) Das Brennpetroleum ist eine farblose, meist aber schwach gelbliche Flüssigkeit, die schwach bläulich fluoresciert; sie enthält Kohlenstoff (85—86%) und Wasserstoff (13,5—14%).

Zuweilen wird das Petroleum nochmals destilliert, dadurch wird die Feuergefährlichkeit weiter vermindert und die Leuchtkraft, namentlich in Lampen mit stärkerer Luftzufuhr, erhöht. Solches Sicherheitsöl bringt die Firma

Korff in Bremen als Kaiseröl oder Astralöl in den Handel. Gereinigtes Brennpetroleum soll hell sein, nicht zu stark riechen, auf Papier keinen bleibenden Fettfleck zurücklassen und sich mit konzentrierter Schwefelsäure nicht stark bräunen. Zur Prüfung auf Feuergefährlichkeit bestimmt man den Entflammungspunkt (Testpunkt) mittels des Abelschen Petroleumprobers. Man erhitzt darin Petroleum langsam im Wasserbade und ermittelt die Temperatur, bei der sich über der Flüssigkeit ein entzündbares Gasgemisch bildet; sie soll nicht unter 21° C liegen.

c) Die Erdölrückstände. Die beim Destillieren des Rohpetroleums zurückbleibenden, über 300° siedenden Erdölrückstände, in Rußland „Masut" genannt, werden vorzugsweise zum Heizen von Maschinen verwendet, ferner werden sie auf Solaröl und Schmieröle verarbeitet, die amerikanischen Öle auch auf Paraffin und Vaselin. Die Schmieröle finden Verwendung als Maschinenöle, die Paraffine werden wie das Paraffin aus dem Teer der Braunkohlen zur Kerzenbereitung verarbeitet, das Vaselin dient als Grundlage zu Salben und zum Bestreichen von Maschinenteilen, um sie gegen Rost zu schützen.

151. Leuchtgas. Geschichte. Das bei der trockenen Destillation von Steinkohlen entweichende Gas wurde zuerst von dem Engländer Murdock 1792 zur Beleuchtung von Haus und Werkstatt benutzt, 1814 wurden die Londoner Straßen mit Gas beleuchtet, 1815 wurde die Gasbeleuchtung in Paris und 1826 in Berlin und Hannover eingeführt.

Darstellung. Zur Gewinnung des Leuchtgases benutzt man Steinkohlen, und zwar eignen sich hierzu am besten fette Gaskohlen, d. h. solche, die reich an Wasserstoff und ärmer an Sauerstoff sind und beim Erhitzen viel sauerstoffarme und kohlenstoffreiche Gase liefern. Hochgeschätzt ist die englische Cannelkohle, in Deutschland benutzt man oberschlesische oder westfälische Kohle und Kohle aus dem Saargebiet.

Die Steinkohlen werden in röhrenförmigen Behältern (Retorten) aus feuerfestem Ton (Schamotte) bei Luftabschluß (trockene Destillation) 4—6 Stunden lang auf etwa 1200° erhitzt. Diese Retorten sind ungefähr 3 m lang und 30—50 cm weit, 5—9 solcher Retorten sind, horizontal liegend, in einem Ofen eingemauert. In neuerer Zeit sind in einigen Gasanstalten Öfen mit schrägliegenden Gasretorten im Betriebe, wodurch eine leichtere Füllung der Retorten ermöglicht wird.

Das in den Retorten entwickelte rohe Leuchtgas steigt durch ein weites eisernes Rohr nach oben und tritt in die Vorlagen (Abb. 29) (*B*). Dies sind mit Wasser halbgefüllte horizontale Röhren, die das Gas von allen Retorten je eines Ofens sammeln und weiterführen. Dabei werden bereits geringe Mengen Teer abgeschieden und Spuren Ammoniak gelöst. Die Absperrung durch Wasser ist nötig, weil sonst das Gas bei jedesmaligem Öffnen der Retorte zurücktreten würde.

Aus den Vorlagen gelangt das Gas in den Kühler (Kondensator), der meist aus einer Reihe senkrechter eiserner Zylinder (*D*) besteht, in denen das Gas bis auf 30—50° abgekühlt wird, damit weitere Mengen Teer und Ammoniak sich abscheiden. Nachdem man dann die letzten Reste von Teer, die noch im Gase in Tröpfchen enthalten sind, durch den sog. Teerscheider (in Wasser hängende Siebglocken — gelochte Bleche —, die so ineinander geschachtelt sind, daß in den engen Zwischenräumen die Öffnungen der einen Glocke

der vollen Wandung der anderen gegenüberstehen, so daß das auf die Wände
stoßende Gas auf diese seine Teerbläschen in Tröpfchen ausscheidet) entfernt hat, leidet man das Gas, um es von den letzten Ammoniakmengen zu entfernen, in die Wäscher oder Skrubber.

[In einigen neueren Gasanstalten, z. B. in Hannover und Berlin, sind nach
dem Teerscheider noch die folgenden Apparate zwischengeschaltet:

a) Zur Entfernung des im Gase vorhandenen Naphthalins, das bei starker
Abkühlung des Gases sich ausscheiden und die Rohre verstopfen kann, ein walzenförmiges, gußeisernes Gehäuse, das mit Anthracenöl gefüllt ist, in dem
sich das Naphthalin löst.

b) Ein walzenförmiges, gußeisernes Gehäuse, mit Eisenvitriol gefüllt,
das bereits hier das giftige Cyan aufnimmt.]

Diese Waschvorrichtungen oder Skrubber (*O*) bestehen aus eisernen
Türmen von 3—4 m Durchmesser und ungefähr 10 m Höhe, die meist mit
Koks gefüllt sind, der in seinen Poren das Ammoniak festhält (absorbiert).

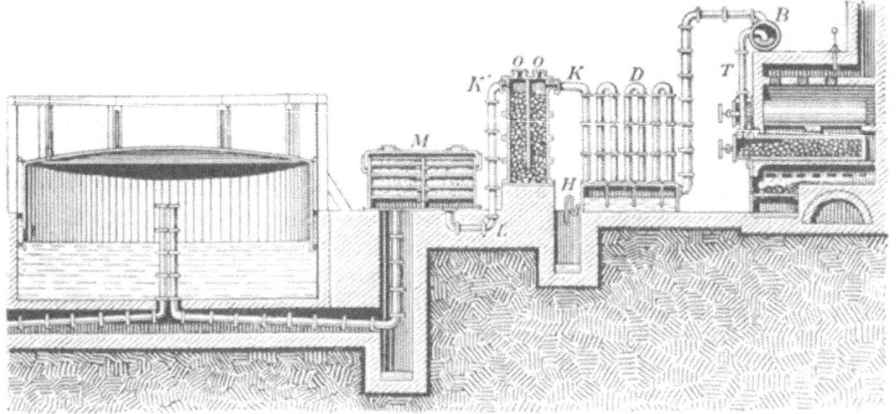

Abb. 29. Schematische Darstellung einer Gasanstalt.

Aus Brausen rieselt von oben langsam Wasser in feinem Strahle herab und
nimmt das Ammoniak auf (Ammoniakwasser). Das Leuchtgas ist nunmehr
zwar völlig von Teer und Ammoniak befreit, es enthält aber immer noch Verunreinigungen, die entfernt werden müssen. In den Steinkohlen ist nämlich
Schwefel vorhanden, und zwar in Form von Schwefelkies oder Schwefeleisen
(FeS), aus dem durch Erhitzen Schwefel frei wird und sich mit Wasserstoff
zu Schwefelwasserstoff und mit Kohlenstoff zu Schwefelkohlenstoff verbindet; außerdem sind als Verunreinigungen im Gase in geringen Mengen
Kohlensäure und Cyanverbindungen enthalten.

Da Schwefelwefelwasserstoff alle Metalle angreift und z. B. alle in einem
Zimmer befindlichen Silbergegenstände schwärzt (es bildet sich Schwefelsilber),
so ist die möglichst völlige Entfernung dieses Körpers notwendig.

Man bringt deshalb das Gas in die sog. Reiniger (*M*), das sind große
Kästen, in denen auf Holzhürden fein gepulverter Raseneisenstein (Eisenhydroxyd), der in der Natur als Erz vorkommt, mit Sägespänen gemischt
ausgebreitet ist. Dadurch werden alle Verunreinigungen, außer Schwefel-

kohlenstoff — also Schwefelwasserstoff, Kohlensäure und Cyanverbindungen —, fast völlig entfernt. Will man auch noch das Gas von den sehr geringen Mengen Schwefelkohlenstoff befreien, so leitet man es durch Kästen, die mit gelöschtem Kalk gefüllt sind.

Zwischen den Kondensatoren und den Wäschern befinden sich Maschinen, die sog. Exhaustoren, die das Gas aus den Retorten aufsaugen, durch die Kühler, Wäscher und Reiniger hindurchdrücken und in die Gasbehälter (Gasometer) pumpen.

Diese Gasometer bestehen aus großen Glocken aus Eisenblech, die in Betonwasserbehältern schwimmen, so daß sie leer ganz unter Wasser tauchen können. Ein über dem Wasserspiegel einmündendes Rohr führt das Gas aus den Reinigern zu, ein zweites führt es zum Verbrauch fort. Diese Fortleitung des Gases geschieht durch gußeiserne Rohre, die mit geteertem Werg und Mennige gedichtet sind. Die Dichtung ist jedoch unvollkommen, so daß durch Undichtigkeiten längerer Leitungen ungefähr 4% des erzeugten Gases verloren gehen. Im Winter, bei plötzlicher Temperaturerniedrigung, friert das Gas zuweilen ein durch Verdichtung und Gefrieren des mitgeführten Wasserdampfes und des Benzols sowie auch durch Abscheidung von Naphthalin.

Der Gasverbrauch der Abnehmer wird gemessen durch Gasuhren oder Gasmesser

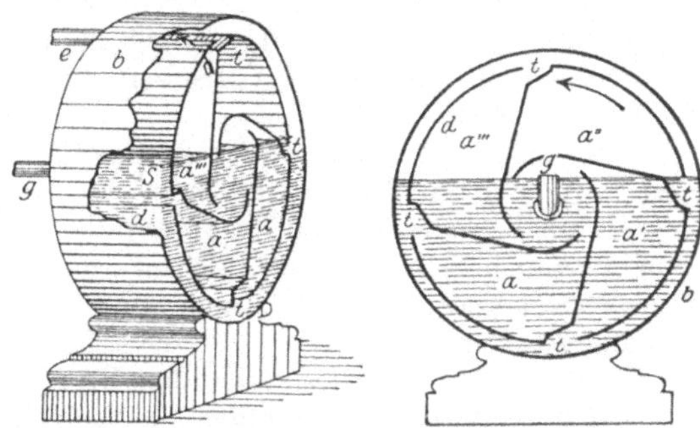

Abb. 30 und 31. Abbildungen einer Gasuhr.

(vgl. Abb. 30 und 31). In dem über die Hälfte mit Wasser oder wässerigem Glycerin gefüllten Gehäuse dreht sich eine Trommel (*b*) um eine horizontale Achse. Die Trommel ist durch eigentümlich geformte Querwände in vier Abteilungen geteilt. Das in der Mitte (*g*) des Gasmessers eintretende Gas dreht die Trommel in der Richtung des Pfeiles, das Gas entweicht durch die Spalten *t* und das Rohr *e*. Der Wasserspiegel ist so bemessen, daß, sobald die Auslaßöffnung einer Kammer a'' sich über demselben erhebt, also Gas austritt, das eintretende Gas in die nächste Kammer a' gelangt. Die Drehungen der Trommel werden gezählt und die Anzahl der Kubikmeter des verbrauchten Gases wird an Zifferblättern angegeben.

Da das Leuchtgas aus Kohlenwasserstoffen besteht, so entstehen bei der Verbrennung Kohlensäure und Wasser, letzteres ist sichtbar beim Anzünden einer Gasflamme, namentlich in der Kälte, es beschlägt dann der Zylinder mit Wasser.

In der gewöhnlichen Leuchtgasflamme leuchten die aus dem Gas ausgeschiedenen Teilchen von festem Kohlenstoff, die durch das brennende Gas zum Glühen erhitzt werden. Das Leuchtgas wirkt eingeatmet giftig und explodiert mit Luft in bestimmtem Verhältnis gemischt beim Anzünden. Räume, in denen sich ein solches explosives Gemisch gebildet hat, dürfen nicht mit brennendem Licht betreten werden. Schon in geringer Menge der Luft beigemischt, erzeugt es Kopfweh, Bewußtlosigkeit und kann schließlich tödlich wirken. Das Berliner Leuchtgas enthält ungefähr 3,1% CO_2, 3,5% schwere Kohlenwasserstoffe, 0,1% Sauerstoff und 9,4% CO.

152. Auerlicht. Eine wesentliche Verbesserung des Gaslichtes trat ein durch die Einführung des sog. Gasglühlichtes. Der österreichische Chemiker Auer fand im Jahre 1880, daß die Oxyde zweier seltenen Metalle — Cerium und Thorium — imstande sind, der Flamme eine erhöhte Leuchtkraft zu geben. Diese beiden Metalle finden sich in Amerika und Norwegen in dem Mineral Monazit. Aus diesem stellt man die salpetersauren Salze (Thoriumnitrat und Ceriumnitrat) dar.

Herstellung der Glühkörper. Ein Gewebe von sorgfältig gereinigter Baumwolle (Strumpf) wird mit einer konzentrierten Lösung von Thoriumnitrat, der ungefähr 1% Ceriumnitrat zugesetzt ist, getränkt und darauf getrocknet. Beim Abbrennen des Strumpfes verbrennt die Baumwolle, gleichzeitig werden die salpetersauren Salze in die Oxyde verwandelt.

In neuerer Zeit werden die Auerglühstrümpfe nicht mehr aus Baumwolle, sondern aus Ramiefaser (ägyptischer Baumwollenhanf) oder aus künstlicher Seide hergestellt.

Diese Oxyde strahlen, in der Bunsenflamme erhitzt, ein starkes Licht aus. Das Gewebe ist nicht sehr haltbar, die Leuchtkraft geht allmählich zurück und ist nach ungefähr 600 Brennstunden nur noch sehr gering.

Um eine möglichst große Lichtstärke zu erhalten, ist es erforderlich, die Gaszufuhr genau zu regeln, auch muß der Flammenkegel der Strumpfform gut angepaßt sein.

Durch Umkehrung des stehenden Brenners kommt man zum hängenden Gasglühlicht (Grätzinbrenner), bei dem der Gasverbrauch geringer ist als beim stehenden Gasglühlicht, weil Gas und Verbrennungsluft an dem erhitzten Brenner stark vorgewärmt werden, außerdem wird das Licht vollständig ausgenützt, weil es ohne Schatten nach unten fällt.

153. Preßgas. Durch die allgemeine Einführung der Gasglühlichtbeleuchtung spielen die an sich mit leuchtender Flamme verbrennenden Teile des Gases, wie z. B. Benzol, Toluol, Äthylen keine Rolle mehr, man scheidet sie deshalb bei der Gasbereitung möglichst völlig aus. Dadurch hat sich das Leuchtgas in seiner Zusammensetzung gegen früher sehr geändert. Andererseits sucht man durch erhöhte Luftzufuhr die Lichtstärke der Glühkörper zu erhöhen. Da jedoch die Ausströmungsgeschwindigkeit unter dem gewöhnlichen Druck der Gasleitung zu gering ist, so muß man den Druck stark erhöhen. Dies unter starkem Druck ausströmende Leuchtgas wird Preßgas genannt, man verwendet dazu oft auch ein Gemisch von Leuchtgas und Luft; es wird bei den sog. Starklichtlampen angewendet, die man namentlich zur Beleuchtung von Straßen, Plätzen, Bahnhöfen, Fabriksräumen usw. benutzt.

Auch werden Gemische von Gas und Luft, sog. Selasgemische mit Vorteil für Beleuchtungszwecke verwendet.

154. Wassergas. In Amerika verwendet man schon seit langem das Wassergas, ein Gemenge von Wasserstoff und Kohlenoxyd, in großem Maßstabe als Heizgas. Man bereitet es durch Leiten von Wasserdampf über glühende Kohlen.

$$C + H_2O = CO + H_2.$$

In neuerer Zeit stellen auch in Deutschland viele Gasanstalten neben Leuchtgas Wassergas her, das bis zu einem Drittel (in Berlin 25—30%) dem Leuchtgas beigemischt wird, um dessen Herstellung zu verbilligen. Da Wassergas mit nicht leuchtender blauer Flamme verbrennt, so kann es nicht direkt zur Beleuchtung verwendet werden, sondern nur als Heizgas.

155. Elektrische Beleuchtung. a) Elektrisches Bogenlicht. Bei der Bogenlampe werden zwei Kohlenstifte, zwischen denen der Strom als Lichtbogen übergeht, selbsttätig nachgeschoben, so daß der Abstand der Kohlenspitzen gleich bleibt. Der obere Kohlenstift ist positiv, der untere negativ elektrisch, an der unteren Spitze leuchtet nur eine kleine Stelle, während weitaus das meiste Licht von der Innenseite der nach unten gekehrten positiven oberen Kohle ausgestrahlt wird und darum ausschließlich nach abwärts fällt.

b) Elektrisches Glühlicht. 1. Kohlenfadenlampen. Das elektrische Glühlicht beruht darauf, daß ein von einem Strom durchflossener Leiter erhitzt und zum Leuchten gebracht wird. Anfangs benutzte man Kohlenfäden (hergestellt durch Verkohlen von in Fäden ausgezogener Cellulose), die in luftleer gemachten Lampen — sog. Birnen — meist hufeisenförmig, gebogen angebracht waren. Die Enden des Kohlenfadens werden an Platindrähten befestigt, die in Glas eingeschmolzen sind und aus dem luftleeren Gefäß herausführen. Diese Platindrähte gehen dann zu zwei von einander isolierten Metallstücken außen am Lampenkörper, die man Kontakte nennt. Jede Lampe wird beim Gebrauch in eine Fassung eingesetzt, die an Wandarmen, Kronleuchtern usw. befestigt ist und zu der die beiden Leitungsdrähte, die den Strom in die Lampe schicken sollen, hingeführt sind. Die Fassung enthält also ebenfalls zwei isolierte metallische Teile, mit denen die äußeren Leitungsdrähte verbunden sind. Sobald die Lampe in ihrer Fassung fest eingesetzt ist, geht der Strom durch den Glühfaden. Man kann jede Lampe beliebig stark leuchten lassen, wenn man Ströme von verschiedener Stärke durch sie hindurchschickt, aber der elektrische Strom übt eine zerstörende Wirkung auf die Glühfäden aus, indem er sie allmählich zerstäubt. Je stärker der durch die Fäden fließende Strom ist, um so stärker ist die Zerstäubung und um so leichter wird die Lampe unbrauchbar, weil schließlich an einer Stelle, an der der Faden am dünnsten geworden ist, ein Bruch stattfindet. Daher schadet ein zu starker Strom jeder Lampe und es gibt für jede Lampe eine bestimmte Stromstärke, bei der sie eine genügende Lebensdauer und eine passende Helligkeit hat. Man setzt die normale Lebensdauer einer Glühlampe auf 600—1000 Brennstunden fest und bestimmt danach die Stromstärke, die sie führen darf, um eine gewisse Helligkeit zu erzielen. Die Glasgefäße der Glühlampen werden durchsichtig oder matt, farblos oder farbig hergestellt. Die Temperatur der Kohlenfäden gewöhnlicher Glühlampen liegt zwischen 1600 und 1700^0.

2. Metallfadenlampen. Daß die Kohle als Glühfadenlampen gewählt wurde, geschah, weil sie nicht schmilzt, aber sie zerstäubt rasch, wenn ein zu starker Strom in ihr fließt. Das Zerstäuben ist aber ebenso unangenehm wie das Schmelzen. Man versuchte deshalb, sehr schwer schmelzbare Metalle als Material für die Glühlampen zu verwenden, nachdem die Regulierung der Ströme eine einfache geworden war, so daß man mit Sicherheit einen solchen Faden auf eine bestimmte Temperatur halten konnte. Wenn daher die Metallfäden höhere Temperaturen vertrugen als die Kohlenfäden, so konnte man

mit ihnen billigere, bessere und haltbarere Glühlampen herstellen; hierfür in
Frage kamen hauptsächlich die Metalle Tantal, Osmium und Wolfram,
von denen Tantal bei 2300°, Osmium bei 2500° und Wolfram bei 2850—3000°
schmilzt. Bei den Lampen mit Metallfäden mußte aber eine wesentliche Ände-
rung in der Konstruktion der Glühlampen eintreten. Wegen der viel besseren
Leitfähigkeit der Metalle gegenüber der Kohle müssen nämlich die Metallfäden in den Lampen viel größere Längen haben als die Kohlenfäden und es
entstand die Aufgabe, diese langen Fäden in einer Glasbirne von gebräuchlicher
Größe unterzubringen, da an den Abmessungen der Fassungen, Glocken, Kro-
nen usw. nichts geändert werden durfte. Diese Aufgabe wurde dadurch gelöst, daß in der Glasbirne ein kurzer Glasstab eingeschmolzen wurde, der

Abb. 32.
Osramlampe.

oben und unten eine Glaslinse trägt. In diese sind Tragarme
aus Metall eingeschmolzen, die an beiden Enden zu Häkchen
umgebogen sind. In diese Träger wird der lange Metallfaden
zickzackförmig eingelegt; seine Enden werden durch Platin-
zuführungen mit dem Sockel der Lampen verbunden. Den
größten Fortschritt in bezug auf Metallfadenlampen hat man
durch Benutzung des Wolframs als Fadenmetall gemacht.
Zuerst war es die Auergesellschaft, die Wolframlampen unter
dem Namen Osramlampen in den Handel brachte. Jetzt
gibt es eine große Anzahl Fabriken, die solche Wolframlampen
herstellen, zum Teil unter besonderen Bezeichnungen wie
Wotanlampen, Just-Wolframlampen, Siriuslam-
pen usw.
Der Hauptvorzug dieser Lampen vor den Kohlenfadenlampen besteht in ihrem geringerem Stromverbrauch, ihrer
leichteren Leuchtfähigkeit und in der Fähigkeit, eine viel höhere
Temperatur auszuhalten als diese; die Temperatur liegt in den Lampen
zwischen 1800 und 2000° C.

In neuester Zeit ist es gelungen, Glühlampen von sehr großer Lichtstärke herzustellen und damit ein großes Gebiet der Beleuchtung, das früher
allein den Bogenlampen vorbehalten war, für die Glühlampen zu erobern,
derartige große Glühlampen kommen unter der Bezeichnung Osram-Azo-
lampen, (die Füllung dieser Lampen besteht dabei zum Teil aus Argon),
Nitrallampen, Wotan-Halbwattlampen usw. in den Handel.

156. Lichtmessung. Als Lichteinheit, mit der man alle Lichtstärken ver-
gleichen kann, wird das Licht der durch v. Hefner konstruierten Amylacetat-
lampe benutzt. In dieser verbrennt reines Amylacetat durch einen Docht,
der 8 mm stark ist. Die Lampe wird als Hefnersche Normallampe bezeichnet, sie hat, wenn man der Flamme eine Höhe von 40 mm gibt, eine Lichtstärke, die unter dem Namen Hefnerkerze (HK) als Einheit benutzt
wird.

Die Metalle.

Kalium, K (Einwertig).

157. Vorkommen. Kalium kommt nicht frei in der Natur vor, sondern nur in Form von Verbindungen. Es findet sich namentlich in Verbindung mit Kieselsäure als Doppelsilikat in vielen kieselsauren Gesteinsarten, wie z. B. im Feldspat, Granit und im Glimmer. Aus diesen gelangt es durch Verwitterung in die Ackererde und wird von den Pflanzen aufgenommen, die zu ihrer Entwicklung des Kaliums bedürfen. Die größten Mengen Kaliumsalze liefern jedoch die Staßfurter „Abraumsalze", meist Doppelsalze von Kalium und Magnesium (Chloride und Sulfate). Auch im Meerwasser kommen Kaliumsalze in geringen Mengen vor.

Darstellung. Kalium wurde zuerst von Davy durch Elektrolyse von geschmolzenem Kaliumhydroxyd hergestellt. Jetzt gewinnt man es durch Glühen einer Mischung von kohlensaurem Kalium mit Kohle:

$$K_2CO_3 + 2\,C = 2\,K + 3\,CO.$$

Die bei der Destillation übergehenden Kaliumdämpfe werden unter Petroleum aufgefangen.

Eigenschaften. Das Kalium ist ein Metall von silberweißem Glanz, das bei gewöhnlicher Temperatur fast wachsweich ist. An der Luft überzieht es sich sofort mit einer matten Oxydationsschicht, wodurch der Metallglanz verschwindet; beim Erhitzen an der Luft verbrennt es mit violettem Licht. Wirft man ein Stückchen Kalium auf Wasser, so wird dieses zersetzt; die hierbei entstehende Wärme ist so groß, daß der freiwerdende Wasserstoff sich entzündet und mit einer durch Kaliumdämpfe violett gefärbten Flamme verbrennt, wobei das Kalium sich auf dem Wasser schnell hin und her bewegt.

Da das Kalium das Bestreben hat, sich leicht mit Sauerstoff zu verbinden, so bewahrt man es unter Petroleum auf. Aber auch hier überzieht es sich allmählich mit einer graubraunen Oxydationskruste.

Versuch: Ein kleines Stück trocknes Kalium wird in ein mit Wasser gefülltes Gefäß geworfen (Vorsicht!). Der entstehende Wasserstoff entzündet sich sofort.

158. Kaliumhydroxyd, Kalilauge. KOH. Diese Verbindung entsteht bei der Einwirkung von Kalium auf Wasser [sie wird gewonnen durch Behandeln von Kaliumkarbonatlösung mit Calciumhydroxyd: $K_2CO_3 + Ca(OH)_2 = 2\,KOH + CaCO_3$, man erhält dann eine Lösung von Kalilauge, die eingedampft wird].

Kaliumhydroxyd kommt in Stangenform in den Handel und ist eine der stärksten Basen. In festem Zustande zieht es begierig Wasser und Kohlensäure aus der Luft an und verwandelt sich dabei unter Zerfließen in Pottasche K_2CO_3.

Verwendung. Kaliumhydroxyd wird hauptsächlich zur Herstellung von weichen Seifen (grüner Seife oder Schmierseife) verwendet, ferner in der Medizin äußerlich als Ätzmittel.

159. Kaliumchlorid, Chlorkalium, KCl, kommt in den Staßfurter Abraumsalzen in großen Mengen vor, krystalliert als Mineral wird es Sylvin genannt, ferner findet sich es in geringen Mengen im Meerwasser. Es findet ausgedehnte Anwendung als Düngemittel.

160. Kaliumbromid, Bromkalium, KBr. [Es wird dargestellt durch Zusammenbringen von Brom und Kalilauge:

$$6\,KOH + 6\,Br = 5\,KBr + KBrO_3 + 3\,H_2O.$$

Das dabei entstandene Kaliumbromat $KBrO_3$ wird durch Erhitzen der Lösung mit gepulverter Holzkohle zu KBr reduziert:

$$KBrO_3 + 3\,C = KBr + 3\,CO.]$$

Bromkalium krystallisiert in Würfeln und ist in Wasser leicht löslich, es wird in der Heilkunde gegen Schlaflosigkeit und bei nervösen Zuständen benutzt.

161. Kaliumjodid, Jodkalium, KJ. [Es wird entsprechend wie das Bromid hergestellt.] Es bildet farblose, würfelförmige Krystalle von scharf salzigem Geschmack, es ist in Wasser sehr leicht löslich. Dem Lichte und der Luft ausgesetzt, werden die Krystalle durch Jodabscheidung allmählich gelb. Es findet in der Heilkunde vielfache Anwendung, so innerlich gegen Drüsenschwellungen, Rheumatismus, äußerlich zu Gurgelwässern usw.

162. Chlorsaures Kalium, $KClO_3$. [Dieses Salz wird dargestellt durch Einwirkung von Chlor auf eine heiße Kaliumhydroxydlösung:

$$6\,KOH + 6\,Cl = 5\,KCl + KClO_3 + 3\,H_2O$$

oder durch Elektrolyse einer heißen Kochsalzlösung, wodurch zunächst Natriumchlorat $(NaClO_3)$ entsteht, das mittels Chlorkalium (KCl) in das Kaliumsalz umgesetzt wird.] Chlorsaures Kalium ist ein schön krystallisiertes Salz, das zur Gewinnung von Sauerstoff, bei der Zündholzherstellung, zur Darstellung von Feuerwerkskörpern und in der Heilkunde als Antisepticum in der Form von Gurgel- und Mundwässern bei Halsentzündungen verwendet wird. Beim Erhitzen gibt es Sauerstoff ab, wobei es zunächst in Kaliumperchlorat $(KClO_4)$ und dann in Chlorkalium (KCl) übergeht. Es gibt an leicht oxydierbare Stoffe Sauerstoff ab und explodiert, mit Schwefel, Phosphor oder anderen brennbaren Stoffen in Berührung gebracht, schon durch Schlag oder Stoß. **Es ist daher große Vorsicht beim Arbeiten mit Kaliumchlorat oder anderen chlorsauren Salzen geboten.**

Die wässerige Lösung, mit Salzsäure erwärmt, färbt sich grüngelb und entwickelt reichlich Chlor:

$$KClO_3 + 6\,HCl = KCl + 3\,H_2O + 6\,Cl.$$

163. Kaliumsulfat, schwefelsaures Kalium, K_2SO_4. Es findet sich in vielen Mineralwässern, ferner in großen Mengen in den Staßfurter Abraumsalzen. Es wird durch Einwirkung von Schwefelsäure auf Chlorkalium gewonnen und dient hauptsächlich zur Darstellung von Pottasche nach dem Verfahren von Leblanc. Es bildet farblose, in Wasser leicht lösliche Krystalle.

[Das saure Sulfat $KHSO_4$ bildet sich beim Erhitzen von K_2SO_4 mit Schwefelsäure; es krystallisiert in farblosen, stark sauer schmeckenden Krystallen.]

164. Kaliumnitrat, Kalisalpeter, Salpeter, KNO_3. Vorkommen. Kalisalpeter entsteht in geringen Mengen überall da, wo stickstoffhaltige organische Stoffe in Berührung mit Kaliumverbindungen verwesen, also z. B. bei Gegenwart von Landpflanzen, die alle Pottasche enthalten. Darauf beruhte eine künstliche Darstellungsweise des Salpeters, die früher allgemein in den sog. Salpeterplantagen im Gebrauch war.

Salpetersaure Salze kommen in jeder Ackererde vor, in einigen Ländern, z. B. in Indien, Ägypten ist der Boden so reich daran, daß die Nitrate auswittern. Feuchte Wände in der Nähe von Aborten bedecken sich oft mit einem weißen, krystallinischen Überzug, der aus Mauersalpeter (Calciumnitrat) besteht.

Darstellung. Man mischt heiß gesättigte Lösungen von Chlorkalium und Natronsalpeter miteinander, es ensteht dabei Kalisalpeter und Kochsalz, letzteres ist weniger löslich in heißem Wasser als Salpeter, es fällt daher beim Eindampfen zunächst aus. Die Lösung wird abgelassen und weiter eingedampft; beim Erkalten krystallisiert der Salpeter heraus:

$$KCl + NaNO_3 = KNO_3 + NaCl.$$

In neuester Zeit wird die aus dem Luftstickstoff gewonnene Salpetersäure zur Salpeterherstellung benutzt (vgl. § 73).

Eigenschaften. Der Kalisalpeter bildet farblose, durchsichtige Krystalle oder ein krystallinisches Pulver, er ist in Wasser leicht löslich; bei starkem Erhitzen geht er in Kaliumnitrit über:

$$KNO_3 = KNO_2 + O.$$

Versuch: Auf ein Stück glühend gemachte Holzkohle bringt man einen kleinen Salpeterkrystall. Der Salpeter verpufft, weil er Sauerstoff abgibt und die Kohle zu Kohlendioxyd oxydiert.

Anwendung. Kalisalpeter wird in großen Mengen als Düngemittel verwendet, ferner spielt er wegen seiner antiseptischen Eigenschaften eine Rolle bei dem Konservieren von Nahrungsmitteln, z. B. zum Einpökeln von Fleisch, in letzterem Falle bewirkt er außerdem noch eine Abschwächung des Blutfarbstoffes.

Außerdem wird Kalisalpeter in großem Maßstabe zur Herstellung von Schießpulver verwendet, einer Mischung von Salpeter, Schwefel und Holzkohle, deren Mengenverhältnisse in den verschiedenen Ländern verschieden ist, meist besteht es aus 75% Kalisalpeter, 10% Schwefel und 15% Holzkohle.

Diese Mischung wird mit Wasser befeuchtet, gepreßt, gesiebt, in Körnerform gebracht und poliert. Bei der Entzündung des Schießpulvers bilden sich Gase, und zwar hauptsächlich CO_2, N und CO, diese nehmen naturgemäß einen viel größeren Raum ein als das feste Schießpulver, üben daher auf die Kugel einen sehr großen Druck aus, so daß diese aus dem Lauf herausgeschleudert wird. Je schneller das Pulver verbrennt, d. h. je schneller sich die Gase bilden, desto größer ist die Wirkung, auf die Art der Entzündung kommt also vieles an. Gewöhnlich benutzt man zur Entzündung Knallsilber, das in Zündspiegeln oder Metallhülsen liegt, bei manchen Geschützarten wendet man auch Zündung durch Elektrizität an.

Bei der Entzündung des Pulvers bleiben als feste Stoffe hauptsächlich Pottasche und Kaliumsulfat zurück, die bei der Explosion sehr fein verteilt bleiben und infolgedessen als Rauch längere Zeit in der Luft schweben. Schießpulversorten dieser Art (Schwarzpulver) werden hauptsächlich nur noch für Jagdzwecke u. dgl. verwendet, für Militärzwecke bedient man sich ausschließlich des rauchlosen Pulvers, das aus organischen Substanzen besteht, die bei der Explosion nur gasförmige Verbrennungsprodukte geben und daher auch keinen Rauch hinterlassen.

165. Kaliumcarbonat, Pottasche, K_2CO_3. Darstellung: a) Die Hauptquelle für die Darstellung dieses Salzes war früher die Asche der Waldbäume, in der das Kalium der Pflanze hauptsächlich als Carbonat enthalten ist. In holzreichen Gegenden wurden die Bäume gefällt, verbrannt, die Asche mit Wasser ausgelaugt, die erhaltene Lösung eingedampft und geglüht.

b) Neben dieser „Waldpottasche" liefert das Pflanzenreich durch die Zuckerrübe erhebliche Mengen Kaliumcarbonat für den Handel. Nachdem der größte Teil des Zuckers aus dem Rübensafte durch Auskrystallisieren gewonnen ist, wird die zurückbleibende Mutterlauge, die Melasse, durch alkoholische Vergärung des in ihr noch vorhandenen Zuckers auf Rübenspiritus verarbeitet und der nach dem Abdestillieren des Alkohols zurückbleibende Rückstand, die Schlempe, eingedampft und in Flammöfen geglüht. Diese Schlempekohle liefert die „Rübenpottasche".

c) Ferner kann Pottasche auch noch aus dem Wollschweiß der Schafe gewonnen werden. Die Schafe sondern in ihrem Schweiße große Mengen Kaliumverbindungen, zum Teil in Verbindung mit Fettsäuren als Seifen ab, die beim Waschen der Rohwolle (neben Wollfett, Lanolin) gewonnen werden. Die Waschwässer liefern beim Eindampfen und Glühen die „Wollschweißpottasche".

d) Gegenwärtig wird fast alle Pottasche, entsprechend dem Leblancschen Verfahren bei der Sodagewinnung, aus Kaliumchlorid (KCl) gewonnen. Durch Einwirkung von Schwefelsäure auf Kaliumchlorid erhält man zunächst Kaliumsulfat:

$$2\,KCl + H_2SO_4 = K_2SO_4 + 2\,HCl.$$

Das entstandene Kaliumsulfat wird mit Kohle erhitzt, es entsteht durch Reduktion Kaliumsulfid, das bei weiterem Glühen mit Kreide (Calciumcarbonat) in Kaliumcarbonat übergeführt wird:

$$K_2SO_4 + 2\,C = K_2S + 2\,CO_2$$
$$K_2S + CaCO_3 = K_2CO_3 + CaS.$$

Die entstandene Masse wird mit Wasser ausgezogen, wodurch Pottasche gelöst wird, man läßt darauf absetzen und dampft zur Trockene ein.

Eigenschaften und Anwendung. Pottasche ist ein weißes Pulver, das an der Luft zerfließt und in Wasser sehr leicht löslich ist; die Lösung reagiert alkalisch, d. h. sie färbt rotes Lackmuspapier blau. Pottasche wird zur Herstellung von Schmierseifen sowie von schwer schmelzbarem Kaliglas verwendet und dient in der Küche zum Auflockern des Teiges beim Backen.

Versuch: In eine Porzellanschale bringt man 5 g Pottasche und 10 ccm heißes Wasser, hierauf gibt man unter Umrühren tropfenweise verdünnte Salpetersäure bis zur Neutralisation hinzu. Man erhitzt einige Minuten zum Sieden, filtriert und läßt erkalten. Es scheiden sich nach einiger Zeit Krystalle von Kaliumnitrat KNO_3 am Boden des Gefäßes ab.

166. Kaliumbicarbonat, doppelkohlensaures Kalium, $KHCO_3$. Darstellung. Man erhält die Verbindung durch Überleiten von Kohlensäure über feuchte Pottasche:

$$K_2CO_3 + H_2O + CO_2 = 2\,KHCO_3.$$

Die Verbindung besteht aus in Wasser leicht löslichen farblosen Krystallen. Erwärmt man das Salz über 75°, so entweicht ein Teil der Kohlensäure; beim Erhitzen des trockenen Salzes geht es unter Abspaltung von Kohlensäure und Wasser in Pottasche über.

167. Kieselsaures Kalium, Kaliumsilikat, Kaliwasserglas [K_2SiO_3] entsteht, wenn Sand und Pottasche zusammengeschmolzen wird. In Wasser löst es sich zu einer dicken gummiartigen Masse, die beim Eintrocknen glasartig wird. Es dient zum Füllen von Seifen, zum Konservieren von Eiern, zum Durchtränken von brennbaren Gegenständen (Theaterkostüme und Dekorationen), deren Entzündlichkeit dadurch beseitigt wird, und zu vielen anderen Zwecken. Wichtig ist seine Verwendung zur Herstellung von Kunststeinen und säurefestem Mörtel.

168. Nachweis des Kaliums in seinen Verbindungen (auch als **Versuche** zu benutzen). 1. Kaliumverbindungen färben die nicht leuchtende Flamme violett; durch ein Kobaltglas (blau gefärbter Glas) oder eine Indigolösung betrachtet, erscheint die Flamme karmoisinrot.

[2. Weinsäure im Überschuß zu konzentrierten neutralen Kaliumsalzen gesetzt, gibt einen in Wasser schwer löslichen Niederschlag von Weinstein (saurem weinsauren Kalium).

3. Platinchlorid bildet mit Kaliumchlorid einen gelben Niederschlag von Kaliumplatinchlorid (K_2PtCl_6), der sich in heißem Wasser leicht löst, in kaltem Wasser schwer, in Alkohol oder Äther unlöslich ist.

4. Pikrinsäure gibt mit Kaliumchlorid einen gelben Niederschlag von Kaliumpikrat.]

Natrium, Na (Einwertig).

169. Vorkommen. Natrium kommt in der Natur in großen Mengen in Form von Verbindungen vor. Es bildet einen Bestandteil zahlreicher Gesteinsarten und gelangt durch deren Verwitterung in die Ackererde, von da in die Pflanzen und schließlich auch in den Tierkörper. Ferner ist das Nitrat des Natriums als Chilesalpeter, das Chlorid als Steinsalz, das Carbonat als Soda bekannt; Kochsalz bildet die Hauptmenge vom Salzgehalt des Meerwassers. Einige Gewässer, wie das Tote Meer in Palästina und der Salzsee in den Vereinigten Staaten von Nordamerika, sind fast gesättigte Kochsalzlösungen.

Darstellung. Das Metall Natrium wurde zuerst im Jahre 1807 von Davy mit Hilfe des elektrischen Stromes aus Natriumhydroxyd (NaOH) gewonnen, es wird auch jetzt noch in derselben Weise hergestellt.

Eigenschaften. Das Natrium ist ein silberweißes Metall, es ist bei gewöhnlicher Temperatur sehr weich, so daß es leicht mit dem Messer zerschnitten werden kann, es ist etwas leichter als Wasser. Wegen seiner großen Neigung, sich mit dem Sauerstoff der Luft oder mit sauerstoffhaltigen Körpern zu verbinden, muß man es wie Kalium unter Petroleum aufbewahren, das nur aus Kohlenwasserstoffen besteht.

An der Luft läuft die blanke Metallfläche des Natriums schnell an (Oxydation). Beim starken Erhitzen verbrennt es mit gelbem Licht. Wenn es auf Wasser geworfen wird, so fährt es auf dem Wasser hin und her, es entwickelt sich Wasserstoff, ohne daß dieser sich dabei entzündet, gleichzeitig entsteht aus dem Wasser Natronlauge (NaOH).

Versuch: Man legt ein Stückchen Filtrierpapier auf das Wasser und bringt das Natrium darauf, man zwingt es so, an einer Stelle zu bleiben. Durch die an ein und demselben Punkte entwickelte Wärme entzündet sich das Wasserstoffgas, das mit einer von glühenden Natriumteilchen hellgelb gefärbten Flamme verbrennt.

170. Natriumsuperoxyd, Na_2O_2, erhält man beim Verbrennen von Natrium im Sauerstoffstrom. Da es mit verdünnten Säuren Wasserstoffsuperoxyd liefert und ein energisches Oxydationsmittel ist, so wird es in neuerer Zeit als Waschpulver („Ding an sich") und zur Herstellung medizinischer Seifen verwendet.

171. Natriumhydroxyd, Natronlauge, Ätznatron, Seifenstein, NaOH. Diese Verbindung entsteht durch Einwirkung von Natrium auf Wasser, [sie wird gewöhnlich dargestellt durch die Einwirkung von Soda auf Calciumhydroxyd:

$$Na_2CO_3 \quad + \quad Ca(OH)_2 \quad = \quad 2\,NaOH \quad + \quad CaCO_3].$$
$$\text{Soda} \qquad \text{Calciumhydroxyd} \quad = \quad \text{Natronlauge} + \text{Calciumcarbonat}$$

Durch Eindampfen der gebildeten Natronlauge erhält man das Hydroxyd, das in Stangenform gegossen in den Handel kommt, es zieht begierig Wasser aus der Luft an und löst sich in Wasser unter beträchtlicher Wärmeentwicklung. Natriumhydroxyd ist eine sehr starke Base, die in der Technik vielfach z. B. bei der Herstellung von harten Seifen (vgl. § 184) Verwendung findet.

Von den Salzen des Natriums ist das wichtigste das Kochsalz.

172. Kochsalz, Chlornatrium, NaCl. Vorkommen. Kochsalz findet sich als Steinsalz in großen Lagern, z. B. in Staßfurt (in der Nähe von Magdeburg), in Hohensalza, bei Wieliczka in Galizien, bei Reichenhall usw. und wird an diesen Orten bergmännisch gewonnen. Ferner kommt es im Meerwasser zu etwa 3,5% und in den Solquellen vor, auch findet es sich in manchen tropischen Gegenden im Boden, so daß es sich bei sehr großer Hitze aus ihm abscheidet (Steppensalz).

Darstellung: a) Gewinnung aus dem Meerwasser. In warmen Ländern, z. B. an den Küsten des Mittelmeeres, läßt man das Meerwasser in sog. Salzgärten eintreten, d. h. in flache Gruben mit sehr großer Oberfläche. Durch die Sonnenwärme verdunstet das Wasser und es krystallisiert das Kochsalz aus. In Ländern mit kaltem Klima, z. B. am Weißen Meer, läßt man das Meerwasser in flachen Gruben gefrieren, dabei scheidet sich nur kochsalzfreies Eis ab, so daß die übrig bleibende Flüssigkeit auf diese Weise so konzentriert wird, daß nunmehr das Kochsalz auskrystallisiert. Das ausgeschiedene Kochsalz wird in Haufen aufgeschichtet, das beigemengte Magnesiumchlorid zieht aus der Luft Feuchtigkeit an und zerfließt. In dem so gewonnenen Meer- oder Seesalz sind kleine Mengen Natriumbromid, -jodid und sulfat enthalten: Salze, denen eine Heilwirkung auf den menschlichen Körper zugeschrieben wird. Das Seesalz wird deshalb zu Bädern benutzt.

b) Gewinnung aus Salzsolen. Quellen, die 5% und mehr Kochsalz enthalten, nennt man Salzsolen. Diese Salzsole wird in Salinen oder Salzsudwerken dadurch salzreicher gemacht, daß man sie auf ein hohes, aus Weißdornbündel aufgeschichtetes Gerüst (Gradierwerk, Abb. 33) pumpt, auf dem sich oben in der Längsrichtung eine Laufrinne mit kleinen Öffnungen befindet. Die Sole fließt langsam an den Dornreisern herab, wobei Wasser verdunstet und die in Wasser schwer löslichen Salze, wie Gips und saurer kohlensaurer Kalk, sich an den Dornen absetzen (Dornstein), während sich unten eine konzentrierte Kochsalzlösung ansammelt. Aus dieser Salzlösung wird das Salz durch Eindampfen im Sudhaus (Salzsieden) gewonnen.

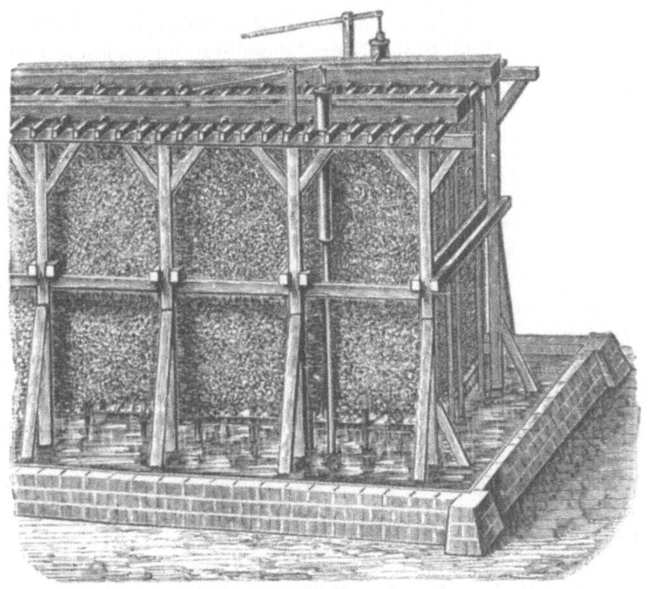

Abb. 33. Gradierwerk.

c) Gewinnung aus Steinsalz. Als Überreste einstiger Meere findet sich das Steinsalz an manchen Stellen der Erde, so in Staßfurt in einer Tiefe von ungefähr 320 m, während sich darüber mächtige Lager von Abraumsalzen befinden, die man früher als wertlos entfernte (abräumte), die aber gegenwärtig eine wichtige Rolle zur Gewinnung von Calcium- und Magnesiumverbindungen spielen.

Das Steinsalz wird in Salzsiedereien in großen, eisernen Pfannen in Wasser aufgelöst und dann das Wasser langsam durch Kochen so lange eingedampft, bis Kochsalz ausfällt. Nachdem sich das Kochsalz zu Boden gesetzt hat, läßt man durch eine geeignete Vorrichtung die über dem Salz stehende Flüssigkeit (die Mutterlauge) in eine andere Pfanne ab und dampft die Flüssigkeit von neuem ein, dadurch gewinnt man weitere Kochsalzmengen.

Das in der einen oder anderen Weise erhaltene Kochsalz ist nicht rein. Es enthält stets kleine Mengen Natriumsulfat sowie etwas Magnesiumchlorid und Calciumchlorid. Die letzteren Beimengungen bewirken, daß das Salz an der Luft feucht wird; reines Salz zieht die Feuchtigkeit nicht an. Man reinigt daher in den Salzsiedereien das Kochsalz durch wiederholtes Auflösen und Eindampfen der Lösung. Natriumchlorid ist nämlich in heißem Wasser nur wenig mehr löslich als in kaltem (bei 100^0 lösen 100 Teile Wasser 39 und bei 0^0 36 Teile Salz), so daß beim Erkalten einer heiß gesättigten Lösung so gut wie nichts auskrystallisiert.

Eigenschaften. Das Kochsalz krystallisiert in farblosen Würfeln. Scheidet sich Kochsalz aus einer verdunstenden Lösung aus, so vereinigen sich die Würfelchen zu Gruppen von der Gestalt hohler Pyramiden. Die

Krystalle des Natriumchlorids enthalten oft etwas Wasser mechanisch eingeschlossen; werden sie erhitzt, so entweicht dieses Wasser mit einem eigentümlich knisternden Geräusch.

Verwendung. Kochsalz dient zur Darstellung aller Natriumverbindungen. Es ist ferner für das Leben der Menschen und vieler Tiere notwendig und findet sich namentlich im Blut und anderen Körperflüssigkeiten, wo es dazu dient, den osmotischen Druck der verschiedenen Organe auszugleichen. Wird Natriumchlorid vom Magen oder Darm aus in das Blut übergeführt, so erhöht sich der osmotische Druck, wodurch Wasser aus den Geweben nach dem Blut strömt (diffundiert); hierdurch werden die Gewebe wasserärmer, was sich durch Durstgefühl bemerkbar macht. Es befördert die Verdauung und ermöglicht die Bildung der Salzsäure im Magensaft und des Natrons der Galle; es steigert den Appetit durch Reizung der Nerven in der Magenschleimhaut, es regt die Absonderung der Verdauungssäfte an, unterstützt dis Peptonisierung der Eiweißkörper und befördert deren Überführung in die Körpersäfte.

Das Bedürfnis des Menschen nach Kochsalz hängt ab von der Gewöhnung und von der Zusammensetzung der Nahrung. Die Entziehung des Kochsalzgenusses kann von den Menschen ohne Nachteil für die Gesundheit längere Zeit nicht ertragen werden; nur bei reiner Fleischnahrung kann man zeitweise ohne Salzgenuß bleiben.

Unsere pflanzlichen Nahrungsmittel, z. B. Brot und Hülsenfrüchte, enthalten reichliche Mengen Kaliumphosphat, das sich mit dem Kochaslz im Körper umsetzt, es entsteht phosphorsaures Natrium und Chlorkalium, beide Salze werden durch den Urin ausgeschieden, es verarmt der Körper daher an Kochsalz; diese Tatsache erklärt auch den Kochsalzhunger der Pflanzenfresser, die derartige Kalisalze in großer Menge zu sich nehmen.

Zum Würzen der Speisen und zum Konservieren von Nahrungsmitteln (Pökelfleisch usw.) werden große Mengen Kochsalz verbraucht, in Deutschland ungefähr 500 000 Tonnen jährlich. Auf dem Verbrauch des Salzes liegt eine Staatssteuer (Salzsteuer), die dem Deutschen Reiche annähernd 50 Millionen Mark jährlich einbringt. Salz, das zu industriellen Zwecken verwendet werden soll, ist steuerfrei, es muß jedoch vorher mit Glaubersalz, Eisenoxyd oder Wermutkrautpulver denaturiert und dadurch als Speisesalz unbrauchbar gemacht worden sein (Viehsalz).

173. Natriumbromid, Bromnatrium, $NaBr \cdot 2 H_2O$. [Es wird in entsprechender Weise wie das Kaliumbromid dargestellt], es bildet ein weißes, krystallinisches Pulver, das in Wasser leicht löslich ist und in der Medizin wie Kaliumbromid verwendet wird. [Bei einer Temperatur von über 30° scheidet es sich in wasserfreien Würfeln aus.]

174. Natriumjodid, Jodnatrium, $NaJ \cdot 2 H_2O$. [Es wird entsprechend wie Kaliumjodid dargestellt], es bildet ein weißes krystallinisches Pulver, das an der Luft feucht wird und in Wasser leicht löslich ist. Es findet in der Medizin Verwendung wie Kaliumjodid. [Bei einer Temperatur von über 40° scheidet es sich in wasserfreien Würfeln aus.]

175. Natriumthiosulfat, $Na_2S_2O_3 \cdot 5 H_2O$, wird als Fixiersalz in der Photographie und als Antichlor bei der Chlorbleiche zum Unschädlichmachen des überschüssigen Chlors verwendet (vgl. § 58).

176. Natriumsulfat, Glaubersalz, $Na_2SO_4 \cdot 10 H_2O$. Glaubersalz findet sich gelöst in einigen Mineralquellen, z. B. im Friedrichshaller und im Karlsbader Wasser.

Gewinnung. Das Salz wird gewöhnlich gewonnen durch Erhitzen von Kochsalz mit konzentrierter Schwefelsäure:

$$2\ NaCl + H_2SO_4 = Na_2SO_4 + 2\ HCl.$$

Die Krystalle verlieren beim Liegen an der Luft ihr Krystallwasser (verwittern).

Anwendung. Natriumsulfat wird in der Heilkunde als Abführmittel angewendet, es ist der Hauptbestandteil des Karlsbader Salzes und bedingt dessen abführende Wirkung. In der Technik wird es in wasserfreiem Zustande hauptsächlich zur Darstellung der Soda und des Glases benutzt. In der Küche kann es vorteilhaft mit Salzsäure gemischt zur Herstellung niedriger Temperaturen (Kältemischung) verwendet werden.

177. Natriumnitrat, Natronsalpeter, Chilesalpeter, $NaNO_3$. Vorkommen. Natriumnitrat kommt in großen Lagern an der chilenischen Küste vor. Die chilenische Erde enthält 30—80% Salpeter, 10—20% Kochsalz und ungefähr ½% Jod. Da Natriumnitrat nur durch Verwesung tierischer oder pflanzlicher Stoffe entstehen kann, so beweist das Vorkommen, daß Chile einst unter dem Meeresspiegel lag; dafür spricht auch das Vorkommen von Jod.

Darstellung. Man übergießt die Erde mit Wasser, dadurch lösen sich Salpeter und Kochsalz auf, hierauf dampft man die Lösung etwas ein, nach einigem Stehen scheidet sich das schwerer lösliche Kochsalz aus, während Natronsalpeter in Lösung bleibt. Man läßt die Lösung ab und dampft weiter ein, bis Natronsalpeter auskrystallisiert. Aus der Mutterlauge gewinnt man noch Jod.

Anwendung. Der Chilesalpeter wird in großen Mengen als Kunstdünger angewendet, er dient ferner zur Herstellung des Kalisalpeters und zur Gewinnung von Salpetersäure.

178. [Natriumphosphat, Phosphorsaures Natrium, $Na_2HPO_4 \cdot 12\ H_2O$. Die Phosphorsäure ist eine dreibasische Säure und vermag daher drei verschiedene Natriumsalze zu bilden. Das gewöhnliche phosphorsaure Natrium ist das vorliegende Dinatriumphosphat, das sich aus seiner wässerigen Lösung bei gewöhnlicher Temperatur in großen, schnell verwitternden Krystallen abscheidet. Zur Darstellung benutzt man die Knochenasche, die im wesentlichen aus Tricalciumphosphat ($Ca_3(PO_4)_2$ besteht. Man behandelt diese mit Schwefelsäure, erhält dadurch Calciumphosphat $Ca(H_2PO_4)_2$, gibt nun Soda hinzu, filtriert und dampft zur Krystallisation ein.

Das Natriumphosphat findet in der Analyse Verwendung, z. B. bei der Bestimmung des Magnesiums im Wasser.]

179. Natriumcarbonat, Soda, $Na_2CO_3 \cdot 10\ H_2O$. Vorkommen. Soda kommt in der Natur vor in vielen Mineralquellen, ferner in Ägypten, Nord- und Südamerika, am Kaspischen Meer, Ungarn (in den sog. Natronseen) usw.; ferner findet es sich in der Asche vieler Seepflanzen (in den sog. Salzpflanzen und in Tangarten), sowie in gelöstem Zustand neben Natriumbicarbonat in vielen Mineralquellen (Karlsbad, Vichy, Ems). Es ist neben Kochsalz das wichtigste aller Natriumverbindungen und wird in außerordentlich großen Mengen in der Technik dargestellt.

Darstellung. Die Gewinnung der Soda geschieht nach drei verschiedenen Verfahren:

a) **Sodagewinnung nach Leblanc.** Man erwärmt Kochsalz mit Schwefelsäure, dadurch entsteht Natriumsulfat und Salzsäure; letztere wird abgelassen und das Natriumsulfat mit Kohle erhitzt, wodurch eine Reduktion des Sulfats eintritt. Hierauf wird nach Zusatz von Kreide weiter erhitzt, es entsteht Soda. Die bei dieser Darstellung vor sich gehenden chemischen Prozesse lassen sich durch folgende Formeln veranschaulichen:

$$1. \quad 2\,NaCl + H_2SO_4 = Na_2SO_4 + 2\,HCl.$$
$$2. \quad Na_2SO_4 + 2\,C = Na_2S + 2\,CO_2.$$
$$3. \quad Na_2S + CaCO_3 = CaS + Na_2CO_3.$$

Die zuletzt erhaltene Masse wird mit Wasser ausgezogen, wodurch die Soda gelöst wird; man läßt darauf absetzen und dampft die geklärte Flüssigkeit zur Krystallisation ein.

b) **Sodagewinnung nach Solvay.** In eine kalte konzentrierte Kochsalzlösung wird unter Druck abwechselnd Ammoniak und Kohlendioxyd eingeleitet. Dabei entsteht Salmiak und doppelkohlensaures Natrium, letzteres setzt sich als Niederschlag zu Boden, weil es in kalter Salmiaklösung sehr schwer löslich ist. Es spaltet durch Erhitzen Kohlensäure und Wasser ab und wandelt sich dabei in Soda. um

$$1. \quad NaCl + H_2O + CO_2 + NH_3 = NH_4Cl + NaHCO_3.$$
$$2. \quad 2\,NaHCO_3 = Na_2CO_3 + CO_2 + H_2O.$$

Dieser Prozeß ist so vervollkommnet worden, daß fast alle Soda in Deutschland in dieser Weise billig hergestellt wird.

c) **Gewinnung durch Elektrolyse.** Diese Darstellung beruht darauf, daß eine wässerige Kochsalzlösung bei der Elektrolyse an dem einen Pol (Anode) Chlor, an dem anderen (Kathode) Wasserstoff und Natriumhydroxyd ausscheidet. Als Anode verwendet man sog. Retortengraphit, der gegen Einwirkung von Chlor sehr widerstandsfähig ist.

Der Prozeß der Elektrolyse der Kochsalzlösung läßt sich durch folgende Gleichungen ausdrücken:

$$NaCl = Na + Cl \quad und \quad Na + H_2O = NaOH + H.$$

Das Natriumhydroxyd wird durch Einleiten von CO_2 im Carbonat verwandelt.

$$2\,NaOH + CO_2 = Na_2CO_3 + H_2O.$$

Eigenschaften. Soda krystallisiert mit 10 Molekülen Krystallwasser in großen Krystallen, die jedoch an der Luft bald verwittern (d. h. Wasser verlieren). Auch durch Erhitzen auf 100^0 kann man der Soda das Wasser entziehen (geglühte oder calcinierte Soda). Es ist vorteilhafter, wasserfreie Soda zu kaufen, da diese gehaltreicher ist als krystallisierte Soda. Eine wässerige Sodalösung reagiert alkalisch, d. h. sie färbt rotes Lackmuspapier blau. Soda wird in großer Menge bei der Seifen- und Glasherstellung verwendet, ferner in der Küche zur Reinigung von Geschirren, namentlich wenn diese Fettreste enthalten, weil Fett mit Soda Seife bildet.

180. Natriumbicarbonat, doppelkohlensaures Natrium, Bullrichsches Salz, $NaHCO_3$. **Vorkommen.** Natriumbicarbonat kommt in vielen Mineralwässern vor, z. B. in den Wässern von Ems, Neuenahr, Vischy usw.

Darstellung. Die Verbindung (ein weißes Pulver von schwach alkalischem Geschmack) wird beim Sodaprozeß nach **Solvay** gewonnen; sie ist leicht löslich in Wasser und reagiert alkalisch. Bereits bei gelindem Erwärmen zerfällt sie in Soda, Wasser und Kohlensäure. Diese Zersetzung tritt ferner ein, wenn man bei gewöhnlicher Temperatur Luft durch eine konzentrierte Lösung leitet.

Anwendung. Anwendung findet doppelkohlensaures Natrium wegen der leichten Abspaltbarkeit von Kohlensäure zum Weichmachen von Wasser und zur Bereitung von Brausepulvern. Zur Herstellung der letzteren gibt man zu einer Lösung von doppelkohlensaurem Natrium Weinsäure hinzu; diese Säure treibt Kohlensäure aus dem doppelkohlensauren Natrium aus, es entsteht weinsaures Natrium, das in geringer Menge eine beruhigende Wirkung auf Blut und Nerven ausübt.

$$\underset{\text{Weinsäure}}{NaHCO_3 + C_4H_6O_6} = \underset{\text{Weinsaures Natrium}}{C_4H_5NaO_6} + CO_2 + H_2O.$$

Auch als Backpulver findet doppelkohlensaures Natrium Anwendung (Oetkers Backpulver). In der Heilkunde wird es innerlich gegen überschüssige Magensäure, äußerlich zu Mund- und Gurgelwässern verordnet.

181. Kieselsaures Natrium, Natriumsilikat, Natronwasserglas [Na_2SiO_3].
[Darstellung. Man schmilzt Sand (SiO_2) mit Glaubersalz (Na_2SO_4) zusammen; es bildet sich eine glasige Masse, die von kochendem Wasser gelöst wird. Natronwasserglas wird zu denselben Zwecken verwendet wie Kaliwasserglas (vgl. § 167).]

Borax vgl. § 90.

182. Nachweis des Natriums in seinen Verbindungen. (Auch als **Versuche** zu benutzen.) 1. Flammenfärbung, alle Natriumverbindungen färben die Flamme stark gelb.

[2. Kaliumpyroantimoniat ($K_4Sb_2O_7$) gibt in konz. neutralen Lösungen der Natriumsalze einen weißen Niederschlag von saurem pyroantimonsauren Natrium.]

Seife.

183. Die Seife war schon zur Zeit der Römer bekannt (nach Plinius von den Galliern erfunden und als Salbenmaterial benutzt), sie spielte aber noch im Mittelalter keine Rolle und ist erst seit Herstellung der Leblanc-Soda im Jahre 1791 und mit der Einfuhr tropischer Palmfette (1850) ein billiger und allgemeiner Verbrauchsartikel geworden.

Verseifung. Wie schon bei der Kerzenbereitung angegeben wurde, besteht das Fett aus Fettsäuren, die an Glycerin gebunden sind; der Verseifungsprozeß besteht also darin, daß aus fettsaurem Glycerin und Natronlauge oder Kalilauge fettsaures Natrium (harte Seife) oder fettsaures Kalium (weiche Seife) entsteht, während Glycerin abgespalten wird.

184. Seifenarten.
Man teilt die Seifen ein in:
1. harte oder Natronseifen, und zwar a) Kernseifen, b) Leimseifen.
2. weiche (Schmier-) oder Kaliseifen, die stets Leimseifen sind.

Nur fettsaures Kalium und Natrium sind in Wasser löslich und als „Seifen" zum Waschen brauchbar, die übrigen fettsauren Salze sind unlöslich; jedoch haben die Salze einiger organischer Säuren seifenähnliche Eigenschaften, so die der Gallussäure (Gallseife) und der Säure des Fichtenharzes (Harzseifen).

a) Kernseifen. Kernseifen sind harte Natronseifen, die durch Aussalzen von der glycerinhaltigen wässerigen Lösung getrennt sind; sie enthalten die Seifensubstanz (fettsaures Natrium) in reinster Form.

Als Rohstoffe dienen Fette der verschiedensten Art, meist billigere, als Speisefette nicht verwendbare Tier- und Pflanzenfette und Öle, so z. B. Talg, Palmfett, Palmkernöl, Olivenöl, Knochen- und Wollfett, ferner die bei der Kerzenbereitung als Nebenprodukt gewonnene Ölsäure sowie Harz und Kolophonium.

Als Lauge dient allgemein Natronlauge. Für die Verseifung von 100 Teilen Fett sind 17—20 Teile Natronhydrat nötig; konzentrierte Natronlauge greift die Fette, ausgenommen Cocos- und Palmkernfett, schwer an, weil die Seifen in konzentrierter Natronlauge unlöslich sind, man muß daher stets verdünnte Laugen anwenden.

Herstellung. Zur Herstellung der Seife werden tierische oder pflanzliche Fette verseift. In einem weiten und offenen Kessel aus Eisenblech schmilzt man das Fett ein und gibt einen kleinen Teil der Natronlauge (Seifenstein) hinzu. Das Fett emulgiert sich mit der Lauge, es wird leicht verseift. Sobald das Alkali gebunden ist (was der Seifensieder durch Prüfung mit der Zunge feststellt,) fährt man mit dem Laugenzusatz fort bis zur völligen Verseifung. Der stark schäumende Seifenleim wird bis zum Spinnen, d. h. bis die Masse Fäden zieht, eingedampft. Ist die richtige Konzentration erzielt, so folgt durch Einwerfen von festem Kochsalz das Aussalzen, die in gesättigter Kochsalzlösung unlösliche Seife scheidet sich als halbgeschmolzene schaumige Masse aus, während Glycerin, Salze und überschüssige Lauge in der „Unterlauge" zurückbleiben.

Nun folgt das Klarsieden oder Sieden auf „Kern"; dies hat den Zweck, die sehr schaumige Seife zu einer blasenfreien Masse, dem Kern, zu vereinigen. Deshalb wird die Unterlauge abgelassen und Wasser mit etwas frischem Kochsalz und Lauge (letztere, um Fettreste noch zu verseifen) zugesetzt. Je verdünnter diese zugesetzte Lösung ist, um so mehr Wasser nimmt der Seifenkern wieder auf und um so leichter wird er schaumfrei. Man nennt das nachträgliche Einverleiben von Wasser „Schleifen" und diese Seifen „geschliffen" oder „glatt". Mehr als 10—15% Wasser lassen sich einer gewöhnlichen Kernseife, ohne Schädigung ihrer Härte, nicht einverleiben.

Der halbflüssige Seifenkern wird in große rechteckige Holz- oder Eisenformen geschöpft, worin er langsam erstarrt. Die Kernseife ist gewöhnlich weiß oder gelblich; man kann sie aber durch Einrühren von Farbstoffen kurz vor dem Erstarren leicht „marmorieren". Der erstarrte Seifenblock wird mit Stahldrähten in große Platten und weiter durch Schneidemaschinen (Rahmen mit Stahldrähten) in die bekannten Riegel zerschnitten.

Die gelbe, billigere Harzkernseife erhält man durch Zusatz von 25 bis 30% Fichtenharz zu dem verseifenden Fett; das Harz wird durch Kochsalz mit ausgesalzen.

Feine Toilettenseifen. Für die Gewinnung guter Toilettenseifen wird aus bestem Preßtalg oder Palm- oder Cocosöl eine Kernseife (Grundseife) hergestellt, diese zerkleinert und die Schnitzel bis zu einem Wassergehalte von 5—8% getrocknet. Nach dem Zusatz von Farbstoffen und Parfüms wird die Masse in Stränge gepreßt, diese zerschnitten, durch Stempel in die gewünschte Form gebracht und mit Aufschrift versehen.

Der hohe Preis wird hervorgerufen durch die teuren Parfüms (Gemische verschiedener ätherischer Öle).

b) Leimseifen. Leimseifen sind erstarrter Seifenleim, der von der Unterlauge nicht durch Aussalzen getrennt ist; sie enthalten also Wasser, Glycerin, Salze und das im Überschuß angewandte freie Ätznatron der Unterlauge.

Zur Darstellung von Leimseife wird geschmolzenes Cocos- oder Palmkernfett mit Natronlauge durchgerührt, bis ein gleichmäßiger Brei entstanden ist. Die Masse erwärmt sich von selbst unter Verseifung des Fettes und erstarrt beim Erkalten zu einer harten, sofort verkäuflichen Leimseife (z. B. Cocosseife).

Die Seife ist in Kochsalzlösung löslich und wird wegen ihres starken Schäumens gern gekauft. Andere Fette, dem Cocosfett beigemengt, werden bis zu 50% kalt mit verseift.

Leimseife dient zur Herstellung der billigen Toilettenseifen, sie wird gefärbt und mit billigen Ölen, wie Mirbanöl (Nitrobenzol), wohlriechend gemacht (Mandelseife).

Transparente Seifen werden hergestellt aus Cocosleim durch Zusatz von Glycerin oder Spiritus. Die billigen Transparentseifen erhalten einen reichlichen Zusatz von Rohrzucker.

Medizinische Seifen kommen in Stücken und gepulvert in den Handel, sie enthalten Zusätze wie Carbolsäure, Sublimat, Teer, Schwefel, Brom, Bimsstein. Diese Seifen sollen desinfizierend wirken, z. B. bei Hauterkrankungen.

Gallseife. Diese Seife wird durch Zusatz von Ochsengalle hergestellt, das gallensaure Natrium wirkt wie fettsaures Natrium. Die Seife findet Verwendung zum Waschen von feinen Wollsachen.

Seifenpulver besteht zuweilen aus gepulverter reiner Seife, meist ist es aber ein Gemisch von wenig Seife mit viel Soda, Glaubersalz, Kochsalz, Talk usw.

2. Schmierseifen (Kali-Leimseifen). Als Rohstoffe dienen billige flüssige Öle, Fischtran, Leinöl, Hanföl, Baumwollsamenöl, die alle keine guten, harten Seifen liefern, und Lauge aus Holzasche oder Kalilauge. Der nicht ausgesalzte Seifenleim (durch Aussalzen mit Kochsalz würde man Natronseife bekommen) wird noch warm in Holzfässer gefüllt, worin er zu einer Gallerte erstarrt (Faßseife). Im Sommer wird der leicht schmelzbaren Schmierseife, um sie härter zu machen, etwas Natronlauge zugesetzt.

Der Seifenleim enthält alle Bestandteile der Unterlauge und besitzt Farbe und Geruch des verwendeten Öles, er ist z. B. grün durch Hanföl. Bessere Schmierseifen enthalten krystallinische Ausscheidungen von stearinsaurem Kalium (Naturkernseifen), diese werden oft nachgeahmt durch Zusatz fester Stoffe, z. B. Stärke (Kunstkernseifen).

185. Wirkung der Seife. Seife wird durch Wasser zerlegt in

a) lösliches ölsaures Natrium oder Kalium,
b) freies Natronhydrat oder Kalihydrat (Lauge),
c) unlösliches doppelstearin- und palmitinsaures Natrium oder Kalium.

Das lösliche ölsaure Natrium oder Kalium (a) emulgiert Fette, entfernt diese von der Haut und verleiht dadurch dem Natron- oder Kalihydrat (b) die Fähigkeit, in die Poren der Epidermis einzudringen und den Schmutz zu lösen. Das doppelstearin- und palmitinsaure Salz (c) bildet den Schaum, dieser wirkt ebenfalls reinigend, hauptsächlich aber hält er einen Teil der freien Lauge von dem zu reinigenden Gegenstand ab, wodurch dieser weniger angegriffen wird.

186. Prüfung der Seife auf Beschaffenheit. Die Seife soll kein freies Alkali (Lauge) enthalten, da dieses Haut und Gewebe, vor allem Wolle angreift und viele Farbstoffe verändert. Auch ein Gehalt an unverseiftem Fett soll in einer guten Seife nicht vorhanden sein, da das Fett leicht unter Abscheidung von Fettsäuren ranzig wird. Gute Seifen sollen vielmehr möglichst neutral sein. Gibt man zu einer Seifenlösung einige Tropfen einer Phenolphtaleïnlösung, so tritt beim Vorhandensein größerer Mengen freien Alkalis nach dem kräftigen Schütteln der Lösung eine starke Rotfärbung ein.

[Zur Untersuchung löst man die Seife in starkem Alkohol und titriert mit Phenolphthaleïn das freie Alkali; unverseiftes Fett wird durch Ausziehen der trockenen Seife mit Petroleumäther gefunden.]

Für das Waschen mit Seife muß weiches Wasser verwendet werden; hartes Wasser ist vorher durch Zusatz von Soda weich zu machen, weil sich sonst die im Wasser unlöslichen und somit unwirksamen fettsauren Salze des Calciums und Magnesiums bilden.

187. Pomaden und Haaröle. Pomaden und Haaröle sind Fette, namentlich, Rindermark, Roßmark oder Schweinefett, denen zuweilen Wachs zugesetzt ist, und die mit ätherischen Ölen (Nelkenöl, Rosenöl, Bergamottöl, Mirbanöl) parfümiert sind.

Creams sind Salben, die durch Öle, z. B. Mandelöl, weich gemacht worden sind.

Parfüme bestehen meist aus ätherischen Ölen, die in Alkohol gelöst sind; so besteht das Kölnische Wasser hauptsächlich aus einer alkoholischen Lösung von Citronen- oder Bergamottöl.

Calcium, Ca (Zweiwertig).

188. Vorkommen. Das Calcium kommt in der Natur nicht frei vor, sondern nur in der Form von Verbindungen, und zwar im Mineralreich als:

a) Kohlensaurer Kalk ($CaCO_3$): Kreide, Kalkstein, Marmor, krystallisiert als Kalkspat und Aragonit;

b) Calciumchlorid $CaCl_2$: in Trink-, Meer- und Mineralwässern;

c) schwefelsaurer Kalk $CaSO_4 + 2H_2O$: Gips;

d) phosphorsaurer Kalk $Ca_3(PO_4)_2$: Phosphorit, Apatit;

e) Fluorverbindung: Flußspat CaF_2;

f) Calciumsilicat: in vielen Steinen, namentlich den sog. Silicatgesteinen.

Im Tierreich finden sich ebenfalls große Mengen von Calciumverbindungen; so besteht das Skelett der Wirbeltiere hauptsächlich aus phosphorsaurem und kohlensaurem Kalk, die Schalen der Muscheln und die Eierschalen aus kohlensaurem Kalk.

Für die Pflanzen ist Calcium ein unentbehrlicher anorganischer Bestandteil.

[Darstellung. Man gewinnt Calcium durch Elektrolyse eines Gemisches von geschmolzenem Chlorcalcium und Fluorcalcium.]

Eigenschaften. Calcium ist ein gelbweißes, glänzendes Metall, es ist weich, läßt sich zu dünnen Platten aushämmern und zu Drähten ausziehen. An feuchter Luft bedeckt es sich bald mit einer Schicht von Hydroxyd und Carbonat, Wasser wird durch Calcium zersetzt. Wird Calcium stark erhitzt, so verbrennt es an der Luft mit stark gelbem Licht zu Calciumoxyd (CaO). Eine praktische Verwendung hat das Metall bisher noch nicht gefunden.

189. Calciumoxyd, gebrannter Kalk, Ätzkalk, CaO. Darstellung. Diese Verbindung wird technisch in großen Mengen durch Erhitzen (Brennen) von Kalkstein ($CaCO_3$) oder Muschelschalen ($CaCO_3$) in besonderen Kalköfen dargestellt. Der Kalkstein wird dabei mit Kohle gemischt, durch die bei der Verbrennung entstehende Hitze zerfällt der Kalkstein in CaO und CO_2. Das freigewordene Kohlendioxyd wird dann durch eingeblasene Luft entfernt. Da Kohlendioxyd in der Technik vielfach gebraucht wird (z. B. zur Gewinnung flüssiger Kohlensäure, zur Ammoniak-Soda-Darstellung), so verbindet man die Kalköfen mit einer Rohrleitung, um dies entweichende Kohlendioxyd aufzufangen.

Versuch: Ein Stückchen Kreide ($CaCO_3$) lege man auf Holzkohle und erhitze einige Minuten mit dem Lötrohr bis zu starkem Glühen. Es bildet sich Ätzkalk (CaO), der auf feuchtes rotes Lackmuspapier gebracht, blaue Flecke erzeugt, er reagiert also alkalisch, was Kreide nicht tut.

Eigenschaften. Calciumoxyd ist eine weiße, harte Masse, die nur in der großen Hitze des elektrischen Ofens schmilzt (bei ungefähr 3000^0 C). In der Flamme des Knallgasgebläses erhitzt, strahlt es ein sehr helles, weißes Licht aus (**Drummondsches Kalklicht**). An der Luft zieht es Wasser und Kohlendioxyd an und verwandelt sich dabei unter Zerfall in ein Pulver (Calciumcarbonat); es muß daher in gut verschlossenen Gefäßen aufbewahrt werden.

190. Calciumhydroxyd, gelöschter Kalk. Ca(OH)$_2$. Darstellung. Versetzt man gebrannten Kalk (CaO) mit einer genügenden Menge (etwa ⅓ seines Gewichts) Wasser (Löschen des Kalkes), so erhitzt er sich, bläht sich auf und zerfällt zu einem weißen Pulver von Calciumhydroxyd (gelöschter Kalk):

$$CaO + H_2O = CaO_2H_2.$$

Gibt man bei dem Löschen des Kalkes etwas mehr Wasser zu dem gebrannten Kalk, als zur Bildung des Calciumhydroxyds erforderlich ist, so entsteht ein weißer Brei (Kalkbrei) oder bei weiterer Zugabe von Wasser eine dicke, weißliche Masse (Kalkmilch). Bei längerem Stehen setzt sich daraus ungelöstes Calciumhydroxyd ab, die darüber stehende Flüssigkeit ist eine Auflösung von geringen Mengen Calciumhydroxyd in Wasser (Kalkwasser). Dieses Kalkwasser schmeckt und reagiert alkalisch, es zieht aus der Luft unter Trübung Kohlensäure an, wobei sich der in der Flüssigkeit aufgelöste Kalk mit der Kohlensäure zu unlöslichem kohlensaurem Kalk verbindet und zu Boden setzt, während Wasser zurückbleibt. Kalkwasser dient daher zum Nachweis von Kohlendioxyd:

$$Ca(OH)_2 + CO_2 = CaCO_3 + H_2O.$$

191. Mörtel. Herstellung. Rührt man Calciumhydroxyd (gelöschten Kalk) mit Sand und Wasser zu einem dicken Brei an, so erhält man Mörtel, der zum Verbinden der Mauersteine dient. An der Luft verwandelt sich das Hydroxyd durch die Kohlensäure der Luft langsam in das Carbonat und die Masse wird fest und hart (Luftmörtel). Der Zusatz von Sand bei der Herstellung des Mörtels erfolgt, um diesen porös zu machen, damit das Hartwerden besser nach innen weitergehen kann.

Das dem Mörtel beim Bau von Häusern zugesetzte Wasser entweicht bald, aber trotzdem bleiben frisch gemauerte Wände noch lange feucht, weil durch die Einwirkung von Kohlendioxyd auf gelöschten Kalk fortgesetzt auf chemischem Wege wieder Wasser entsteht:

$$Ca(OH)_2 + CO_2 = CaCO_3 + H_2O.$$

Die vollständige Umwandlung des Hydroxyds in Carbonat, das Hartwerden des Mörtels, erfordert bei dickeren Mauern sehr lange Zeit, weil das auf der Oberfläche gebildete Carbonat den gelöschten Kalk im Innern vor dem Eindringen des Kohlendioxyds schützt.

192. Zement. Herstellung. Dargestellt wird Zement durch starkes Brennen eines Gemenges von Kalkstein ($CaCO_3$) mit Kieselsäure (Sand) und Tonerde, Aluminiumoxyd (Al_2O_3) in besonderen Öfen.

An einigen Orten, z. B. im Brohltal (Rheinprovinz), kommt ein solches Gemenge natürlich vor als „Tuffstein" (gepulvert „Traß" genannt). [Zement enthält CaO (ungefähr 60—65%), SiO_2 (20—26%) und Ton Al_2O_3 (4—10%).] Zement wird in Berührung mit Wasser steinhart, man nennt ihn daher auch „Wassermörtel" oder „hydraulischer Mörtel". Der chemische Vorgang bei der Erhärtung des Zementes ist in seinen Einzelheiten noch nicht bekannt. Beton oder Grobmörtel ist ein Gemenge von Kies, Sand, Steinbrocken und Zement.

193. Calciumsuperoxyd. $CaO_2 \cdot 8H_2O.$ Die Verbindung entsteht durch Versetzen von Kalkwasser mit Wasserstoffsuperoxyd ($Ca(OH)_2 + H_2O_2 = CaO_2 + 2H_2O$. Es ist ein weißes Pulver und gibt beim Erhitzen Sauerstoff ab, es wird deshalb in neuester Zeit als Waschmittel benutzt.

194. Chlorcalcium, $CaCl_2$. Darstellung. Chlorcalcium erhält man durch Auflösen von kohlensaurem Calcium (Marmor, Kreide) in Salzsäure als Rückstand bei der Bereitung des Kohlendioxyds. Es kann mit verschiedenen Mengen Krystallwasser krystallisieren und hat, besonders in wasserfreier Form, als sog. „poröses Chlorcalcium", die Eigenschaft, begierig Wasser aus der Luft anzuziehen, es dient daher als Trocknungsmittel für Gase und Flüssigkeiten. Mischt man krystallisiertes Chlorcalcium (143 Teile) mit Eis (100 Teilen), so tritt eine bedeutende Temperaturerniedrigung (bis auf $-48,5^0$) ein; es ist also ein vorzügliches Mittel zur Bereitung von **Kältemischungen** bei der Darstellung von Speiseeis usw.

195. Chlorkalk, CaO_2Cl_2. Darstellung. Leitet man über gelöschten Kalk, CaO_2H_2, bei gewöhnlicher Temperatur bis zur Sättigung Chlorgas, so erhält man **Chlorkalk**, der in großen Mengen als **Bleich- und Desinfektionsmittel** (Chlorbleiche) und zur Darstellung von Chlor (durch Zusetzen von Säure) benutzt wird.

$$2\,CaO_2H_2 + 4\,Cl = CaO_2Cl_2 + CaCl_2 + 2\,H_2O.$$

Eigenschaften. Chlorkalk ist ein loses, weißes Pulver, das durch die Kohlensäure der Luft unter Chlorabscheidung zersetzt wird, es riecht deshalb immer nach Chlor bzw. unterchloriger Säure und muß in geschlossenen Gefäßen aufbewahrt werden, es löst sich nur teilweise in Wasser. Auf Zusatz von Säuren wird Chlor freigemacht:

$$CaO_2Cl_2 + 4\,HCl = CaCl_2 + 2\,H_2O + 4\,Cl.$$

196. Fluorcalcium, CaF_2, findet sich in der Natur als Flußspat in schönen, würfelförmigen Krystallen, die meist fluorescieren. Ferner ist Fluorcalcium ein Bestandteil der Knochen und des Zahnschmelzes, auch in einigen Mineralwässern, wie z. B. im Karlsbader Wasser, hat man es nachgewiesen.

197. Calciumsulfat, schwefelsaures Calcium, Gips, $CaSO_4 . 2H_2O$, findet sich in der Natur in großen Lagern (z. B. in Sperenberg, Prov. Brandenburg), und zwar krystallisiert als **Marienglas**, krystallinisch als **Alabaster**, dicht, faserig (Fasergips) oder erdig als gewöhnlicher Gips, auch in wasserfreier Form kommt er als sog. „Anhydrid" vor. Ferner findet sich Gips in vielen Quellwässern, die dadurch eine „Härte" erhalten, die durch Aufkochen des Wassers nicht beseitigt werden kann (dauernd hartes Wasser). [Künstlich gewinnt man Calciumsulfat durch Fällen eines Calciumsalzes mit einem schwefelsauren Salz, z. B.:

$$CaCl_2 + Na_2SO_4 = CaSO_4 + 2\,NaCl.]$$

Eigenschaften. In Wasser ist Gips sehr wenig löslich (1 Teil in 400 Teilen Wasser). Beim Erhitzen (Brennen) verliert er Krystallwasser; wird dann ein solcher „gebrannter" Gips mit Wasser angerührt, so nimmt er das Wasser wieder auf und bildet nach kurzer Zeit eine feste, harte Masse. Hierauf beruht seine Verwendung zum Gipsen (Gipsfiguren, Abgüsse, Rabitzwände, Gipsverbände usw.). Die Härte des Gipses wird erhöht durch Zusatz einer Leim-, Borax- oder Alaunlösung, man nennt eine solche Masse „Stuck". Gips wird ferner noch als Düngemittel benutzt.

198. Calciumsulfid, Schwefelcalcium, CaS, entsteht als Nebenerzeugnis bei der Sodagewinnung nach Leblanc (vgl. § 179). Man stellt die Verbindung her durch Glühen von Gips mit Kohle: $CaSO_4 + 4C = CaS + 4CO$; sie besitzt die Eigenschaft (ebenso wie Bariumsulfid), im Dunkeln zu leuchten, wenn sie zuvor dem Sonnenlicht ausgesetzt war. Man benutzt sie daher zu solchen Gebrauchsgegenständen, die man im Dunkeln sichtbar machen will, wie Streichholzbüchsen, Zifferblättern von Uhren, Tafeln mit Hausnummern u. dgl.

199. Calciumnitrat, salpetersaurer Kalk, Kalksalpeter, $Ca(NO_3)_2$. **Entstehung und Eigenschaften.** Diese Verbindung bildet sich beim Verwesen stickstoffhaltiger, organischer Stoffe bei Anwesenheit von Kalk im Boden durch die Tätigkeit der Salpeterbakterien. Zu einer größeren Anhäufung des Salzes im Boden kommt es gewöhnlich nicht, da die entstandenen Nitrate bald von den Pflanzen aufgenommen werden. Das Salz ist in Wasser leicht löslich, durch Pottasche oder durch Chlorkalium wird es in Kalisalpeter umgewandelt. Das Salz kommt jetzt als „Kalksalpeter" in den Handel und dient als vorzügliches Düngemittel, als Ersatz für Chilesalpeter. Es wurde zuerst in Norwegen, seit dem Weltkriege auch im Deutschen Reiche in großen Mengen mittels hoher elektrischer Ströme aus dem Stickstoffgehalt der Luft hergestellt (vgl. § 73).

200. Calciumphosphate. Von den drei phosphorsauren Salzen des Calciums ist nur das primäre Salz $Ca(H_2PO_4)_2$ in Wasser löslich, es wird mit Gips gemischt unter der Bezeichnung **Superphosphat** als Kunstdünger verwendet. Calciumphosphat gehört nämlich zu denjenigen Mineralstoffen, die der Pflanze zu ihrem Gedeihen unentbehrlich sind, und auch das Tier bedarf desselben, denn das Knochengerüst der Wirbeltiere besteht vorzugsweise aus Calciumphosphat. Nun enthält die Erde zwar meist Kalk im Überfluß, aber nur wenig Phosphat, und so kommt es, daß im Laufe der Zeit ein bebauter

Ackerboden durch die fortgesetzte Entnahme von Ernten an Phosphorsäure verarmt. Zum Teil läßt sich dies durch Zufuhr natürlicher Dünger, wie Stallmist, vermeiden, aber meist genügt dies nicht, und man muß künstlichen Dünger, wie z. B. Superphosphat, anwenden.

[Darstellung. Knochenmehl, Knochenkohle, Knochenasche oder das in mächtigen Lagern, z. B. im Lahntal, vorkommende Phosphorit, die aus unlöslichem tertiären Calciumphosphat, $Ca_3(PO_4)_2$, bestehen, werden durch Behandeln mit Schwefelsäure in ein Gemenge übergeführt, das aus dem löslichen primären Calciumphosphat und aus Calciumsulfat (Gips) besteht und als Superphosphat bezeichnet wird:

$$Ca_3(PO_4)_2 + 2\,H_2SO_4 = \underbrace{Ca(H_2PO_4)_2 + 2\,CaSO_4}_{\text{Superphosphat}}.]$$

Der Vorteil dieses in Wasser löslichen Superphosphates besteht darin, daß es sich als Lösung sehr fein in den Boden verteilt und dadurch der Pflanze in einer so feinen und gleichmäßigen Verteilung geboten wird, wie sie mechanisch nicht erzielt werden kann. In neuerer Zeit wird bei der Verarbeitung des Eisens im sog. „Thomasprozeß“ (vgl. § 267) ein unreines Calciumphosphat gewonnen, das sich besonders als Düngemittel für „arme Böden“ und saure oder moorige Wiesen eignet.

201. Calciumcarbonat, kohlensaurer Kalk, $CaCO_3$. Dieses Salz ist in der Natur außerordentlich als Kalkstein, Kalkspat, Marmor und Kreide verbreitet; eine besonders reine Art ist der in Island vorkommende Doppelspat. [Er krystallisiert in zwei verschiedenen Formen als Kalkspat und als Aragonit.]

Die verbreitetste Form des Calciumcarbonats ist der gewöhnliche Kalkstein; er bildet ganze Gebirgszüge, besitzt graue Farbe und enthält stets etwas Ton beigemengt. Kalksteine mit hohem Tongehalt werden Mergel genannt. Auch der Muschelkalk, Korallen, Schneckengehäuse, Krebs- und Eierschalen bestehen hauptsächlich aus kohlensaurem Kalk.

Calciumcarbonat ist sehr wenig in Wasser löslich, beim Erhitzen zersetzt es sich in $CaO + CO_2$.

202. Saures Calciumcarbonat, Calciumhydrocarbonat, $Ca(HCO_3)_2$. Darstellung. Leitet man in Kalkwasser Kohlendioxyd ein, so wird Calciumcarbonat ($CaCO_3$) ausgefällt, fährt man aber mit dem Einleiten des Gases lange genug fort, so löst sich der Niederschlag wieder auf, es bildet sich hierbei saures (oder primäres) Calciumcarbonat, $Ca(HCO_3)_2$.

$$CaCO_3 + CO_2 + H_2O = Ca(HCO_3)_2.$$

Dieses Salz ist sehr unbeständig, schon beim Stehen an der Luft oder beim Erhitzen spaltet sich Kohlendioxyd wieder ab und es fällt normales Calciumcarbonat aus.

203. Hartes und weiches Wasser. Fluß- und Brunnenwasser enthalten fast immer (neben kohlensaurem Magnesium) Kalk in Form von saurem Calciumcarbonat oder von Gips gelöst. Sind größere Mengen Kalk vorhanden, so gibt solches Wasser mit Seife keinen oder nur sehr wenig Schaum, sondern es bilden die Fettsäuren der Seife mit dem Kalke weiße unlösliche Flocken; man kann daher mit sehr kalkreichem Wasser nicht waschen.

Man nennt ein solches Wasser hartes Wasser, im Gegensatz zu kalkarmem oder kalkfreiem Wasser, das man als weiches Wasser bezeichnet.

Ist die Härte durch saures Calciumcarbonat verursacht, so kann man durch Kochen, durch Zusatz von Soda oder Calciumhydroxyd das harte Wasser in weiches verwandeln; man spricht in diesem Falle von zeitweiliger Härte des Wassers. Ist die Härte durch Gips verursacht, der beim Kochen nur zu einem sehr geringen Teil ausfällt, so spricht man von bleibender Härte des Wassers. Will man ein gipshaltiges Wasser weich machen, so muß man Soda hinzufügen, wodurch der Gips in Natriumsulfat umgewandelt wird. Die chemischen Vorgänge beim Weichmachen von hartem Wasser lassen sich durch folgende Formeln veranschaulichen:

1. Aufkochen des Wassers: $Ca(HCO_3)_2 = CaCO_3 + CO_2 + H_2O$.
2. Zusatz von Soda: $Ca(HCO_3)_2 + Na_2CO_3 = CaCO_3 + 2\,NaHCO_3$.
3. Zusatz von Calciumhydroxyd: $Ca(HCO_3)_2 + Ca(OH)_2 = 2\,CaCO_3 + 2\,H_2O$.
4. Zusatz von Soda: $CaSO_4 + Na_2CO_3 = CaCO_3 + Na_2SO_4$.

Kohlensaurer Kalk setzt sich beim Kochen an den Wänden und am Boden von Kochgeschirren ab (fälschlich Kesselstein genannt[1]); er kann durch verdünnte Säuren leicht gelöst werden.

[Anmerkung. Von großer Bedeutung für das Weichmachen von hartem Wasser ist in neuester Zeit das sog. Zeolithverfahren geworden (Zeolithe sind Doppelverbindungen von Aluminiumsilicat mit Alkalien). Mit Hilfe dieses Verfahrens läßt sich jedes Wasser von seiner Härte befreien. Man verwendet dazu am besten den Natriumzeolith, der unter der Einwirkung der Calcium- und Magnesiumverbindungen des Wassers in Calcium-Magnesiumzeolith verwandelt wird, während das Filtrat die Natriumsalze der Säuren enthält, an die Calcium und Magnesium im ursprünglichen Wasser gebunden waren. Das so gereinigte Wasser kann ohne weiteres auch zur Kesselspeisung verwendet werden.]

204. Calciumcarbid, CaC_2. Darstellung. Man erhitzt gebrannten Kalk mit Kohlenstoff (Koks) im elektrischen Ofen:

$$CaO + 3\,C = CaC_2 + CO.$$

Eigenschaften. Das Calciumcarbid ist eine graue harte Masse, die beim Zugeben von Wasser Acetylen (vgl. § 109) entwickelt:

$$CaC_2 + 2\,H_2O = Ca(OH)_2 + C_2H_2.$$

[Leitet man Stickstoff über stark erhitztes Calciumcarbid, so erhält man eine Verbindung, die Calciumcyanamid oder auch Kalkstickstoff genannt wird:

$$CaC_2 + 2\,N = CN - NCa + C.$$

Der Stickstoff dieser Verbindung verwandelt sich in der Erde langsam zu Ammoniak und in Nitrat; die Verbindung ist deshalb ein wertvolles Düngemittel und dient auch zur Herstellung von Ammoniak und Nitrat.]

205. Calciumsilicat. Kieselsaures Calcium kommt besonders mit anderen Silicaten in der Natur vor und ist wichtig, weil es einen Hauptbestandteil des Glases bildet.

206. Nachweis der Calciumverbindungen. (Auch als **Versuche** zu benutzen.)

1. Flammenfärbung: Die nicht leuchtende Flamme wird durch Calciumverbindungen gelbrot gefärbt.

---

[1] Der in Dampfkesseln beim Verdampfen des Wassers sich absetzende Kesselstein besteht meist aus kohlensauren und schwefelsauren Verbindungen des Bariums, Calciums, Magnesiums, ferner aus Tonerde, Kieselsäure und Eisen.

2. **Schwefelsäure oder schwefelsaure Salze** geben mit Lösungen der Calciumsalze einen weißen Niederschlag von Calciumsulfat, der von konzentrierter Salzsäure gelöst wird.

3. **Oxalsäure oder oxalsaures Ammonium** geben in den mit einigen Tropfen Ammoniak versetzten Lösungen der Calciumverbindungen einen weißen Niederschlag von oxalsaurem Calcium, der von Salz- oder Salpetersäure gelöst, von Essigsäure nicht gelöst wird.

Filtriert man den entstandenen Niederschlag von oxalsaurem Calcium ab und glüht ihn, so geht er zunächst in Calciumcarbonat, dann in Calciumoxyd über:

$$CaC_2O_4 = CaCO_3 + CO$$
$$CaCO_3 = CaO + CO_2.$$

Glas.

207. **Geschichtliches.** Das Glas ist ein Kunsterzeugnis, das bereits den alten Ägyptern bekannt gewesen ist, die es zu blasen und zu färben verstanden. Im Mittelalter waren Byzanz (Konstantinopel) und Venedig Mittelpunkte der Glasindustrie, deren Erzeugnisse im 16. und 17. Jahrhundert besonders berühmt waren. In Deutschland ist wahrscheinlich die Glasmalerei erfunden und sind im 12. Jahrhundert zuerst Glasspiegel (Zinnamalgamspiegel) hergestellt worden. Glasfenster waren noch zu Luthers Zeiten in Wohnhäusern selten, nur die Kirchen schmückte man reich mit farbenprächtigen Fenstern.

Ungefähr im Jahre 1700 kam das wasserklare, geschliffene böhmische Krystallglas auf, das später durch das ebenfalls farblose, stark lichtbrechende englische Bleikrystallglas verdrängt wurde. Frankreich stellte zuerst die großen Tafeln von Spiegelglas durch Gießen her. Heute beherrschen englisches, belgisches und deutsches Tafelglas den Weltmarkt. Deutschland führte vor dem Weltkriege jährlich ungefähr für 12—13 Millionen Mark Glas ein, namentlich farbiges Glas, Perlen und Glasbehänge, dagegen führte es für 55—60 Millionen Mark Glas aus, besonders Flaschen, auch Spiegelglas, Uhr- und Brillengläser und Glühlampen.

Bestandteile und Einteilung des Glases. Glas ist ein Gemisch von Silicaten des Kaliums und Natriums mit Calciumsilicat oder mit Bleisilicat. Man teilt daher die Gläser nach ihrer Zusammensetzung in zwei Klassen ein, in **Kalkgläser** und **Bleigläser**, denn Kalk und Blei schließen sich als Bestandteile aus, während Kalium und Natrium gleichzeitig in einem Glase vorhanden sein können.

a) Kalkglas.

208. **Kalkglas** ist das weitaus gebräuchlichere Glas, es dient zur Herstellung von Flaschen, Fensterscheiben, Spiegeln und der meisten sonstigen Glasgeräte, man unterscheidet bei den Kalkgläsern noch zwischen **Kaliglas** und **Natronglas**, ersteres wird auch böhmisches Glas genannt, es besteht aus Kalium- und Calciumsilicaten und ist sehr schwer schmelzbar, das Natronglas (Fensterglas) besteht aus Natrium- und Calciumsilicat und ist leicht schmelzbar, es wird zumeist für Gegenstände des täglichen Gebrauches verwendet.

Je nach der Herstellung unterscheidet man das Kalkglas als Hohlglas, wenn es nur mit der Pfeife geblasen ist; als Tafelglas, wenn es zunächst mit der Pfeife geblasen und dann zu Tafeln geformt ist, und als Spiegelglas, das teils geblasen, teils gegossen und dann geschliffen und poliert wird.

Rohstoffe für die Glasbereitung:

a) Kieselsäure: Die Kieselsäure wird verwendet in der Form von Sand. Quarz, Feuerstein oder Feldspat.

b) Natriumverbindungen: Calcinierte Soda oder Natriumsulfat.

c) Kaliumverbindungen: Holzasche, bei feinen Gläsern Pottasche.

d) Kalkverbindungen: Für weiße Gläser nimmt man nur reinen, eisenfreien Marmor, für gewöhnliche Gläser Kalkstein oder Kreide.

e) Bleiverbindungen. Als Bleiverbindungen werden Bleiglätte (PbO) oder Mennige (Pb_3O_4) verwendet.

Da diese Rohstoffe oft Verunreinigungen enthalten, wie u. a. Eisen, das dem Glase eine grünliche oder braune Färbung verleiht, so werden zu den oben genannten Stoffen noch Entfärbungsmittel zugesetzt, meist eisenfreier Braunstein oder Salpeter.

Herstellung des Glases. Die Rohstoffe werden zerkleinert, gemischt und dann in großen Gefäßen aus feuerfestem Ton, den sog. „Glashäfen",

Abb. 34. Offener Glashafen
(nach Erdmann).

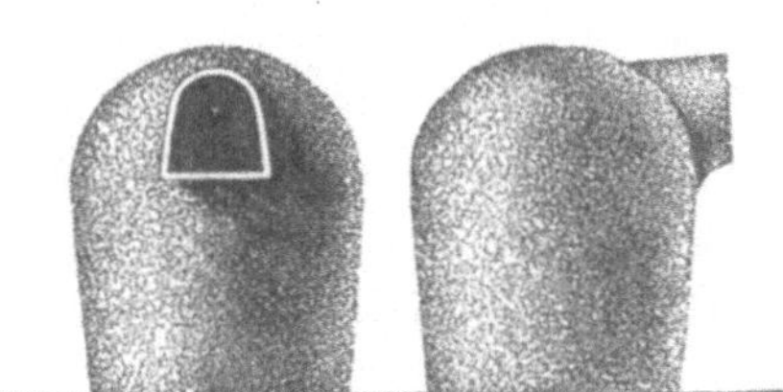

Abb. 35. Haubenhäfen
(nach Erdmann).

in Gasöfen unter Anwendung von Holz-, Steinkohlen- oder Gasfeuerung zusammengeschmolzen. Bei Holz- oder Gasfeuerung können die Schmelzgefäße offen sein (Abb. 34); bei Steinkohlenfeuerung entsteht aber so viel Ruß, daß man die schmelzende Masse dagegen schützen muß, es finden dann die sog. „Haubenhäfen" (Abb. 35) Anwendung. Etwa vorhandene, unschmelzbare Verunreinigungen scheiden sich als Schlacke (sog. Glasgalle) meist an der Oberfläche ab. Dieses Erhitzen (Heißschüren) wird ungefähr 10 Stunden fortgesetzt, es tritt dabei durch das Entweichen der Kohlensäure aus der Soda oder Kreide ein lebhaftes Schäumen ein. Es folgt nun das Läutern, das in vollständigem Klären, Austreiben der Gasblasen und Vertreiben der Knoten, Schlieren und Streifen besteht. Hierauf wird die Temperatur langsam erniedrigt (Kaltschüren), bis das Glas spinnt; es wird dann entweder mit der Pfeife geblasen, gepreßt oder gegossen. Die fertigen Gegenstände müssen langsam in besonderen Kühlöfen abgekühlt werden, weil das Glas sonst zu spröde würde. Sehr schnell abgekühltes Glas ist so spröde, daß es bei der geringsten Verletzung in Tausende von Splittern zerfällt (Glastränen).

a) Blasen des Glases. Geblasen werden die meisten Hohlgläser, ferner auch das weiße Tafelglas für Fensterscheiben und billige Spiegel mit der

„Pfeife", einer ungefähr 1 m langen Eisenröhre. Die Herstellung eines Weinglases zeigt die nachstehende Abbildung. Das Pressen wird bei massiven Gegenständen, Stöpseln, Pfeffer- und Salzfäßchen, Tellern, Biergläsern angewendet; die Flaschen werden in Formen geblasen, in neuester Zeit werden an manchen Orten die Flaschen nicht mehr geblasen, sondern mittels der Oweschen Flaschenmaschine automatisch hergestellt (z. B. in der Glashütte zu Stralau bei Berlin).

Das Blasen des Walzenglases für Fensterscheiben geschieht in der Weise, daß die mit der Pfeife herausgenommene Glasmasse zylinderartig aufgeblasen. aufgeschnitten und auf einer gut vorgewärmten Schamotteplatte mit dem Poliereisen, das elastisch über die glühende Fläche gleitet, geebnet und geglättet wird.

b) Gießen des Glases. Größere, bessere und dickere Glasscheiben, wie sie besonders zu Schaufenstern und größeren Spiegeln Verwendung finden,

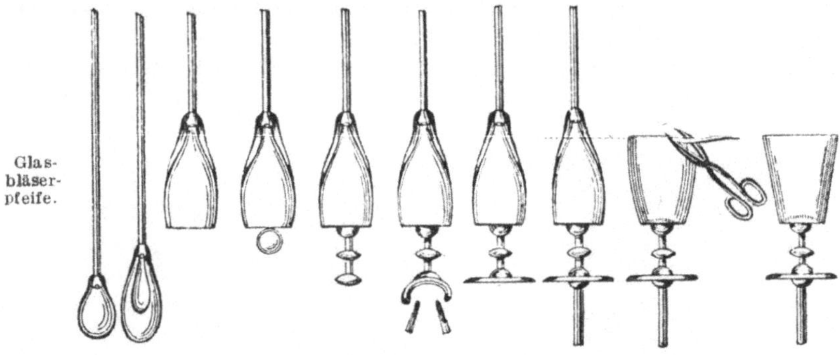

Abb. 36. Herstellung eines Weinglases.

können nur durch Gießen des Glases hergestellt werden. Man verwendet dazu das feinste, farblose, aus reinen Rohstoffen geschmolzene Kalk-Natronglas, seltener Kalk-Kaliglas.

Die Rohstoffe werden in offenen, sehr dickwandigen Häfen eingeschmolzen und geläutert, die geringe Menge Galle wird abgetrieben und der Hafen zum Gießtisch befördert und dort ausgegossen. Der Gießtisch besteht aus mehreren 15—20 cm dicken Gußeisenplatten oder Schamotteplatten, die vollkommen eben und horizontal nebeneinandergelegt und abgeschliffen sind und zusammen eine Seitenfläche von 4—6 m besitzen. Über die ausgegossene, zähflüssige Glasmasse fährt sofort eine hohle Gußeisenwalze. Die noch weiche Scheibe wird darauf in den an den Gießtisch anschließenden Kühlofen geschoben.

Die Kühlöfen sind niedrige, weite, gemauerte, zur Aufnahme von 4—6 Scheiben bestimmte Räume, die mit Gas auf die Temperatur der erstarrenden Scheibe geheizt werden. Die Sohle besteht aus lose in den Sand gesetzten Schamottesteinen, die mit Sand bestreut sind, so daß sich die Scheibe beim Abkühlen frei zusammenziehen kann. Nach dem Einführen der Scheibe wird der Ofen fest verschlossen, so daß er innerhalb 4 Tagen langsam erkaltet. Die Gußscheiben sind zunächst auf beiden Seiten uneben, unten vom Sande körnig, oben von der Walze wellig, sie werden auf beiden Seiten mit Sand und Schmirgel (unreine Tonerde) eben geschliffen, wobei sie etwa die Hälfte ihrer Dicke verlieren, so daß z. B. eine 7 mm-Scheibe 14 mm dick gegossen werden muß. Hierauf werden die Scheiben mit Polierrot (natürliches Eisenoxyd) oder Zinnoxyd poliert.

209. Herstellung von Spiegeln. Die Glasspiegel stellte man früher durch Belegen mit Zinnamalgam (Zinnquecksilber), heute fast ausschließlich durch Versilbern her. Man übergießt das gereinigte nasse Glas mit einer, ein alkalisches Reduktionsmittel enthaltenden Silbernitratlösung $AgNO_3$ (meist Weinsäure und Ammoniak oder Traubenzucker und Natronlauge). Nach kurzem Stehen in der Kälte scheidet sich ein glänzender Spiegel von metallischem Silber fest haftend auf dem Glase ab; hierauf wird die Silberschicht trocken gewischt und mit Firnis überzogen. Das Licht wird von der spiegelnden Metallfläche, von der Hinterseite des Glases zurückgeworfen.

b) Bleiglas, Kunstglas, Krystallglas.

210. Das Bleiglas wird benutzt zur Herstellung von feineren Glaswaren, Tafelgeschirren, Kronleuchtern, Schmuckgegenständen und Glasmalereien. Es besteht aus Kaliumsilicat und Bleisilicat. Schmelzpunkt und Härte sind geringer als bei Kalkglas, es ist stark lichtbrechend, besitzt daher starken Glanz, der noch durch Schleifen erhöht werden kann. Es läßt sich leichter färben und ist erheblich teurer als Kalkglas. Es wird meist geblasen und durch Ziehen, Kneifen usw. aus freier Hand geformt (venetianische Gläser) oder nach dem Blasen mit Maschinen kunstvoll geschliffen.

Zu den Bleigläsern gehört auch das Straß, nach dem Erfinder Joh. Strasser in Wien so genannt (1790), ein Glas, das zur Herstellung künstlicher Diamanten benutzt wird. Sein Lichtbrechungsvermögen kommt dem des Diamanten fast gleich, aber die Härte ist so gering, daß sich die Straß-Edelsteine bald abnutzen.

c) Verschiedene andere Gläser.

211. Glas für physikalische Zwecke. Große Sorgfalt erfordert die Herstellung optischer Gläser der Linsen und Prismen für Mikroskope, Fernrohre, Fernstecher, Spektroskope usw. Eine Hauptschwierigkeit liegt in dem Schmelzen eines Glasflusses von durchaus gleichen physikalischen Eigenschaften ohne Schlieren, Streifen und Luftbläschen. Oft ist wiederholtes Läutern und Durchschmelzen bei nicht zu hoher Temperatur erforderlich. Das im Haubenhafen geschmolzene Glas wird mittels eines eingetauchten Porzellanstäbchens bis zum Zähflüssigwerden durchgerührt, wobei namentlich die Luftbläschen entweichen. Dann läßt man durch Herausnehmen des Hafens aus dem Ofen rasch erstarren und kühlt im Hafen langsam weiter ab. Der in Stücke zerschlagene Inhalt wird sortiert und die geeigneten Stücke werden in Tonkapseln von Linsenform wieder bis zum Erweichen erhitzt und zuletzt geschliffen. Besonders das Jenenser Glas von der Firma Schott und Genossen in Jena besitzt Weltruf.

Zur Verwendung kommen zwei Glasarten, ein bleihaltiges Flintglas (Kaliumsilicat und Bleisilicat), dem oft noch etwas Borsäure zugesetzt ist, und ein bleifreies Kronglas (das vorwiegend Kaliumsilicat enthält); durch

Vereinigung dieser beiden Glasarten erhält man bei optischen Instrumenten „achromatische Linsen", die Bilder ohne Farbenränder ergeben.

212. Milchglas. Milchglas für Lampenschirme und Lampenglocken wird hergestellt durch Zusatz von Knochenasche, von Flußspat oder Feldspat oder von Zinnoxyd. Ein solches Glas ist milchweiß und undurchsichtig.

213. Mattiertes Glas. Das gewöhnliche mattierte Fensterglas, oft gemustert, auch Mousselinglas genannt, wird gewöhnlich durch Aufblasen von Sand oder Schmirgel mittels eines Luftstromes (Sandstrahlgebläses) auf das Glas erzeugt, dessen Oberfläche dadurch mit unregelmäßigen kleinen Vertiefungen erfüllt und matt wird. Durch teilweises Bedecken des Glases mit Schutzdecken aus Ton oder Papier erhält man gemusterte Gläser.

214. Gefärbtes Glas. Einige Metalloxyde bilden gefärbte Silicate und werden deshalb der Schmelze beigemischt, um Glas zu färben; blau mittels Kobalt, grün durch Chrom oder Kupfer, gelbgrün fluorescierend durch Uran, schwarz durch Braunstein. Das gewöhnliche Grün der Flaschen rührt her von Eisenoxydoxydul, das Braun der Rheinweinflaschen von Braunstein und Eisenoxyd.

215. Email oder Schmelzglas ist ein farbloses, durchsichtiges, leicht schmelzbares Blei-Borsäureglas, das man durch Zusatz von Zinnoxyd undurchsichtig weiß oder durch Zusatz von Metalloxyden, z. B. durch Kupferoxyd grün oder durch Kobaltoxyd blau färben kann. Es dient zum Dekorieren von Kunst- und Luxusgegenständen.

Ein Email, wenn auch von ganz anderem Charakter, ist der Überzug der emaillierten Eisengeräte. Dieses Email wird hergestellt aus Feldspat, Kaolin, Quarz, Soda, Borax, Calciumphosphat oder Zinnoxyd; es ist undurchsichtig.

Auf die sorgfältig gereinigte Eisenfläche wird zunächst eine Grundmasse eingebrannt, die haftet, ohne zu schmelzen, dann werden mehrere Schichten schmelzender Glasurmassen darüber aufgetragen. Das Brennen geschieht in eisernen Retorten. Die Schwierigkeit liegt in der ungleichen Ausdehnung des Eisens und der Glasur, so daß sie bei raschem Erhitzen abspringen kann, vor allem aber in der nicht völlig zu beseitigenden Bläschenbildung in der Glasur, so daß Wasser eindringt und Rost unter der Glasur erzeugt, wodurch diese abgesprengt wird.

Der Bleigehalt dieser Glasuren darf nur sehr gering sein, weil sonst bei der Bereitung saurer Speisen Blei durch die Säure (z. B. Essigsäure) aufgelöst wird und in die Speisen übergeht. Es wird daher vom Gesetz gefordert, daß beim ½stündgien Kochen mit 4proz. Essigsäure in emaillierten Geschirren nennenswerte Bleimengen von der Säure nicht gelöst werden dürfen.

216. [Glasperlen. Künstliche Glasperlen werden namentlich in Venedig hergestellt. Die den echten Perlen ähnlichen künstlichen Perlen werden jede für sich geblasen und innen mit einer matten „Perlenessenz" überzogen, die aus den Schuppen des Weißfisches bereitet wird. Die gewöhnlichen Glasperlen erhält man durch Zerschneiden farbiger Glasröhren und Abrunden der scharfen Kanten durch Erhitzen bis zum beginnenden Schmelzen in einer Kreide enthaltenden rotierenden Trommel.]

217. Eigenschaften des Glases. Wichtige Eigenschaften des Glases sind seine Durchsichtigkeit, seine Formbarkeit in zähflüssigem Zustande und seine chemische Beständigkeit. Glas wird weder durch Säuren — ausgenommen Flußsäure — noch durch Alkalien stark angegriffen; dagegen wird es vom

Wasser in geringem Maße aufgelöst. Alte Fensterscheiben zeigen einen eigentümlich irisierenden Glanz, der davon herrührt, daß die oberste Schicht zersetzt — verwittert — ist. Glas ist ein sehr schlechter Leiter für Wärme und Elektrizität.

Barium, Ba (Zweiwertig).

218. Vorkommen. In der Natur kommt das Element gebunden an Kohlensäure als Witherit ($BaCO_3$) und gebunden an Schwefelsäure als Schwerspat ($BaSO_4$) vor.

Darstellung. [Das Metall Barium erhält man durch Elektrolyse einer gesättigten Chlorbariumlösung.] Barium ist ein silberweißes Metall, das sehr weich ist; seine Verbindungen finden Anwendung in der chemischen Analyse, in der Feuerwerkerei (Grünfärbung der Flammen), zur Gewinnung des Sauerstoffes, in der Malerei usw.

219. Bariumoxyd, BaO. [Es wird durch Glühen des Nitrates gewonnen], es verbindet sich sehr leicht mit Wasser zu dem Hydroxyd $Ba(OH)_2$, das in Wasser leicht löslich ist (Barytwasser). Leitet man Kohlensäure in Barytwasser, so scheidet sich Bariumcarbonat als weißer Niederschlag aus, Barytwasser wird deshalb zum Nachweis von Kohlensäure benutzt.

220. Bariumsuperoxyd, BaO_2. Es entsteht durch Erhitzen von BaO in einem Sauerstoff- oder Luftstrom. Da ein Sauerstoffatom der Verbindung leicht abgespalten wird, so benutzt man sie in neuerer Zeit als Waschmittel; außerdem dient Bariumsuperoxyd zur Herstellung von Wasserstoffsuperoxyd und Sauerstoff.

221. Bariumchlorid, $BaCl_2 \cdot 2H_2O$. [Das Salz wird aus dem natürlich vorkommenden Bariumcarbonat (Witherit) durch Lösen in verdünnter Salzsäure gewonnen: $BaCO_3 + 2HCl = BaCl_2 + CO_2 + H_2O$.]
Wird eine wässerige Lösung dieses Salzes mit Schwefelsäure oder mit einem schwefelsauren Salze versetzt, so bildet sich sofort unlösliches Bariumsulfat, das zu Boden fällt. Es ist diese Reaktion der schärfste Nachweis auf Schwefelsäure; mit ihrer Hilfe kann man z. B. den Gehalt des Wassers an schwefelsauren Salzen leicht feststellen.

Versuch: Auf einem Uhrglase gebe man zu etwas Bariumchloridlösung einige Tropfen Essigsäure und essigsaure Natriumlösung. Hierauf füge man einen Tropfen Kaliumbichromatlösung hinzu, es entsteht ein hellgelber Niederschlag von Bariumchromat (vgl. auch § 296).

222. Bariumsulfat, schwefelsaures Barium, Schwerspat, $BaSO_4$. Das natürlich vorkommende Bariumsulfat heißt Schwerspat, es ist außerordentlich schwer in Wasser und Säuren löslich. Das künstlich hergestellte Bariumsulfat wird als Anstrichfarbe (Permanentweiß, Blanc fixe) an Stelle von Bleiweiß verwendet.

223. [Sonstige Bariumverbindungen. Von den übrigen Verbindungen mögen noch Erwähnung finden das Bariumnitrat $Ba(NO_3)_2$, das in der Feuerwerkerei zur Erzeugung des Grünfeuers angewendet wird und auch zur Herstellung einiger Sprengpulversorten dient, und das Bariumcarbonat oder kohlensaure Barium, das in der Natur als Witherit vorkommt. Ein inniges Gemisch von Bariumsulfat und Schwefelzink (erhalten durch Fällung eisenfreier Zinksulfatlösung mit Schwefelbarium) wird unter der Bezeichnung Lithopone oder Zinkolithweiß als Malerfarbe verwendet.]

224. Nachweis der Bariumverbindungen. (Auch als **Versuche** zu benutzen.)
1. Flammenfärbung. Die nicht leuchtende Flamme eines Bunsenbrenners wird durch Bariumverbindungen grün gefärbt.

2. Schwefelsäure oder schwefelsaure Salze geben selbst in sehr stark verdünnten Bariumsalzlösungen einen weißen Niederschlag von Bariumsulfat.

Strontium, Sr (Zweiwertig).

225. [Vorkommen. Das Strontium kommt in der Natur in Form von Strontiumsulfat oder Cölestin ($SrSO_4$) und von Strontiumcarbonat oder Strontianit ($SrCO_3$) vor.

Darstellung. Das Metall wird durch Einwirkung des elektrischen Stromes auf das geschmolzene Chlorid gewonnen.

Eigenschaften. Das Strontium ist ein Metall von messinggelber Farbe, es oxydiert sich an der Luft und zersetzt das Wasser lebhaft unter Wasserstoffentwicklung, doch ohne daß sich dieser entzündet. Das Strontium entspricht in seinem Verhalten völlig dem Calcium.]

226. [Strontiumoxyd (SrO). Darstellung. Man erhitzt Strontiumnitrat

$$Sr(NO_3)_2 = SrO + 2\,NO_2 + O.$$

Das Strontiumoxyd verbindet sich mit Wasser zu Strontiumhydroxyd $Sr(OH)_2$, das in Wasser leichter löslich ist als Calciumhydroxyd. Dieses Hydroxyd wird zur Abscheidung des Rohrzuckers aus der Melasse benutzt.]

227. [**Strontiumnitrat, salpetersaures Strontium, $Sr(NO_3)_2$.** Darstellung. Man löst das in der Natur vorkommende Strontianit (Strontiumcarbonat) in Salpetersäure. Es dient in der Feuerwerkerei zur Herstellung von Rotfeuer.]

Versuche: 1. Zu einer konzentrierten Strontiumnitratlösung gebe man auf einem Uhrglase etwas Gipswasser. Nach einiger Zeit entsteht ein weißer Niederschlag von Strontiumsulfat (Cölestin).

2. Zu einer auf einem Uhrglas befindlichen Strontiumnitratlösung gebe man einige Tropfen Kaliumchromat. Es entsteht ein gelber Niederschlag von Strontiumchromat $SrCrO_4$.

228. [**Strontiumcarbonat, kohlensaures Strontium ($SrCO_3$)** und **Strontiumsulfat, schwefelsaures Strontium ($SrSO_4$)** kommen in der Natur als Strontianit und Cölestin vor, künstlich werden sie hergestellt durch Fällen eines Strontiumsalzes, etwa des Nitrates mit Natriumcarbonat bzw. Natriumsulfat, sie bilden lockere, weiße Pulver, die in Wasser außerordentlich schwer löslich sind.]

229. [**Nachweis der Strontiumverbindungen.** (Auch als **Versuche** zu benutzen.)
1. Flammenfärbung. Eine nicht leuchtende Flamme wird durch Strontiumverbindungen purpurrot gefärbt.

2. Schwefelsäure oder schwefelsaure Salze rufen in konzentrierten Lösungen der Strontiumsalze einen weißen Niederschlag von schwer löslichem Strontiumsulfat hervor.]

Spektralanalyse.

230. [Wenn ein Sonnenstrahl auf ein Prisma fällt, so wird das Licht in Farben von verschiedener Brechbarkeit und Färbung (rot, orange, gelb, grün, blau, violett) zerlegt, die, auf eine Fläche geworfen, ein regenbogenfarbiges Bild, das Sonnenspektrum, darstellen. Betrachtet man ein solches

Spektrum durch ein Fernrohr, so sieht man in dem Spektrum eine Anzahl stärkerer und schwächerer dunkler Querstreifen, die sog. Fraunhoferschen Linien. Da diese Linien immer an derselben Stelle des Spektrums auftreten, so hat man acht von ihnen, die besonders deutlich sind, mit den Buchstaben *A* bis *H* bezeichnet, um sie als feste Orientierungspunkte benutzen zu können.

In ähnlicher Weise erhält man auch von einer Gasflamme oder einer sonstigen Lichtquelle ein Spektrum, wenn man einen Lichtstrahl durch einen engen Spalt auf ein Prisma fallen läßt. Bringt man nun in eine Flamme solche Stoffe, die ihr eine besondere Färbung verleihen, wie z. B. Kochsalz (Gelbfärbung), oder eine Kaliumverbindung (Violettfärbung), so treten an bestimmten Stellen des Spektrums gefärbte Streifen oder Linien auf. Bei manchen Körpern, so namentlich bei einigen Metallen, wie Kalium, Natrium, Calcium usw., sind diese Spektrallinien nach Farbe und nach dem Orte des Auftretens so kennzeichnend, daß sie zum Nachweise dieser Metalle benutzt werden können. Man kann auf diese Weise mit Hilfe der Spektralanalyse noch Bruchteile eines Milligramms von einigen dieser Metalle mit Sicherheit nachweisen.]

Magnesium, Mg (Zweiwertig).

231. Vorkommen. Das Magnesium kommt in der Natur als Carbonat, Chlorid oder an Kieselsäure gebunden, in großen Mengen vor. Zu den verbreitetsten Magnesiummineralien gehören Magnesit oder Magnesiumcarbonat ($MgCO_3$), Dolomit ($MgCO_3 + CaCO_3$), ferner die Magnesiumsilicate: Asbest, Olivin, Talk, Serpentin, Speckstein, Meerschaum, Magnesiaglimmer. Durch die Verwitterung der Silicate gelangt das Magnesium in die Ackererde, aus der es von den Pflanzen als notwendiger Bestandteil zum Aufbau ihres Körpers entnommen wird; mit den Futterpflanzen gelangt es in den tierischen Körper. In Verbindung mit Bor findet sich das Magnesium u. a. im Borocit.

Natürlich vorkommende Magnesiumsalze finden sich außerdem in den Staßfurter Abraumsalzen als Kieserit (Magnesiumsulfat), Karnallit (Magnesium- und Kaliumchlorid) uud Kainit (Kaliumsulfat, Magnesiumsulfat und Magnesiumchlorid).

Ferner enthalten manche Mineralwässer, Magnesiumsulfat (Bittersalz) gelöst.

Geringere Mengen von Magnesiumverbindungen finden sich in den Knochen und im Blut.

Darstellung. Das Magnesium wird gewöhnlich durch Elektrolyse des geschmolzenen Chlormagnesiums ($MgCl_2$) oder des Karnallits ($MgCl_2 + KCl$) dargestellt.

Eigenschaften. Magnesium ist ein silberweißes Metall, es ist dehnbar und kommt in Draht- oder Bandform oder gepulvert in den Handel. Auf frischer Schnittfläche zeigt es starken Metallglanz, an der Luft überzieht es sich nach und nach mit einer dünnen Oxydschicht, die eine weitere Zersetzung verhindert. Wird es an der Luft oder in Sauerstoff über seinen Schmelzpunkt erhitzt, so verbrennt es mit blendend heller Flamme zu weißem Oxyd. Das Magnesiumlicht ist reich an chemisch wirksamen Strahlen und wird daher in der Photographie als Ersatz für Sonnenlicht angewendet (Blitzlicht-Aufnahmen). Außerdem wird es benutzt in der Feuerwerkerei und zu Signalzwecken (Magnesiumfackeln).

232. Magnesiumoxyd, Magnesia, MgO. Darstellung. Die Verbindung entsteht beim Verbrennen von Magnesium an der Luft, im großen gewinnt man sie durch Glühen von kohlensaurem Magnesium, dabei verflüchtigt sich die Kohlensäure und MgO bleibt zurück. Wegen dieser Darstellung nennt man die Verbindung auch „gebrannte Magnesia", sie ist ein weißes, geruch- und geschmackloses leichtes Pulver und wird in der Heilkunde verwendet, z. B. beim Sodbrennen usw.

In der Technik wird Magnesiumoxyd zur Darstellung feuerfester Geschirre (Tiegel) und als Fütterungsmaterial der Bessemerbirnen bei der Verarbeitung phosphorhaltigen Roheisens verwendet. Rührt man Magnesiumoxyd mit einer wässerigen Lösung von Chlormagnesium zusammen, so erhält man eine sandsteinharte, weiße Masse, Magnesia-Zement, die zur Herstellung künstlicher Schleifsteine, zu Schreibtafeln, Billardkugeln usw. benutzt wird. Durch Zusatz von Baumwolle erhält man künstliches Elfenbein.

233. [Magnesiumhydroxyd, Mg(OH)$_2$. Darstellung. Die Verbindung wird aus den Lösungen der Magnesiumsalze auf Zusatz von Natron- oder Kalilauge als weißer gallertartiger Niederschlag ausgefällt, z. B.

$$MgSO_4 + 2\,NaOH = Mg(OH)_2 + Na_2SO_4.$$

Bei 100° getrocknet, bildet Magnesiumhydroxyd ein weißes, schwach alkalisch reagierendes Pulver (färbt rotes Lackmuspapier blau), das bei stärkerem Erhitzen Wasser verliert und in Magnesiumoxyd übergeht.]

234. Magnesiumchlorid, Chlormagnesium, MgCl$_2$ · 6H$_2$O. Es kommt als Bestandteil des Karnallits im Salzlager von Staßfurt vor und wird als Nebenprodukt bei der Verarbeitung der Staßfurter Endlaugen der Chlorkaliumfabriken gewonnen. Es ist ein weißes Pulver, das begierig aus der Luft Wasser anzieht. Kochsalz, das häufig durch Magnesiumchlorid verunreinigt ist, wird daher beim Aufbewahren an der Luft feucht.

235. Magnesiumsulfat, schwefelsaures Magnesium, Bittersalz, MgSO$_4$ · 7H$_2$O. Das Salz kommt in der Natur im Meerwasser und in vielen Mineralwässern gelöst vor; diese führen den Namen Bitterwässer (Friedrichshall, Epsom in England, Hunyady-Janos in Ungarn) und dienen in der Heilkunde als Abführmittel. Es findet sich ferner in den Staßfurter Abraumsalzen z. B. als Kieserit. [Künstlich kann es dargestellt werden durch Auflösen von Magnesit MgCO$_3$ in Schwefelsäure:

$$MgCO_3 + H_2SO_4 = MgSO_4 + CO_2 + H_2O.]$$

Das Salz bildet kleine farblose Krystalle, die einen bitteren salzigen Geschmack besitzen und sich in Wasser leicht lösen.

Versuch: In einem Reagensglase versetze man eine Magnesiumsulfatlösung mit Natronlauge, es entsteht ein weißer Niederbeschlag von Magnesiumhydroxyd. (Vgl. § 233). Erhitzt man den Niederbeschlag, so erhält man Magnesiumoxyd.

236. Magnesiumcarbonat, MgCO$_3$. Es kommt in der Natur als Magnesit vor. Es ist in Wasser unlöslich. Mit Calciumcarbonat gemischt kommt Magnesiumcarbonat als Dolomit in der Natur vor und bildet in dieser Zusammensetzung einen Hauptbestandteil unserer Gebirge. Es dient als Arzneimittel und zu Zahn- und Putzpulvern. [Ein basisches kohlensaures Magnesium (MgCO$_3$ · Mg(OH)$_2$ + 4H$_2$O) wird in der Heilkunde angewendet, es bildet ein weißes, in Wasser leicht lösliches Pulver.]

237. [**Magnesium-Ammoniumphosphat,** $MgNH_4PO_4 \cdot 6H_2O$. Darstellung. Versetzt man eine Magnesiumsalzlösung mit Natriumphosphat bei Gegenwart von Ammoniak und Ammoniumsalz, so fällt die Verbindung als weißes krystallinisches Pulver aus. Bei starkem Erhitzen wird Wasser und Ammoniak abgespalten und es entsteht Magnesiumpyrophosphat ($Mg_2P_2O_7$) $2MgNH_4PO_4 = Mg_2P_2O_7 + 2NH_3 + H_2O$. Die Verbindung dient in der analytischen Chemie zur Abscheidung des Magnesiums und der Phosphorsäure aus ihren Lösungen.]

238. Magnesiumsilicate. In der Natur kommen verschiedene Magnesiumsilicate als Doppelverbindungen vor, so z. B. der Asbest (Magnesium- und Calciumsilicat), der bei chemischen Arbeiten im Laboratorium vielfach Verwendung findet und außerdem in der Technik zur Herstellung von unverbrennlichem Zeug, Pappe, Papier usw. benutzt wird. Von technischer Bedeutung sind ferner der Meerschaum ($Mg_2S_3O_8 + 2H_2O$) und der Speckstein oder Talk ($Mg_3H_2Si_4O_{12}$). Der Talk (Talcum) kommt in einer weißen Form vor, die in Pulverform der Haut anhaftet und sie schlüpfrig macht. Man stäubt daher Talkpulver in neue Handschuhe, damit sie sich bequem anziehen lassen; auch benutzt man es zum Entfernen von Fettflecken aus Kleiderstoffen, indem man die betreffende mit Talk bestreute Stelle mit Filtrierpapier bedeckt und mit einem heißen Bügelheisen darüber fährt.

239. [**Nachweis der Magnesiumverbindungen.** (Auch als **Versuche** zu benutzen.)

1. Natriumhydroxyd (NaOH) oder Natriumcarbonat (Na_2CO_3) fällen aus den Lösungen von Magnesiumsalzen Magnesiumhydroxyd bzw. basisches Magnesiumcarbonat als weiße Niederschläge aus, die in Ammoniumsalzen löslich sind.

2. Natriumphosphat (Na_2HPO_4) fällt bei Anwesenheit von Ammoniak und Ammoniumsalz aus Magnesiumsalzlösungen das Magnesium in Form von Ammonium-Magnesiumphosphat (weißer Niederschlag) aus.]

Zink, Zn (Zweiwertig).

240. Vorkommen. Das Zink findet sich in der Natur hauptsächlich als kohlensaures Salz oder edler Galmei ($ZnCO_3$), ferner als Sulfid oder Zinkblende (ZnS).

Diese Erze werden besonders in England, Belgien, sowie in den Provinzen Schlesien und Westfalen gefunden.

[Gewinnung. Um das Metall zu gewinnen, müssen die Erze durch Rösten in das Oxyd übergeführt werden, dieses wird dann durch Erhitzen mit Kohle reduziert, z. B.:

$$ZnS + 3\,O = ZnO + SO_2,$$
$$ZnO + C = Zn + CO.$$

Die Reduktion des Zinkoxyds wird in tönernen Retorten oder Röhren vorgenommen, in den eisernen Vorlagen verdichtet sich der Zinkdampf zunächst zu einem feinen, grauen Staub, dem Zinkstaub, später, wenn die Temperatur gestiegen ist, sammelt sich das Zink als Flüssigkeit an und wird in Platten gegossen. Das so gewonnene Zink ist nicht rein, es enthält noch geringe Mengen Blei und Eisen, zuweilen auch Arsen und Cadmium, es kann durch wiederholte Destillation gereinigt werden. Zur Herstellung des gekörnten Zinks schmilzt man Zink und gießt es flüssig in kaltes Wasser.]

Eigenschaften. Zink ist ein Metall von bläulich-weißer Farbe und starkem Glanz. Bei gewöhnlicher Temperatur ist das Zink spröde, bei 100 bis 150° wird es dehnbar, so daß es zu Blech ausgewalzt werden kann, über 200° wird es wieder so spröde, daß es sich pulvern läßt. An trockener Luft ist es beständig, weil es sich mit einer schützenden Oxydschicht bedeckt, an feuchter Luft läuft es trübe an. An der Luft erhitzt, verbrennt es mit bläulich-weißer Flamme zu Zinkoxyd. Von verdünnter Salzsäure und Schwefelsäure wird es leicht unter Wasserstoffentwicklung gelöst.

Verwendung. Zink findet wegen seiner Beständigkeit in Luft und Wasser eine ausgedehnte Anwendung, so wird es als Zinkblech viel zum Dachdecken, zur Herstellung von Dachrinnen, Badewannen, Eimern, Becken usw. verwendet. Ferner wird das Zink zum Verzinken von Eisenwaren auf galvanischem Wege benutzt, man nennt solche verzinkte Gerätschaften Eisenblech- oder Blechwaren, zum Unterschied von Weißblech (verzinnte Eisenwaren). Auch Eisendraht wird mit Zink überzogen, weil dadurch das Rosten des Eisens verhindert wird (galvanisiertes Eisen, Zinkdraht).

Zink dient ferner zu galvanischen Batterien, es ist dann immer das elektropositive Metall, im Laboratorium wird es sowohl als Metall wie auch in Form von Zinkstaub und gekörntem Zink zur Entwicklung von Wasserstoff benutzt. Zink findet weiter Anwendung zur Darstellung wichtiger Legierungen, so namentlich des Messings, des Neusilbers usw.

Mit Quecksilber verbindet Zink sich leicht zu Zinkamalgam, hiervon macht man Gebrauch, um die Zinkplatten in galvanischen Batterien vor der Einwirkung der Säure zu schützen.

Da organische Säuren, z. B. Essigsäure, Zink lösen, und Zinksalze nicht als unschädlich angesehen werden können, so sind Zink- oder Blechgefäße als Kochgeschirre nicht zu verwenden.

Versuche: 1. Man erwärme ein Stückchen Zink so lange in einer Weingeistflamme, bis es zischt, wenn man ein feuchtes Hölzchen daran hält; nimmt man es dann rasch aus der Flamme und hämmert es auf einem erwärmten Stein, so läßt sich eine dünne zusammenhängende Platte gewinnen. Das Zink hat die Eigenschaft, zwischen 100—150° C dehnbar zu sein. Darüber hinaus ist es aber spröde.

2. Ein Stück granuliertes Zink lege man auf Holzkohle und erhitze es mit der Gebläseflamme. Das Zink schmilzt und verbrennt mit bläulicher Flamme zu Zinkoxyd, das sich als gelber Beschlag auf der Kohle absetzt. Nach dem Erkalten ist das Oxyd weiß. Dieser Farbenumschlag ist für Zinkoxyd charakteristisch (vgl. auch § 244 Nr. 5).

241. Zinkoxyd, ZnO. Es wird erhalten durch Glühen des Carbonats oder durch Verbrennen von Zink an der Luft. Es findet in der Malerei als Zinkweiß Anwendung und besitzt vor dem Bleiweiß den Vorzug, daß es durch den Schwefelwasserstoff der Luft nicht geschwärzt wird. Beim Erhitzen färbt sich das Zinkoxyd gelb, beim Erkalten kehrt die weiße Farbe wieder zurück.

242. Zinkchlorid, $ZnCl_2$. Diese Verbindung erhält man durch Auflösen von Zink in Salzsäure. Sie zieht aus der Luft begierig Wasser an und zerfließt dabei. Zinkchloridlösungen finden Anwendung zum Durchtränken von Holz, namentlich von Eisenbahnschwellen, um dieses vor Fäulnis zu schützen.

Eine mit Salmiak versetzte Lösung des Zinkchlorids wird als Lötwasser benutzt, dessen Wirkung darauf beruht, daß es in der Wärme freie Salzsäure abspaltet, die die vorhandenen Oxydschichten der zu lötenden Metalle auflöst und dadurch die Metallflächen blank und zum Löten geeignet macht.

243. Zinksulfat, Zinkvitriol, $ZnSO_4 \cdot 7H_2O$. Die Verbindung entsteht durch Auflösen von Zink in Schwefelsäure, in großem wird sie dargestellt durch vorsichtiges Erhitzen von Zinkblende (ZnS). Es bildet farblose, an trockener Luft langsam verwitternde Krystalle.

Das Salz findet Anwendung als Beize in der Kattundruckerei, zur Firnisfabrikation, in der Farbentechnik, ferner in der Heilkunde äußerlich bei Augenentzündungen, innerlich als Brechmittel.

244. [Nachweis von Zinkverbindungen. (Auch als Versuche zu benutzen.)

1. Kalium- oder Natriumhydroxyd oder Ammoniak fällen aus Zinksalzlösungen Zinkhydroxyd als gallertartigen weißen Niederschlag, der in einem Überschuß des Fällungsmittels sich wieder auflöst.

2. Natriumcarbonat fällt weißes Zinkcarbonat.

3. Schwefelammonium fällt weißes Schwefelzink (ZnS), das von Salz-, Salpeter- und Schwefelsäure gelöst, von Essigsäure aber nicht gelöst wird.

4. Kaliumferrocyanid (gelbes Blutlaugensalz) gibt einen weißen Niederschlag von Zinkferrocyanid.

5. Zinkverbindungen geben beim Erhitzen mit Soda auf Kohle vor der Lötrohrflamme einen in der Hitze gelben, nach dem Erkalten weißen Beschlag von Zinkoxyd. Betupft man den Glührückstand mit einer Kobaltnitratlösung, so bildet sich ein schöner grüner Farbstoff (CoO_2Zn) (Rinmanns Grün).]

Cadmium, Cd (Zweiwertig).

245. [Vorkommen. Cadmium kommt in der Natur meist als Begleiter des Zinks in der Zinkblende und dem Galmei vor und findet sich bei der Zinkdestillation in den zuerst übergehenden Anteilen.]

Eigenschaften. Das Cadmium ist ein weißes, ziemlich weiches Metall, das besonders zur Herstellung leicht schmelzbarer Legierungen (Woodsches Metall) verwendet wird.

Von seinen Verbindungen, die alle mit denen des Zinks große Ähnlichkeit haben, wird Schwefelcadmium (CdS) als schöne gelbe Farbe (Cadmiumgelb) in der Malerei angewendet, auch wird es zur Färbung von Toiletteseifen (sog. Honigseifen) benutzt. Eine andere Verbindung, das Cadmiumsulfat ($CdSO_4 \cdot 8H_2O$) wird durch Auflösen von Cadmium in Schwefelsäure erhalten. Es bildet große, farblose, wasserlösliche Krystalle. Die Lösung rötet blaues Lackmuspapier. Es wird an Stelle des Zinksulfats in der Augenheilkunde gebraucht. Die Verbindungen Cadmiumbromid und Cadmiumjodid werden in der Photographie verwendet.

246. [Nachweis der Cadmiumverbindungen. (Auch als Versuche zu benutzen.)

1. Kalium- oder Natriumhydroxyd fällen aus Cadmiumsalzen weißes Cadmiumhydroxyd, das im Überschuß der Fällungsmittel nicht löslich ist.

2. Schwefelwasserstoff fällt aus Cadmiumsalzlösungen gelbes Cadmiumsulfid, das von kalten verdünnten Säuren nicht gelöst wird.

3. Beim Erhitzen mit Soda auf Kohle geben Cadmiumverbindungen vor der Lötrohrflamme einen braungelben Beschlag von Cadmiumoxyd.]

Quecksilber (Hydrargyrum), Hg (Ein- und zweiwertig).

247. Vorkommen. Quecksilber kommt in der Natur in geringen Mengen gediegen in Tröpfchen in Gesteinsmassen eingeschlossen vor, hauptsächlich aber findet es sich, an Schwefel gebunden, als Zinnober (HgS). Die Hauptfundorte sind Almadén in Spanien, Idria in Krain, Kalifornien, Mexiko, Peru, Japan und China. Die Bezeichnung Hydrargyrum ist dem Griechischen entnommen, hydor = Wasser und argyros Silber, somit bedeutet die Bezeichnung „silbernes Wasser".

Darstellung. Um Quecksilber aus Zinnober zu gewinnen, wird er in Flammöfen geröstet, wobei Schwefel als Schwefeldioxyd entweicht.

$$HgS + 2\,O = Hg + SO_2.$$

Die Quecksilberdämpfe werden in gemauerten Kammern oder in tönernen Retorten verdichtet, und das so erhaltene Quecksilber durch nochmalige Destillation gereinigt. In Europa wird die größte Menge Quecksilber in Almadén in Spanien gewonnen.

Eigenschaften. Quecksilber ist das bei gewöhnlicher Temperatur einzige flüssige Metall; es besitzt eine silberweiße, glänzende Farbe, wird bei — 39,4⁰ fest und siedet bei 360⁰. Sein spez. Gewicht beträgt 13,596. Schon bei gewöhnlicher Temperatur verdunstet es an der Luft. Da die Quecksilberdämpfe sehr giftig sind, so muß man beim Arbeiten mit Quecksilber dafür Sorge tragen, daß kein Quecksilber verschüttet wird. An der Luft wird bei gewöhnlicher Temperatur das Quecksilber nicht verändert, bei höherer Temperatur oxydiert es sich zu rotem Quecksilberoxyd (HgO), das sich beim stärkeren Erhitzen wieder in die Elemente spaltet. Von verdünnter Salzsäure und Schwefelsäure wird es bei gewöhnlicher Temperatur nicht angegriffen, wohl aber von verdünnter Salpetersäure.

Verwendung. Wegen der gleichmäßigen Ausdehnung beim Erwärmen wird das Quecksilber zur Füllung von Thermometern und Barometern benutzt, ferner zu vielen wissenschaftlichen Zwecken in der Physik und Chemie sowie zu Heilzwecken in der Medizin.

248. Amalgame. Die Legierungen, die das Quecksilber mit anderen Metallen bildet, heißen Amalgame. Man erhält sie meist durch Zusammenbringen von Quecksilber mit den betreffenden anderen Metallen. Die Amalgame sind je nach der Menge und der Art des zweiten Metalles hart, wachsartig oder flüssig. Einige wichtige Amalgame sind die folgenden:

a) **Silberamalgam und Goldamalgam.** Sie finden bei der Feuerversilberung und Feuervergoldung Anwendung.

Man löst Gold oder Silber in Quecksilber auf und bestreicht mit der Lösung die betreffenden Metallgegenstände. Hierauf erhitzt man die Gegenstände, wodurch das Quecksilber verdampft und das Silber oder Gold als feiner Überzug zurückbleibt.

b) **Kupferamalgam und Cadmiumamalgam.** Diese Amalgame sind frisch bereitet weich, erhärten aber bald; sie werden zum Plombieren der Zähne benutzt.

c) **Zinkamalgam** dient zum Belegen der gewöhnlichen Spiegel.

d) **Zink-Zinnamalgam** wird benutzt zum Bestreichen der Reibkissen der Elektrisiermaschinen.

Quecksilberverbindungen.

Das Quecksilber bildet zwei Reihen von Salzen, die sich vom Oxydul (Hg_2O) und vom Oxyd (HgO) ableiten. Sämtliche Quecksilberverbindungen sind sehr giftig, von den Oxydulen soll nur erwähnt werden das Chlorür. Die Oxydulsalze werden auch Mercurosalze, die Oxydsalze Mercurisalze genannt.

249. Quecksilberchlorür, Kalomel, HgCl oder Hg_2Cl_2. Vorkommen und Darstellung. Es kommt in der Natur als Quecksilberhornerz vor. [Man kann es auf verschiedene Weise erhalten, am einfachsten durch Erhitzen eines Gemenges von Sublimat und Quecksilber:

$$\underset{\text{Sublimat}}{HgCl_2} + Hg = 2\,HgCl.]$$

Es ist ein weißes, in Wasser unlösliches Pulver, das sich am Licht durch Abscheidung von Quecksilber dunkelt färbt. Es findet in der Heilkunde Anwendung.

Von den Oxydverbindungen sind hervorzuheben:

250. Quecksilberchlorid, Sublimat, $HgCl_2$. [Darstellung: Man erhält diese Verbindung durch Erhitzen eines Gemisches von Kochsalz mit schwefelsaurem Quecksilberoxyd:

$$HgSO_4 + 2\,NaCl = HgCl_2 + Na_2SO_4.]$$

Es ist ein in Wasser, Alkohol und Äther lösliches weißes Pulver. Es ist ein starkes Gift, das namentlich auch auf Krankheits- und Fäulniskeime energisch einwirkt.

In verdünnten Lösungen (1:1000) ist es das sicherste und zuverlässigste Desinfektionsmittel; es findet daher ausgedehnte Anwendung zur Sterilisierung der Hände und Instrumente vor Operationen und zur Desinfektion von Wundflächen. Ferner wird es benutzt, um anatomische Präparate, ausgestopfte Tiere usw. in naturwissenschaftlichen Sammlungen vor Fäulnis zu schützen: dies geschieht dadurch, daß man diese Gegenstände mit Sublimatlösung befeuchtet oder Sublimatlösung einspritzt.

In den Handel kommt das Sublimat in Form von Pastillen, die mit einem Überschuß von Kochsalz versetzt und rot gefärbt sind. Dieser Kochsalzzusatz wird gemacht, um das Sublimat schneller in Lösung bringen zu können, und ferner, weil solche Lösungen länger haltbar sind als solche von reinem Sublimat. Mit Sublimatlösung getränkte Verbandstoffe sind die Sublimatgaze und die Sublimatwatte.

251. Quecksilberoxyd, HgO. Die Verbindung entsteht als rotes krystallinisches Pulver, wenn man Quecksilber an der Luft über den Siedepunkt erhitzt, [dagegen als gelber pulverförmiger Niederschlag beim Behandeln von Sublimat mit Natronlauge:

$$HgCl_2 + 2\,NaOH = HgO + 2\,NaCl + H_2O.]$$

Beide Arten geben, auf eine hinreichend hohe Temperatur erhitzt, ihren Sauerstoff ab, man kann daher die Verbindung zur Darstellung des Sauerstoffes verwenden.

252. Quecksilbersulfid, HgS, bildet als roter Zinnober das Hauptvorkommen des Quecksilbers in der Natur. Durch Einleiten von Schwefelwasserstoff in die Lösung eines Quecksilberoxydsalzes erhält man die gleiche Verbindung, jedoch nur als schwarzes Pulver:

$$HgCl_2 + H_2S = HgS + 2\,HCl.$$

[Durch Sublimation oder durch Zusammenbringen mit einer Alkalisulfidlösung, z. B. Na_2S, K_2S, geht es beim Erwärmen in die rote Form über.]

Der künstlich hergestellte rote Zinnober findet als Malerfarbe und zum Färben von Siegellack Anwendung.

253. [**Nachweis der Quecksilberverbindungen.** (Auch als **Versuche** zu benutzen.)

1. Erhitzt man in einer Glasröhre eine Quecksilberverbindung mit trockener Soda, so verflüchtigt sich Quecksilber und setzt sich im oberen Teil des Röhrchens als Tröpfchen oder bei geringen Mengen als grauer Belag ab.

2. Schwefelwasserstoff fällt aus Oxydsalzlösungen schwarzes Sulfid (HgS).

3. Kalilauge gibt mit Oxydulsalzlösungen eine schwarze Fällung von Quecksilberoxydul (Hg_2O), mit Oxydsalzlösungen eine gelbe Fällung von Quecksilberoxyd (HgO).

4. Ammoniak ruft in Oxydulsalzlösungen einen schwarzen, in Oxydsalzlösungen einen weißen Niederschlag hervor.

5. Salzsäure oder Kochsalzlösungen geben mit Oxydulsalzen eine weiße Fällung von Quecksilberchlorür (Calomel); Oxydsalze geben keine Fällung.]

Aluminium, Al (Dreiwertig).

254. Vorkommen. Aluminium kommt frei in der Natur nicht vor, dagegen ist es in verschiedenen Verbindungen in großen Mengen weit verbreitet, so als Feldspat und Glimmer, beides Gesteinsarten, die aus Doppelsilikaten von Aluminium und einem zweiten Metall (etwa Kalium oder Magnesium) bestehen; der wichtigste Feldspat ist der Kalifeldspat ($KAlSi_3O_8$), der einfachste Glimmer, der Kaliglimmer ($KAlSiO_4$). Wichtige Aluminium-Minerale sind ferner der Kryolith ($AlF_3 \cdot 3NaF$), der in Grönland und Island vorkommt, und der Bauxit, ein mit Eisenoxyd verunreinigter Aluminiumhydroxyd ($Al_2O(OH)_4$). Endlich kommt das Aluminium noch vor in den Zersetzungsstoffen dieser Mineralien, von denen die Aluminiumsilicate Kaolin, Ton, weißer und roter Bolus die wichtigsten sind. Die als Edelsteine geschätzten Mineralien Rubin, Saphir und Korund bestehen aus Aluminiumoxyd.

Der Name des Metalles ist abgeleitet von alumen = Alaun, einem Salze des Aluminiums, das schon lange, bevor das Aluminium als Metall dargestellt wurde, bekannt war.

Darstellung. Das Aluminium wird jetzt ausschließlich durch Zersetzung von Aluminiumoxyd (Tonerde, Al_2O_3) mittels des elektrischen Stromes dargestellt. [Zu diesem Zwecke wird eine Lösung von Tonerde in geschmolzenem Kryolith bei sehr hoher Temperatur mit Kohlenelektroden zerlegt.] Es sind hierzu Ströme von gewaltiger Stromstärke nötig, so daß die Darstellung sich nur da lohnt, wo große Wasserkräfte eine billige Erzeugung von elektrischer Energie möglich machen (Niagara-Fall, Rheinfall bei Schaffhausen usw.). Nach der Einführung dieses einfachen elektrolytischen Verfahrens zur Herstellung von Aluminium sank der Preis des Metalles ganz erheblich. Während nämlich im Jahre 1855 für 1 kg Aluminium noch 2400 M. gezahlt werden mußten, betrug der Preis im Jahre 1856 für dieselbe Menge 300 M., im Jahre 1889 = 50 M., 1892 = 5 M. und im Jahre 1912 = 2 M.

Eigenschaften. Aluminium ist ein silberweißes, stark glänzendes, leichtes Metall, es ist sehr dehn- und ausziehbar, es läßt sich zu Draht, Blech und selbst zu den dünnsten Blättchen verarbeiten. Verdünnte Salpetersäure und Schwefelsäure greifen es bei gewöhnlicher Temperatur nicht an, von Salzsäure und von Kali- oder Natronlauge wird es leicht aufgelöst. An der Luft ist Aluminium kaum veränderlich, in kompaktem Zustande auch in der Glühhitze nicht oxydierbar, weil es sich sofort mit einer äußerst dünnen, schützenden Schicht von Aluminiumoxyd überzieht, in sehr feiner Verteilung jedoch, wie z. B. als „Blattaluminium" (unechter Silberschaum), verbrennt es beim Einbringen in eine Flamme mit glänzendem Lichte zu Aluminiumoxyd (Al_2O_3). Das Blattaluminium dient als Ersatz des echten Blattsilbers, da es sich an schwefelhaltiger Luft nicht schwärzt.

Anwendung. Das Aluminium findet ausgedehnte Anwendung zur Herstellung von Gebrauchsgegenständen und Apparaten, bei denen es auf Leichtigkeit ankommt, z. B. Feldflaschen. Auch Haus- und Küchengerätschaften werden aus Aluminium angefertigt, jedoch sind die hochgespannten Erwartungen, die man auf diese Geschirre gesetzt hat, bisher noch nicht in Erfüllung gegangen. Die Ursache hierzu liegt in den Eigenschaften des Metalles; seine Weichheit, seine geringe Festigkeit gegen Druck und Zug, seine Angreifbarkeit durch Seife, Laugen und Säuren, z. B. Essigsäure, sind seiner allgemeinen Einführung in die Küchenpraxis hinderlich. Dazu kommt, daß das Aluminium häufig durch geringe Mengen von Eisen- oder Natriumverbindungen verunreinigt ist. Das Eisen erhöht die Angreifbarkeit des Aluminiums durch die obengenannten Chemikalien, Natrium macht das Aluminium durch Wasser so angreifbar, daß in derartige Geschirre durch Wasser Löcher eingefressen werden, während es in reinem Zustand davon nicht angegriffen wird.

[Die Eigenschaft des geschmolzenen Aluminiums, auf viele Metalloxyde reduzierend zu wirken, findet technisch Anwendung bei dem Goldschmidtschen Thermit-Schweißverfahren, zur Erzielung hoher Temperaturen und zur Herstellung von Mangan, Chrom u. dgl.]

255. Legierungen des Aluminiums. Von den Legierungen hat die Aluminiumbronze, eine Legierung von Kupfer mit 5—10% Aluminium, praktische Bedeutung gewonnen. Sie besitzt Goldfarbe und Glanz und ist zäher, härter und schmelzbarer als Kupfer, wegen ihrer großen Festigkeit und Elastizität wird sie zur Herstellung von Uhrfedern und für physikalische Instrumente benutzt.

256. Aluminiumoxyd, Tonerde, Al_2O_3. Die Tonerde bildet in krystallisiertem Zustande die unter dem Namen Saphir und Rubin bekannten Edelsteine und den Korund. Der Saphir ist vollkommen durchsichtig, von starkem Glanz, besitzt eine bedeutende Härte und eine blaue Farbe. Der Rubin ist eine rot gefärbte Abart des Saphirs, während gelb gefärbte Abarten Topase genannt werden. Der Korund oder Diamantspat ist ebenfalls krystallisierte Tonerde; die Krystalle sind meist rauh, zeigen nur schwachen Glanz und sind undurchsichtig, ihre Farbe ist sehr verschieden, aber selten rein. Schmirgel ist ein Korund, der durch Eisenoxyd und Quarz verunreinigt ist und als Schleif- und Poliermittel Verwendung findet.

[Künstlich erhält man Aluminiumoxyd durch Erhitzen von Aluminiumhydroxyd als ein in Wasser unlösliches weißes Pulver:

$$2\,Al(OH)_3 = Al_2O_3 + 3\,H_2O.]$$

257. Aluminiumhydroxyd, Tonerdehydrat, $Al(OH)_3$. Die Verbindung ist ein weißes Pulver, das als Mineral Bauxit in großen Massen in der Natur vorkommt. [Man kann Aluminiumhydroxyd künstlich dadurch herstellen, daß man die Lösung eines Aluminiumsalzes mit Ammoniak oder Soda versetzt:

$$Al_2(SO_4)_3 + 3\,Na_2CO_3 + 3\,H_2O = 2\,Al(OH)_3 + 3\,Na_2SO_4 + 3\,CO_2.$$
Aluminiumsulfat

Aluminiumhydroxyd löst sich sowohl in verdünnten Säuren als in verdünnten Alkalien, es besitzt daher den Charakter einer schwachen Säure und den einer schwachen Base, mit starken Basen (Kali- oder Natronlauge) bildet es Salze, die sog. Aluminate.]

Das Aluminiumhydroxyd wird zur Darstellung von dauerhaft gefärbten Geweben angewendet. Es besitzt nämlich die Fähigkeit, organische Farbstoffe aus Lösungen niederzuschlagen und damit wasserunlösliche Verbindungen (Farblacke) zu bilden. Es dient daher in der Färberei als Beizmittel, um Farbstoffe auf der Gewebsfaser festzuhalten.

258. Aluminiumsulfat, schwefelsaures Aluminium, $Al_2(SO_4)_3 \cdot 18\,H_2O$. Das Salz wird durch Behandeln von Ton (Aluminiumsilicat) mit Schwefelsäure erhalten, es ist farblos und wird in der Färberei als Beizmittel sowie in der Technik zum Leimen von Papier benutzt. Das Aluminiumsulfat vereinigt sich mit schwefelsauren Alkalien zu Doppelsalzen, den sog. Alaunen. Der wichtigste Alaun ist der Kalialaun ($AlK(SO_4)_2 \cdot 12\,H_2O$), auch kurz Alaun genannt. Er ist ein Doppelsalz von Aluminium- und Kaliumsulfat und kommt in vulkanischen Gegenden, z. B. auf Sizilien, als natürlicher Alaunstein vor, aus dem er durch Brennen oder Ausziehen mit Wasser gewonnen wird; Alaun löst sich leicht in warmen, wenig in kaltem Wasser; die wässerige Lösung besitzt saure Reaktion und stark zusammenziehenden Geschmack. Beim Erhitzen schmilzt der Alaun und verliert bei 300° die letzten Teile Krystallwasser; es hinterbleibt eine schwammige, poröse Masse, der gebrannte Alaun, der ebenso wie der krystallwasserhaltige Alaun als Ätz- und Blutstillungsmittel sowie zum Gurgeln bei Katarrhen des Kehlkopfes angewendet wird.

Versuch: Man löse in einem Becherglase 10 g Aluminiumsulfat in 60 ccm heißem Wasser und versetze das Gemisch mit einer gesättigten Auflösung von 3 g Kaliumsulfat. Man bringe nun das Ganze in eine Krystallisationsschale und lasse erkalten. Es krystallisiert Kaliumaluminiumalaun in Oktaedern aus. Sollte bereits beim Vermischen mit Kaliumsulfat sich amorpher Alaun abscheiden, so löst man ihn durch Erhitzen wieder auf.

259. Aluminiumsilicat, kieselsaures Aluminium, Ton. Aluminiumhaltige Doppelsilicate bilden als Feldspate (Kali- oder Natronfeldspat) und Glimmer im Gemenge mit Quarz einen Hauptbestandteil vieler wichtiger Gesteine, so namentlich des Granites und des Gneises. Unter dem Einflusse des Wassers und des Kohlendioxyds der Luft erleiden diese Gesteinsarten — namentlich der Feldspat — eine allmähliche Zersetzung, wodurch neben Kalium- oder Natriumcarbonat, Kalium-, Natrium- und Aluminiumsilicat (Ton) entstehen. Die Alkalisilicate — namentlich Kaliumsilicat — sind löslich, werden daher durch das Wasser fortgeführt, finden so ihren Weg in den Erdboden und werden von den Pflanzen aus der Ackererde aufgenommen. Das Aluminiumsilicat (Ton) ist nicht löslich, aber es wird durch das Wasser als feiner Schlamm weggeführt, ein großer Teil gelangt schließlich in die Flüsse. Zuweilen wird jedoch diese Fortführung des Aluminiumsilicats durch die Bodengestaltung unmöglich gemacht, in diesem Falle bilden sich große Lager von Ton, die entweder unrein und gefärbt, oder frei von Verunreinigungen sind, in letzterem Falle nennt man den Ton Porzellanton oder Kaolin.

Der Ton ist das verbreitetste feuerfeste Material, das gegen hohe Temperaturen sowie gegen chemische Reagentien völlig widerstandsfähig ist. Ein durch geringe Mengen Sand und Kreide verunreinigter weißer Ton wird weißer Bolus, ein durch Eisenoxyd rot gefärbter Ton wird roter Bolus genannt.

260. Ultramarin. In der Natur kommt blaues Ultramarin als Lasurstein vor. [Künstlich wird Ultramarin gewöhnlich durch Zusammenschmelzen von Ton, geglühter Soda und Schwefel dargestellt. Durch Abänderung der Bedingungen erhält man Ultramarine von verschiedener Farbe, so außer dem feurigblauen noch lichtblaue, violette, rote, grüne und gelbe Ultramarine. Man weiß noch nicht, welche Substanz dem Ultramarin die Farbe verleiht.]

Das blaue Ultramarin wird zum Bläuen von Wäsche, Stärke, Zucker, Papier usw. benutzt; es kommt ferner, mit Leim oder Gummi arabicum und Ton vermischt oder zu Kugeln geformt, als Waschblau in den Handel.

Die übrigen Ultramarine finden Verwendung zum Bedrucken von Tapeten, Papier, Rouleaux u. dgl. Die Ultramarine sind nicht giftig.

261. [Nachweis der Aluminiumverbindungen. (Auch als Versuche zu benutzen.)

1. Setzt man zu Aluminiumsalzlösungen Kalium- oder Natriumhydroxyd, so fällt Aluminiumhydroxyd als gallertartige Masse aus, die sich im Überschuß des Fällungsmittels wieder auflöst.

2. Ammoniak oder Natriumcarbonat geben mit Aluminiumsalzen ebenfalls weiße Niederschläge von Aluminiumhydroxyd, die jedoch von einem Überschuß des Fällungsmittels nicht wieder gelöst werden.

3. Befeuchtet man vor dem Lötrohr auf Kohle geglühte Aluminiumsalze mit etwas sehr stark verdünnter Kobaltnitratlösung und erhitzt von neuem, so färbt sich der Rückstand blau (Kobaltultramarin).]

Porzellan- und Tonwaren.

262. Allgemeines und Einteilung der Tonarten. Die Tone werden beim Kneten mit wenig Wasser „plastisch", d. h. sie gehen in eine zähe, knetbare Masse über, die sich in beliebige Formen bringen läßt. Werden die Tone jedoch nach dem Trocknen erhitzt (gebrannt), so erlangen sie auch beim Zusammenbringen mit Wasser die plastische Eigenschaft nicht wieder. Hierauf beruht die uralte Verwendung des Tones in der Industrie der Töpfer- und Ziegelwaren; verwendet werden dabei die folgenden Tone:

1. Kaolin oder Porzellanton, er ist die reinste Art des natürlichen Tones; er besteht aus Aluminiumsilicat in Verbindung mit Wasser. Kaolin ist unschmelzbar und erhält durch das Brennen einen hohen Grad von Härte und Festigkeit; er bleibt auch nach dem Brennen weiß; er dient zur Bereitung des Porzellans.

2. Gewöhnlicher Töpferton ist Aluminiumsilicat, das außerdem noch kohlensauren Kalk, kohlensaures Magnesium, Sand und Eisenhydroxyd enthält. Dieser Ton ist infolge der Beimengungen mehr oder weniger schmelzbar, er ist gefärbt und verliert diese Färbung auch durch das Brennen nicht. Die Farbe des gebrannten Tones hängt hauptsächlich von der Menge des

Eisenhydroxyds ab. Die besseren Sorten dienen zur Herstellung von Steinzeug, die stark gefärbten zur Herstellung von Töpferwaren und Ziegeln.

3. **Mergel** ist gewöhnlicher Töpferton, der etwa zur Hälfte seines Gewichtes aus kohlensaurem Kalk besteht (Tonmergel, Kalkmergel).

4. **Ockerige Tone** (Ocker, Rötel, Bolus) sind durch Eisen- oder Manganverbindungen rot oder braun gefärbt.

5. **Lehm** ist gewöhnlicher Töpferton, dem viel Sand beigemengt ist, ein gelber fruchtbarer Lehm ist auch der namentlich in China verbreitete Löß.

Die Tonwaren bestehen wie das Glas aus geglühten Silicaten mit vorherrschender Kieselsäure, sie unterscheiden sich aber vom Glase wesentlich dadurch, daß unter den Basen die Tonerde vorherrscht und Kalk und Alkalien zurücktreten; dadurch wird das völlige Schmelzen beim Brennen vermieden.

Man unterscheidet zwei Hauptarten von Tonwaren, nämlich a) verglaste, nicht poröse Tonwaren, b) gesinterte, poröse Tonwaren.

263. a) Verglaste, nicht poröse Tonwaren. Zu dieser Gruppe gehören Porzellan und Steinzeug.

1. **Porzellan.** Zur Herstellung des Porzellans benutzt man **Kaolin** oder Porzellanton, die reinste Art des natürlichen Tons. Da aber Kaolin für sich allein erhitzt nicht schmilzt, muß man ihn mit etwas feingemahlenem Feldspat und Quarz versetzen; dieses Gemisch wird fein pulverisiert, mit Wasser angerührt (geschlämmt), geknetet und geformt. Diese „Porzellanmasse" sintert dann in starker Glühhitze zusammen und schmilzt schließlich. Je mehr Feldspat zugegeben wird, desto leichter schmelzbar ist die Mischung; in gleicher Weise wirken auch andere „Flußmittel", wie Kreide, Gips, Sand.

Die aus der feuchten Porzellanmasse geformten Gegenstände werden langsam an der Luft getrocknet. Beim Formen muß darauf Bedacht genommen werden, daß beim Trocknen und Brennen der Masse die Form entsprechend kleiner wird (schwindet). Die getrockneten Gegenstände werden in besonderen Öfen bei mäßiger Hitze in Kapseln aus Schamottemasse gebrannt, sie werden also vom Feuer selbst nicht berührt. Nach diesem ersten Brand bilden die Massen einen porösen, weißen, noch recht zerbrechlichen Scherben.

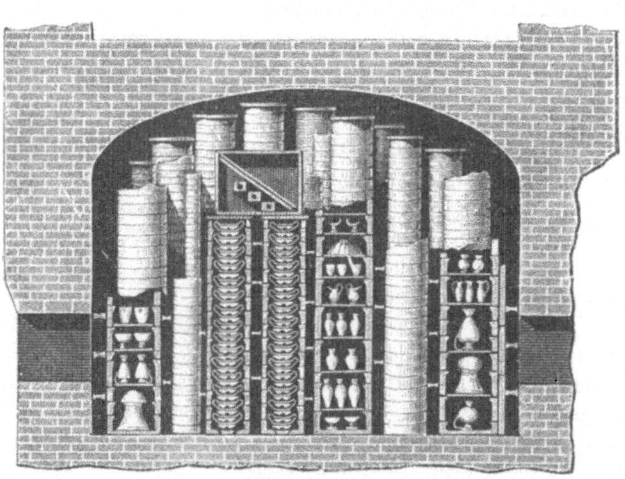

Abb. 37. Abbildung einer Tonwarenkapsel.

Um den Gegenständen eine glänzende, leicht zu reinigende, glatte Oberfläche zu geben, taucht man sie nun in eine Glasurmasse, die meist aus feingepulvertem, in Wasser aufgeschwemmtem **Feldspat** besteht. Die mit einem dünnen Überzug dieser leicht schmelzbaren Porzellanmasse versehenen

Gegenstände werden zunächst getrocknet und hierauf in scharfer Weißglut in Kapseln von feuerfestem Ton fertig gebrannt (Garbrennen). Das erhaltene Porzellan wird dabei dicht, klingend, ist weiß, durchscheinend, härter als Stahl und verträgt einen raschen Temperaturwechsel.

Unglasiertes Porzellan heißt nach dem Garbrennen Biskuit; es hat eine rauhe, leicht schmutzende Oberfläche.

2. Steinzeug. Zur Herstellung des Steinzeuges werden die besseren Sorten des gewöhnlichen Tons (Aluminiumsilicat) benutzt.

Dieser Ton wird mit fein gemahlenem Feldspat vermischt und aus der Masse die Gegenstände geformt. Diese werden dann im Ofen nur einmal, und zwar in freiem Feuer, zu einem dichten Scherben scharf gebrannt. Die Glasur wird meist durch Einwerfen von Kochsalz in den heißen Öfen erzeugt (Salzglasur); durch das Verdampfen des Kochsalzes entsteht eine glasartige Masse (Natriumaluminiumsilicat), die die Oberfläche in dünner Schicht überzieht. Das Steinzeug ist mehr oder minder stark gefärbt, es besitzt sonst die Eigenschaften des Porzellans, ist aber undurchsichtig und verträgt nicht einen raschen Temperaturwechsel.

Aus Steinzeug fertigt man Mineralwasserkrüge, Wasserleitungsröhren, Gefäße zur Aufbewahrung eingemachter Früchte, Trinkkrüge, das außen braun, innen weiß glasierte Bunzlauer Geschirr usw.

264. b) Gesinterte, poröse Tonwaren. Zu dieser Gruppe gehören: 1. Steingut oder Fayence, 2. das gewöhnliche Töpfergeschirr, 3. die Ziegel- und Backsteine.

1. Steingut oder Fayence. Man stellt diese Waren aus dem gewöhnlichen Ton her (Aluminiumsilicate), den man mit gemahlenem Quarz mischt. Die Bereitung der Masse, das Formen der Gegenstände, sowie das Brennen geschieht wie beim Porzellan zweimal in Kapseln, jedoch wird Steingut das erstemal ohne Glasur stärker gebrannt als das zweitemal mit Glasur; als Glasurmasse verwendet man gewöhnlich eine durch Zinnoxyd undurchsichtig, weiß gemachte Emailglasur.

Das Steingut oder Fayence ist porös, weniger fast als Porzellan, undurchsichtig und klingt nicht.

Zu den Steingutwaren gehören die zuerst auf der Insel Majorka hergestellten buntbemalten Gefäße (Majolika), bei denen in einem dritten Brande glänzende Farben, die in Form einer Paste auf die Glasur aufgetragen sind, befestigt werden; ferner die sog. Delfter Waren, die glasierten und bunten Fliesen für Wandbekleidungen, Bodenbelag, Ofenkacheln usw.

Unglasiertes Steingut nennt man Terrakotta, es dient zur Herstellung von Kunstgegenständen, Bierkrügen, Zellen für galvanische Batterien u. dgl.

2. Gewöhnliche Töpfergeschirre. Diese Waren sind als schlechtere Steingutwaren zu betrachten. Die aus gewöhnlichem, verunreinigtem Ton hergestellten Gegenstände werden an der Luft getrocknet und einmal in freiem Feuer im Ofen gebrannt. Die Gegenstände werden meist auch mit einer Glasur versehen, die sehr häufig durch Zusatz von Bleiglätte (Bleioxyd) erzeugt wird und dann aus einem bleihaltigen Überzug besteht (Bleiglasur), zuweilen wird die Glasur auch mittels ungiftiger anderer Stoffe bereitet (Gesundheitsgeschirre). Zu den gewöhnlichen glasierten Töpferwaren gehören irdene Kochgeschirre, zu den unglasierten die Blumentöpfe.

Feuerfeste Schmelztiegel, sowie feuerfeste Schamottesteine werden aus

Ton hergestellt, der reich an Kieselsäure, dagegen arm an Kalk, Eisen und Feldspat ist. Die hessischen Tiegel werden aus einem in Hessen gegrabenen Ton angefertigt. Sie zeichnen sich durch große Feuerbeständigkeit aus und eignen sich daher für viele chemische Operationen.

3. Ziegel und Backsteine. Das Brennen geschieht in Öfen verschiedener Konstruktion. Die rote Farbe der gebrannten Ziegel und Backsteine rührt daher, daß das Eisenhydroxyd durch das Brennen in Eisenoxyd übergeht. Wird beim Brennen die Temperatur sehr gesteigert, so schmilzt die Oberfläche der Steine, die dadurch ein glattes Aussehen erhalten; man erhält in dieser Weise die zum Belegen von Bürgersteigen usw. verwendeten Klinker.

Drainierungsröhren werden aus Lehm, d. h. aus unreinstem, häufig stark mit Sand und Kalk vermischtem Ton hergestellt.

Eisen (Ferrum), Fe (Zwei- und Dreiwertig).

265. Das Eisen ist für den Menschen das wichtigste Metall, wahrscheinlich war es schon in den frühesten Zeiten bekannt. Das Zeichen Fe ist aus dem lateinischen Wort Ferrum abgeleitet.

Vorkommen. Eisen findet sich gediegen nur in geringer Menge, so in Meteorsteinen, die aus dem Weltenraum auf die Erde niederfallen, ferner in einigen basaltähnlichen Gesteinen. Eisenverbindungen kommen dagegen auf der Erde weit verbreitet vor. Die wichtigsten Eisenerze sind: Roteisenstein (Fe_2O_3), Magneteisenstein (Fe_3O_4), Spateisenstein ($FeCO_3$), Eisenkies oder Schwefelkies (FeS_2). Auch viele Silicatgesteine enthalten Eisen, das bei der Zersetzung der Gesteine in die Ackererde und in viele natürliche Wässer gelangt (Stahlquellen). Für das Pflanzenreich hat Eisen als unentbehrlicher Bestandteil des Chlorophylls, für das Tierreich als ein solcher der roten Blutkörperchen große Bedeutung.

Darstellung des Eisens. Die Gewinnung des Eisens aus seinen Erzen ist im Prinzip sehr einfach, sie beruht auf der Fähigkeit des Kohlenstoffes, die Oxyde des Eisens bei hoher Temperatur zu Eisen zu reduzieren. Man sucht daher die verschiedenen Eisenverbindungen in das am leichtesten reduzierbare Oxyd des Eisens (Fe_2O_3) überzuführen. Die Eisenerze werden zunächst zerkleinert und an der Luft erhitzt (geröstet), um Wasser auszutreiben, Carbonate zu zersetzen, Schwefel und Arsen zu verflüchtigen und um eine Lockerung der Erzmasse herbeizuführen.

Hierauf werden die Erze mit einem sog. „Zuschlag" vermischt, der bei Eisenverbindungen mit sauren Beimengungen (Silicate, Ton) aus Kalk, bei solchen mit kalkhaltigen (basischen) Beimengungen aus Sand und Quarz oder anderen Silicaten besteht. Aus diesem Zuschlag bildet sich beim Glühen eine leichtflüssige, glasartige Masse (Schlacke), die aus Silicaten besteht und das gebildete Eisen im Hochofen einhüllt, überlagert, und so vor Oxydation und vor dem Verbrennen schützt. Die Reduktion des Eisenerzes geschieht hüttenmännisch in hohen Schachtöfen, dem „Hochofen", in diesem wird das Gemenge von Erz und Zuschlag in abgemessenen Mengen schichtenweise abwechselnd mit Koks durch die obere Öffnung des Hochofens geschüttet, nachdem zuvor in dem untersten Teile des Ofens eine Schicht Brennmaterial in lebhaften Brand gesetzt worden ist (der Ofen angeblasen ist).

Der Hochofen (Abb. 38) ist aus feuerfesten Steinen erbaut und ungefähr 10—20 m hoch; er besteht aus einem Schacht, der sich nach oben verengt.

Der Schacht ruht auf einem von Säulen getragenen Gußeisenkranz und ist mit einem Blechmantel umgeben, der mit schmiedeeisernen Bändern befestigt ist. Zwischen diesem Mantel und dem Ofen befindet sich als schlechter Wärmeleiter Asche, damit durch die Ausstrahlung möglichst wenig Wärme verloren geht. Der oberste Teil des Ofens, von dem aus die Erze und der Koks in den Ofen geschüttet werden, heißt die Gicht; die Masse sinkt in dem sich zunächst nach unten erweiternden Schacht allmählich nach unten, gelangt in dem sich trichterförmig verengernden Teile, dem Rast, etwas zur Ruhe und erhält dann in dem untersten zylindrischen Teile, dem Gestell, die für den Prozeß notwendige Luft mittels eines Gebläses durch 7—12 wassergekühlte Röhren (Düsen) zugeführt. Durch die hierdurch entstehende große Hitze werden die Erze und die Schlacke dünnflüssig; durch Verbrennung der Kohle entsteht Kohlenoxyd, das das Erz zu Metall reduziert:

$$Fe_2O_3 + 3\,CO = 2\,Fe + 3\,CO_2.$$

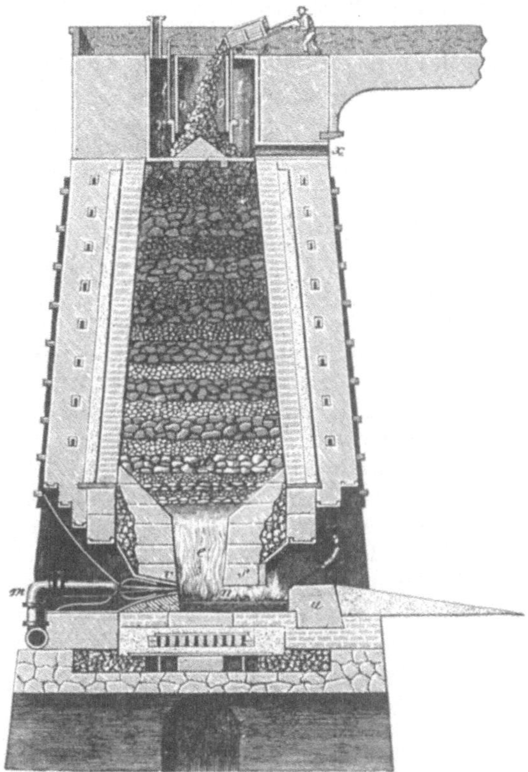

Abb. 38. Hochofen.

Das reduzierte Eisen nimmt bei dem Prozeß durch die Berührung mit Kohlenstoff bei der hohen Temperatur etwas von diesem auf, wodurch sein Schmelzpunkt bedeutend erniedrigt wird.

Das dünnflüssige Eisen sammelt sich auf der Sohle des Ofens an und ist durch die auf seiner Oberfläche befindliche Schlacke vor Oxydation geschützt. Es wird von Zeit zu Zeit (meist alle acht Stunden) in Sandformen abgelassen; die Schlacke fließt aus einer besonderen oberen Öffnung ab.

Ist ein Ofen einmal angeblasen, so bleibt er in ununterbrochenem Betriebe, bis er unbrauchbar geworden ist, was meist erst nach mehreren Jahren der Fall ist.

266. Eisensorten. Die Eigenschaften des Eisens sind abhängig von den Beimengungen, die es enthält, namentlich vom Kohlenstoff. Das aus dem Hochofen fließende Eisen nennt man Roh- oder Gußeisen; es enthält 2,3—5% Kohlenstoff, welcher teils chemisch gebunden, teils nur mechanisch beigemengt ist, ferner kleine Mengen Silicium, Mangan, Phosphor, Schwefel. Wird es sehr rasch abgekühlt, so bleibt der Kohlenstoff chemisch gebunden und man erhält das weiße Gußeisen, bei langsamer Abkühlung scheidet

sich der Kohlenstoff als Graphit aus, der, durch die Masse verteilt, das Eisen
grau färbt, man erhält so graues Gußeisen; bei einem Gehalt an Mangan
erhält man das Spiegeleisen, das 3,5—6% Kohlenstoff enthält und auf
Stahl verarbeitet wird.

Alle Sorten Gußeisen sind spröde und leicht schmelzbar (1100—1200 °),
erweichen aber nicht vorher, sondern gehen vom festen, plötzlich in den
flüssigen Zustand über, sie sind daher nicht schmiedbar. Verwendet wird das
Gußeisen, namentlich das graue, zur Anfertigung von Gußstücken, z. B. von
Ofentüren.

Durch Entfernung des größten Teiles seiner Beimengungen, namentlich
des Kohlenstoffes, wird das Gußeisen verwandelt in schmiedbares Eisen
mit weniger als 2,3% Kohlenstoff. Es ist viel höher schmelzbar als Gußeisen
und ist dehn- und schmiedbar. Beträgt der Kohlenstoffgehalt 0,5—2,3%,
so erhält man Stahl, der sich härten läßt. Mit weniger als 0,5% Kohlenstoff
ist es nicht mehr zu härten; dies ist Schmiedeeisen.

Man hat also hauptsächlich drei Eisensorten zu unterscheiden: a) Roh-
oder Gußeisen, Kohlenstoffgehalt 2,3—5%; b) Stahl, Kohlenstoffgehalt
0,5—2,3%; c) Schmiedeeisen, weniger als 0,5% Kohlenstoff.

Erwähnenswert ist noch, daß die Anwesenheit von Phosphor oder Schwefel
das Eisen spröde macht.

**267. Umwandlung des Gußeisens in Schmiedeeisen und Stahl (Entkohlung
des Eisens).** Aus dem rohen Gußeisen, wie es den Hochofen verläßt, werden
die anderen Eisensorten dargestellt. Es muß zu diesem Zweck von einem
Teil des Kohlenstoffes sowie von den übrigen Beimengungen (Silicium,
Schwefel, Phosphor u. a.) befreit werden. Der wichtigste technische Prozeß,

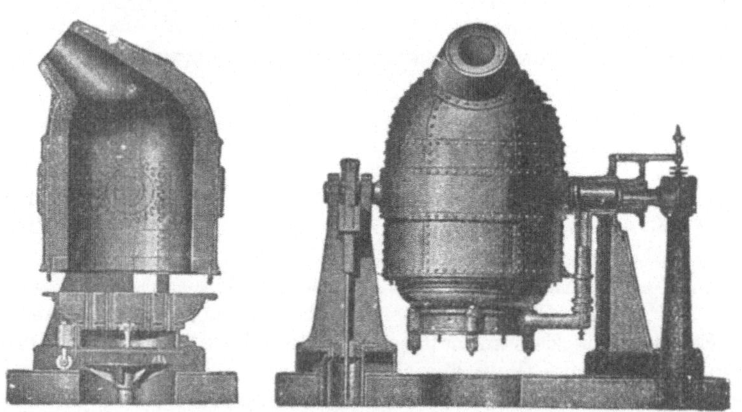

Abb. 39. Bessemerbirne (Längsschnitt und Vorderansicht).

durch den dies erreicht wird, ist der Bessemerprozeß. Hierbei wird das
geschmolzene Gußeisen in ein eisernes, mit feuerfestem sauren Futter (feuerfester Ton mit Quarzsand) ausgekleidetes Gefäß (Bessemerbirne, Abb. 39)
gebracht und durch einen von unten her durch das flüssige Eisen eingepreßten
Luftstrom Kohlenstoff und Silicium verbrannt. Hierdurch steigert sich die
Temperatur so sehr (über 2000 °), daß eine künstliche Feuerung nicht nötig
ist und das gebildete Flußeisen durch Umkippen der Birne ausgegossen werden

Abb. 40. Ansicht eines Kruppschen Bessemerwerkes. (In der Mitte ein Converter in Betrieb, links vorne einer bei der Entleerung.)

kann. Will man **Stahl** herstellen, so gibt man am Ende des Prozesses so
viel kohlenstoffreiches Eisen zu, bis der gewünschte Kohlenstoffgehalt erzielt
ist und entleert die Birne nach Ablauf des Prozesses.

Bei dieser Umwandlung des Gußeisens in Schmiedeeisen und Stahl wird
der zuweilen in nicht unerheblichen Mengen im Eisen vorhandene Phosphor
nicht entfernt, wodurch das Schmiedeeisen „brüchig" wird. Zur Beseitigung
des Phosphors bedient man sich daher eines Verfahrens, das von dem engli-
schen Ingenieur und Chemiker **Thomas** angegeben worden ist. Das Gußeisen wird bei diesem Verfahren (**Thomasprozeß**) ebenfalls in eine Bessemerbirne gebracht, diese ist jedoch innen mit einer „basischen" Ausfüt-
terung, bestehend aus Kalk und Magnesiumoxyd, versehen, außerdem setzt
man beim Blasen des geschmolzenen Eisens noch gebrannten Kalk hinzu.
Das Verfahren wird daher auch als „basischer Prozeß" bezeichnet. Der
Phosphor verbrennt hierbei zu Phosphorsäure, die sich mit dem Kalk zu
Calciumphosphat verbindet, das in die Schlacke übergeht. Diese Schlacke
wird gemahlen und kommt als **Thomasphosphatmehl** in großen Mengen
als Düngemittel in den Handel.

268. Schmiedeeisen. Das Schmiedeeisen enthält weniger als 0,5% Kohlenstoff, bei starkem Erhitzen erweicht es und läßt sich mit dem Hammer
schmieden (formen) sowie schweißen, ist aber zur Anfertigung von Gußstücken nicht geeignet. Es wird z. B. verwendet zur Herstellung von schmiedeeisernen Gittern, kleinen Kunstgegenständen usw.

Mit „Schweißen" des Eisens bezeichnet man die Vereinigung von zwei
stark glühenden Eisenstücken durch den Schlag des Hammers; da hierzu eine
rein metallische Oberfläche beider Stücke nötig ist, streut man etwas Borax
darauf, das mit dem vorhandenen Oxyd eine leicht schmelzbare Schlacke
bildet, die beim Hämmern beseitigt wird.

269. Stahl enthält mehr Kohlenstoff als das Schmiedeeisen und weniger
als das Gußeisen, gewöhnlich 0,5—2,3%. Die größte Härte des Stahles wird
bei einem Kohlenstoffgehalt von 1—2% erreicht, setzt man dem Stahl jedoch
noch geringe Mengen anderer Metalle (Mangan, Chrom, oder Wolfram) hinzu,
so wird die Härte noch weiter erhöht.

Wird der Stahl erhitzt und schnell durch Eintauchen in Wasser abgekühlt,
so ist er äußerst hart und spröde, ritzt Glas — man nennt dies das **Ab-
löschen** des Stahls —; wird dagegen der gehärtete Stahl erhitzt und darauf
langsam abgekühlt, so ist er sehr elastisch (Degenklingen); man nennt dies
das **Anlassen des Stahls.**

270. Schmiedbarer Guß. Eine Nebenart des schmiedbaren Eisens ist der
schmiedbare Guß, der aus weißem Roheisen in der Weise hergestellt
wird, daß man es in besonderen Öfen (Temperöfen) mit Oxydationsmitteln
(Knochenasche, Hammerschlag) mehrere Tage hindurch langsam bis auf
Rotglut erhitzt, diese Temperatur etwa zwei Tage wirken läßt und dann
langsam abkühlt. Hierdurch wird das Roheisen oberflächlich von Kohlenstoff befreit, daher auf der Oberfläche in Schmiedeeisen oder Stahl umgewandelt, so daß es sich schmieden und härten, aber nicht schweißen läßt.
Dieser schmiedbare Guß oder auch Temperstahl genannt, liefert das Material
für unsere Schlüssel, Schnallen, Scheren, Messer usw.

271. Reines Eisen, Rosten des Eisens. Chemisch reines Eisen in Pulverform läßt sich im Laboratorium durch Reduktion des Oxyds in einem Strom

von Wasserstoff darstellen; es hat eine graue Farbe, ist verhältnismäßig weich, dabei aber sehr zähe. In Berührung mit einem Magneten wird das Eisen selbst magnetisch, es ist das am stärksten magnetische Metall; je reiner das Eisen ist, desto schneller verliert es nach dem Entfernen des Magneten seinen Magnetismus wieder, während Stahl dauernd magnetisch bleibt.

In trockener Luft oder in luft- und kohlesäurefreiem Wasser ist es unveränderlich; an feuchter Luft rostet es dagegen schnell; es entsteht Eisenoxydhydrat $Fe(OH)_3$ als zusammenhängende Schicht, dadurch „frißt" sich der Rost weiter. Das Rosten des Eisens wird sehr verzögert, wenn man es unter Wasser bringt, das Alkalien oder alkalisch reagierende Salze enthält; in einer Sodalösung z. B. rostet Eisen nicht, sondern bleibt blank.

Beim Glühen an der Luft bedeckt sich Eisen mit einer abblätternden, schwarzen Schicht von Eisenoxyduloxyd (Hammerschlag) (Fe_3O_4). Die gleiche Verbindung wird beim Verbrennen von Eisen, z. B. beim Einstreuen in eine gewöhnilche Bunsenflamme, erhalten, wobei lebhaftes Funkensprühen stattfindet.

Metallisches Eisen wird von verdünnten Mineralsäuren leicht unter Entwicklung von Wasserstoffgas gelöst.

Versuch: Man gebe etwas Eisenpulver in ein Becherglas und gieße Leitungswasser darauf. In ein anderes Becherglas bringt man ein blankes Eisenstäbchen und schichtet ausgekochtes erkaltetes Wasser darauf. Das Eisenpulver wird sich langsam dunkler färben und infolge des stets etwas Luft und Kohlensäure enthaltenden Leitungswassers sich in Eisenoxyduloxyd verwandeln, während das Eisenstäbchen in dem andern Becherglas infolge der Abwesenheit dieser Gase blank bleibt.

Eisensalze.

Das Eisen bildet zwei Reihen von Salzen, die sich vom Eisenoxydul (FeO) und vom Eisenoxyd (Fe_2O_3) ableiten. Die wichtigsten dieser Salze sind die folgenden:

a) **Oxydulverbindungen (Ferroverbindungen).** In diesen Verbindungen ist das Eisen zweiwertig.

272. Eisenoxydul (Ferrooxyd), FeO. Es entsteht durch Reduktion des Eisenoxyds im Kohlenoxydstrom.

$$Fe_2O_3 + CO = 2\,FeO + CO_2,$$

es ist ein schwarzes Pulver, das aus der Luft begierig Sauerstoff aufnimmt.

273. [Eisenoxydulhydroxyd, Ferrohydroxyd, $Fe(OH)_2$. Es fällt aus Eisenoxydulsalzen auf Zusatz von Alkalien als weißer Niederschlag, der sich an der Luft leicht oxydiert und sich dabei grün und später braunrot färbt. In Wasser ist die Verbindung etwas löslich und erteilt ihm einen tintenartigen Geschmack.]

274. Ferrochlorid, Eisenchlorür, $FeCl_2$, entsteht beim Lösen von Eisen in Salzsäure, es krystallisiert mit $4\,H_2O$ in grünen Prismen. [Starke Oxydationsmittel, wie z. B. Salpetersäure oder chlorsaures Kalium, oxydieren es leicht in Ferrichlorid $FeCl_3$.]

275. Schwefeleisen, Eisensulfür, Ferrosulfid, FeS. Es wird dargestellt durch Erhitzen von äquivalenten Mengen Eisen (Eisenfeile) und Schwefel (also z. B. 56 g Fe und 32 g S). Versetzt man Eisensalzlösungen mit Schwefelammonium, so fällt Schwefeleisen als schwarzer Niederschlag aus. Es ist in

Säuren leicht löslich, man benutzt es zur Entwicklung von Schwefelwasserstoff:

$$FeS + 2\,HCl = FeCl_2 + H_2S \text{ oder}$$
$$FeS + H_2SO_4 = FeSO_4 + H_2S.$$

276. Kohlensaures Eisenoxydul, Ferrocarbonat, FeCO₃. Es kommt in der
Natur als Spateisenstein vor, es ist in kohlensäurehaltigem Wasser etwas
löslich und daher in vielen natürlichen Mineralwässern enthalten (Stahlquellen).

277. Eisenvitriol, schwefelsaures Eisenoxydul, Ferrosulfat, FeSO₄ · 7 H₂O.
Es findet sich in der Natur fertig gebildet vor in Moorböden, wo es durch
Verwitterung von Eisenkiesen entstanden ist. Man gewinnt dieses Salz,
indem man Eisenkies (FeS₂) röstet, dabei entsteht FeS, dieses oxydiert sich
beim Liegen an der Luft zu FeSO₄; auch durch Auflösen von Eisen in Schwe-
felsäure kann es dargestellt werden. Der Eisenvitriol krystallisiert in großen,
hellgrünen Krystallen, die an der Luft etwas verwittern und sich bald mit
einer braungelben, rostigen Schicht von Eisenoxyd (durch Aufnahme von
Sauerstoff aus der Luft) bedecken, er findet ausgedehnte Anwendung in der
Färberei und Gerberei, ferner zu Desinfektionszwecken, da er Ammoniak und
Schwefelwasserstoff bindet und hierdurch üble Gerüche beseitigt, endlich zur
Darstellung der Eisentinten.

Versuche: 1. Man mischt 20 g Ferrosulfat mit 10 g Ammoniumsulfat in wenig heißem
Wasser. Man filtriert die Lösung in eine Krystallisationsschale und läßt erkalten. Es
scheiden sich grüne Krystalle von Ferro-ammoniumsulfat (NH₄)₂SO₄ + FeSO₄ · 6 H₂O
(Mohrsches Salz) aus, die man zwischen Filtrierpapier trocknet.

2. Zu einer Auflösung von Ferrosulfat gibt man in einem Reagensglas einen Tropfen
Rhodankaliumlösung. Es tritt kein Farbenumschlag ein. Nun füge man einige Tropfen
Salpetersäure hinzu, wodurch das Ferrosulfat zu Ferrisulfat oxydiert wird. Sofort färbt
sich die Lösung blutrot (vgl. auch § 286 Nr. 2).

278. Tinten. Schwarze Tinten. Die eisenhaltigen Tinten stellt man
dar aus Gerbsäure (gewonnen aus den Galläpfeln) und aus Eisenvitriol, es
bildet sich dabei gerbsaures Eisenoxydul, das sich erst nach Aufnahme von
Sauerstoff aus der Luft allmählich in das tiefschwarze gerbsaure Eisenoxyd
umwandelt.

Um die Bildung von Niederschlägen zu vermeiden, setzt man der Tinte
etwas Gummi arabicum hinzu.

Blauholztinten. Eine andere Eisentinte stellt man her aus Eisenvitriol und Blauholzextrakt unter Zusatz von geringen Mengen gelbem chromsauren Kalium.

Ferner bereitet man schwarze Tinten aus schwarzen Anilinfarben, wie
Anilinschwarz, Indulin usw., durch Auflösen in Wasser. Diese Tintensorten
sind aber wenig beliebt, da sie kein tiefes Schwarz geben.

Rote Tinten sind wässerige Lösungen von organischen roten Farbstoffen,
wie Fuchsin, Eosin, denen Gummi arabicum zugesetzt ist.

Blaue Tinten sind Lösungen von frisch ausgefälltem, mit verdünnter
Salzsäure ausgewaschenem Berlinerblau (vgl. § 284) in Oxalsäurelösung.

Kopiertinten sind konzentriertere gewöhnliche Schreibtinten, die mit
größeren Mengen von Gummi arabicum und etwas Glycerin versetzt sind.

b) Oxydverbindungen (Ferriverbindungen). In diesen Verbindungen ist
das Eisen dreiwertig.

279. Eisenoxyd, Ferrioxyd, Fe₂O₃. Es kommt in der Natur in Form der

wertvollen Eisenerze: Roteisenstein, Eisenglanz und Eisenglimmer vor.
[Künstlich wird es dargestellt durch Glühen des entsprechenden Hydroxydes:

$$2\,Fe(OH)_3 = Fe_2O_3 + 3\,H_2O.]$$

Es ist ein dunkelrotes Pulver, das als Farbstoff (Caput mortuum, Englisch-
rot, Polierrot, Kolkothar) und als Poliermittel für Glas und Metalle Verwendung findet.

280. Eisenhydroxyd, Eisenoxydhydrat, Ferrihydroxyd, Fe(OH)$_3$. [Die Verbindung wird erhalten als rotbraunes Pulver durch Versetzen eines Ferri-
salzes mit überschüssigem Ammoniak oder mit Ätzalkalien, z. B. Natronlauge:

$$FeCl_3 + 3\,NH_3 + 3\,H_2O = Fe(OH)_3 + 3\,NH_4Cl \quad oder$$
$$FeCl_3 + 3\,NaOH = Fe(OH)_3 + 3\,NaCl.]$$

Durch Aufnahme von verschiedenen Wassermengen entstehen aus dem
Eisenoxyd noch mehrere unlösliche, gelb- bis rotbraune Hydroxyde, eine
solche Verbindung ist z. B. der Rost. Überhaupt wird die braune Farbe verschiedener Stoffe, z. B. des Lehmes, meist durch einen Gehalt an Ferri-
hydroxyden hervorgerufen, beim Glühen geben die Hydroxyde Wasser ab
und verwandeln sich dabei in das rote Eisenoxyd, hierauf beruht die Farben-
veränderung der Ziegel beim Brennen.

281. Magneteisenstein, Eisenoxyduloxyd, Fe$_3$O$_4$ oder Fe$_2$O$_3 \cdot$ FeO. Es
kommt als Magneteisenstein (natürlicher Magnet) in der Natur vor. [Man
erhält es beim Leiten von Wasserdampf über glühendes Eisen:

$$3\,Fe + 4\,H_2O = Fe_3O_4 + 8\,H.]$$

Auch beim Erhitzen des Eisens an der Luft bildet sich diese Verbindung
(Eisenhammerschlag) sowie beim Verbrennen von Eisen in Sauerstoff.

282. Eisenchlorid, Ferrichlorid, FeCl$_3$. [Es wird dargestellt durch Einleiten von Chlor in eine Lösung von Ferrochlorid.] Es bildet eine gelbe, zer-
fließliche Masse, seine wässerige Lösung findet in der Heilkunde als Blutstillungsmittel Verwendung, da sie Eiweiß zum Gerinnen bringt.

283. Schwefelsaures Eisenoxyd, Ferrisulfat, Fe$_2$(SO$_4$)$_3$. Es wird durch
Auflösen von Eisenoxyd in Schwefelsäure gewonnen, es ist ein weißes Salz,
das mit den Sulfaten der Alkalimetalle Doppelsalze bildet, die den Alaunen
sehr ähnlich sind und deshalb unter der Bezeichnung „Eisenalaune" zusam-
mengefaßt werden.

[Von besonderem Interesse sind die Verbindungen des Eisens mit Cyan
(CN), die Blutlaugensalze:

284. Gelbes Blutlaugensalz, Eisenoxydulcyankalium, Ferrocyankalium,
K$_4$Fe(CN)$_6 \cdot$ 3H$_2$O. Darstellung. Im großen gewinnt man die Verbindung:

a) Durch Glühen von tierischen Abfällen (Klauen, Blut, Huf, Haare) mit
Pottasche und Eisenfeile, dabei entsteht eine stark stickstoffhaltige Masse,
die nach dem Erkalten mit Wasser ausgezogen und filtriert wird, aus dem
Filtrat krystallisiert das gelbe Blutlaugensalz.

b) Aus dem noch nicht gereinigten Leuchtgas, das geringe Mengen Blausäure (Cyanwasserstoff, CNH) enthält. Nachdem das Leuchtgas vom Teer
befreit ist, läßt man es durch Waschapparate gehen, die eine Lösung von
Pottasche und Eisencarbonat (FeCO$_3$) enthalten. In dieser Weise wird das
gelbe Blutlaugensalz gewöhnlich gewonnen.

Das Salz bildet große gelbe Krystalle, die in Wasser leicht löslich und ungiftig sind. Es wird hauptsächlich in der Färberei verwendet, da es mit Eisenoxydsalzen, z. B. Eisenchlorid, einen tiefblauen Niederschlag gibt, das sog. Berlinerblau. Auch mit anderen Metallsalzen liefert es gefärbte Verbindungen.

Verdünnte Schwefelsäure entwickelt beim Erwärmen Blausäure, deshalb ist Vorsicht beim Arbeiten mit diesem Salze nötig.

285. Rotes Blutlaugensalz, Eisenoxydcyankalium, Ferricyankalium, $K_3Fe(CN)_6$. Es wird dargestellt durch Einleiten von Chlor in gelbes Blutlaugensalz. Es bildet dunkelrote, in Wasser leicht lösliche Krystalle, die mit Eisenoxydulsalzen einen blauen Niederschlag (Turnbull-Blau), mit Eisenoxydsalzen dagegen keine Fällung geben. Das rote Blutlaugensalz findet ebenfalls in der Färberei sowie zur Herstellung von Lichtpausen — Blaupausen — Verwendung.]

286. Nachweis der Eisenverbindungen. (Auch als **Versuche** zu benutzen.)

1. Schwefelammonium fällt aus den Ferro- und Ferrisalzen das Eisen als Ferrosulfid in Form eines schwarzen Niederschlages aus, der von verdünnten Mineralsäuren leicht gelöst wird.

2. Rhodankalium (KCNS) bewirkt in Ferrisalzlösungen eine blutrote Färbung.

3. [Gelbes Blutlaugensalz ruft in Ferrosalzlösungen einen weißen Niederschlag hervor, der sich schnell bläut; in Ferrisalzlösungen entsteht sofort ein blauer Niederschlag von Berlinerblau, $Fe'''_4[Fe''(CN)_6]_3$.

4. Rotes Blutlaugensalz ruft in Ferrosalzlösungen einen tiefblauen Niederschlag hervor (Turnbull Blau $Fe''_3[Fe'''(CN)_6]_2$; in Ferrisalzlösungen wird dagegen nur eine braune Färbung, aber kein Niederschlag erzielt.

5. Gerbsäure gibt mit Ferrisalzlösungen einen blauschwarzen Niederschlag von gerbsaurem Eisenoxyd.]

Mangan, Mn (Zwei-, drei-, sechs- und siebenwertig).

287. Vorkommen. Mangan kommt nicht frei in der Natur vor, sondern in vielen Erzen, oft als Begleiter des Eisens. Die wichtigsten Manganerze sind der Braunstein (MnO_2), der Hausmannit (Mn_3O_4), der Manganspat ($MnCO_3$) und die Manganblende (MnS).

Darstellung. Das Mangan wird durch Reduktion seiner Oxyde mit Aluminiumpulver oder mit Kohle erhalten.

Eigenschaften. Das Mangan besitzt eine weißgraue Farbe und starken Metallglanz, es ist spröde, hart und schwer schmelzbar. An der Luft oxydiert es sicht leicht, wobei es bunt anläuft, es löst sich in verdünnten Säuren. Es ritzt Glas.

Es findet Anwendung zu manchen Legierungen, namentlich bei der Darstellung des Eisens. [Mangan bildet wie das Eisen zwei Reihen Salze, die Manganoverbindungen vom Typus MnX_2 und die Manganiverbindungen vom Typus Mn_2X_3; erstere sind die beständigeren, in ihnen ist das Mangan zweiwertig, in letzteren dreiwertig.]

Die wichtigsten Manganverbindungen sind:

288. Braunstein, Mangansuperoxyd, MnO_2. Diese Verbindung kommt in der Natur in großen Lagern als Erz vor, so z. B. in Thüringen, im Harz und im Erzgebirge; sie bildet schwarze bis schwarzgraue Massen und dient hauptsächlich zur Darstellung des Chlors, des Sauerstoffes und des Kaliumpermanganates, ferner wird sie zum Entfärben von Glas angewendet.

289. Übermangansaures Kalium, Kaliumpermanganat, KMnO$_4$.
[Darstellung. Man leitet in eine Lösung von Kaliummanganat Ozon ein:

$$2\,K_2MnO_4 + O_3 = 2\,KMnO_4 + K_2O + 2\,O.]$$

Dar Kaliumpermanganat bildet grün-schwarze, bläulich schillernde Krystalle,
die sich in Wasser mit violetter Farbe lösen. Es besitzt eine starke oxydierende Wirkung, d. h. die Lösung gibt leicht Sauerstoff ab und wird deshalb vielfach in sehr verdünnter Lösung als Mundwasser, ferner in der Medizin,
zum Bleichen von Zeug, als Desinfektionsmittel usw. benutzt. In neuerer
Zeit findet es auch in der Küche Anwendung, um nicht mehr frisches Fleisch
von Fäulniskeimen zu befreien. Zu diesem Zweck bringt man das Fleisch
in eine wässerige, schwach rosarote Lösung von Kaliumpermanganat; sind
Fäulniskeime vorhanden, so werden diese durch den abgegebenen Sauerstoff des Kaliumpermanganats abgetötet, wodurch Entfärbung der •Lösung
eintritt. Man behandelt das Fleisch darauf von neuem mit einer frischen
Kaliumpermanganatlösung, bis die angewandte Lösung sich nicht mehr entfärbt, d. h. bis alle Fäulniskeime abgetötet worden sind. Bringt man leicht
oxydierbare Stoffe, wie z. B. Alkohol, mit Kaliumpermanganat in Berührung,
so findet häufig eine Entzündung statt. Reibt man Kaliumpermanganatkrystalle mit Schwefel oder Jod zusammen, so entstehen heftige Explosionen
(Vorsicht!). Hände, Holz oder Papier werden durch eine Kaliumpermanganatlösung braun gefärbt durch Abscheidung von Mangansuperoxydhydrat.

289 a. [**Manganchlorür,** MnCl$_2$. Diese Verbindung wird technisch aus den
Endlaugen von der Chlorentwicklung nach der Braunsteinmethode gewonnen.
Das hellrötliche, mit 4 Mol. Wasser krystallisierende Salz ist sehr hygroskopisch und findet in der Färberei Verwendung.]

289 b. [**Mangansulfat** (Oxydul), MnSO$_4$. 7 H$_2$O wird durch Lösen von
Manganoxydul MgO in verdünnter Schwefelsäure erhalten, es ist ein
rosafarbenes Salz und wird in der Färberei und Porzellanmalerei gebraucht.]

290. [**Nachweis der Manganverbindungen.** (Auch als **Versuche** zu benutzen.)
1. Schmilzt man eine Probe auf dem Platinblech mit Soda und Salpeter
zusammen, so erhält man bei Anwesenheit von Mangan eine grüne Schmelze
(Kaliummanganat), die sich in Wasser nach kurzem Stehen mit rotvioletter
Farbe (Kaliumpermanganat) löst.

2. Schwefelammonium gibt in der Kälte mit Manganosalzlösungen
einen fleischfarbenen Niederschlag von Schwefelmangan.

3. Erhitzt man Bleisuperoxyd (PbO$_2$) oder Mennige (Pb$_3$O$_4$) mit der
salpetersauren Lösung einer Manganverbindung, so erscheint die Flüssigkeit
nach dem Absetzen rot gefärbt.]

Chrom, Cr (Zwei-, drei- und sechswertig).

291. Vorkommen. Chrom kommt nicht frei in der Natur vor, sondern
nur in Verbindungen, und zwar in den Erzen: Chromeisenstein (FeCr$_2$O$_4$)
und Rotbleierz oder Bleichromat (PbCrO$_4$). Das Element verdankt seinen
Namen (chroma, griech. = Farbe) dem Umstande, daß die meisten seiner
Verbindungen schön gefärbt sind.

Darstellung. Man reduziert Chromoxyd (Cr$_2$O$_3$) mit Aluminiumpulver:

$$Cr_2O_3 + 2\,Al = Al_2O_3 + 2\,Cr.$$

Eigenschaften. Das Chrom ist ein grauweißes, stark glänzendes Metall. Es ist sehr hart und nur in den höchsten Hitzegraden schmelzbar. An der Luft erhitzt, oxydiert es sich nur sehr langsam. Von Salzsäure wird es leicht gelöst, ebenso von heißer, nicht aber von kalter Schwefelsäure. Von Salpetersäure wird es nicht angegriffen.

[Das Chrom bildet drei Reihen von Verbindungen, die sich vom Chromoxydul (CrO), Chromoxyd (Cr_2O_3) und vom Chromsäureanhydrid (CrO_3) ableiten.] Die wichtigsten Verbindungen sind die folgenden:

a) Oxydverbindungen.

292. Chromoxyd, Cr_2O_3. Es entsteht durch Erhitzen von Chromsäureanhydrid CrO_3, in amorpher Form ist es grün, krystallisiert hat es eine blaue Farbe. Nach dem Glühen ist es in Säuren unlöslich. Mit Silicaten geschmolzen, färbt es diese lebhaft grün, weshalb es zum Färben von Glas und Porzellan benutzt wird.

293. Chromsulfat, $Cr_2(SO_4)_3$. Es wird durch Lösen des Chromhydroxyds in verdünnter Schwefelsäure erhalten; aus der Lösung scheiden sich purpurrote Krystalle aus, die sich in Wasser mit violetter Farbe lösen. [Erwärmt man die Lösung, so färbt sich diese grün und gibt beim Verdunsten keine Krystalle von Chromsulfat. Kühlt man jedoch die grüne Lösung langsam ab, so färbt sie sich wieder violett und ist krystallisierbar. Diese Erscheinung beruht darauf, daß beim Erwärmen eine Abspaltung von Schwefelsäure eintritt.]

294. Chromalaun, $CrK(SO_4)_2 . 12\,H_2O$. Wie Aluminiumsulfat bildet auch Chromsulfat mit anderen Sulfaten Doppelsalze, die den eigentlichen Alaunen in Krystallform und Wassergehalt vollkommen entsprechen. [Die Verbindung entsteht beim Einleiten von Schwefeldioxyd in eine mit Schwefelsäure versetzte Lösung von Kaliumbichromat:

$$\underset{\text{Kaliumbichromat}}{K_2Cr_2O_7} + H_2SO_4 + 3\,SO_2 = 2\,CrK(SO_4)_2 + H_2O.$$

Der Chromalaun findet in der Gerberei und Färberei Verwendung.

b) Chromsäureverbindungen.

295. Chromsäureanhydrid, CrO_3. Von dieser Verbindung leiten sich die chromsauren und die doppelchromsauren Salze ab. Die freie Chromsäure (H_2CrO_4) ist nicht bekannt, wird sie aus einem ihrer Salze in Freiheit gesetzt, so zerfällt sie sofort wieder in ihr Anhydrid $CrO_3 + H_2O$, ebenso wie die Kohlensäure in Kohlendioxyd und Wasser, die schweflige Säure in Schwefeldioxyd und Wasser zerfällt.

[Darstellung. Das Chromsäureanhydrid CrO_3 erhält man durch Hinzufügung von Schwefelsäure zu Kaliumbichromat, es scheidet sich dann in langen, roten Nadeln ab, die in Wasser leicht löslich sind:

$$K_2Cr_2O_7 + 2\,H_2SO_4 = 2\,KHSO_4 + H_2O + 2\,CrO_3.]$$

Eigenschaften. Chromsäureanhydrid ist ein kräftiges Oxydationsmittel, seine Lösung kann nicht durch Papier filtriert werden, weil es dieses oxydiert. Tröpfelt man Alkohol auf CrO_3, so entzündet er sich, während Cr_2O_3 entsteht. CrO_3 ist giftig.

Von den Salzen der Chromsäure mögen die folgenden erwähnt werden:

296. Chromsaures Kalium, Kaliumchromat, K_2CrO_4. [Es wird dargestellt durch Auflösen von Kaliumbichromat in heißem Wasser und Versetzen mit Kaliumcarbonat (Pottasche):

$$K_2Cr_2O_7 + K_2CO_3 = 2\,K_2CrO_4 + CO_2.]$$

Die Verbindung krystallisiert in gelben Krystallen, die sich in Wasser leicht zu einer gelb gefärbten Flüssigkeit lösen. Beim Hinzufügen von Säure entsteht infolge der Bildung von Kaliumbichromat Rotfärbung.

Fügt man zu einer Lösung von chromsaurem Kalium die Lösung eines Bariumsalzes, so entsteht Bariumchromat ($BaCrO_4$), das unter der Bezeichnung gelbes Ultramarin als Malerfarbe Verwendung findet.

297. Doppelchromsaures Kalium, Kaliumbichromat, $K_2Cr_2O_7$. [Es wird gewonnen durch Behandeln von Natriumbichromat mit Kaliumchlorid:

$$\underset{\text{Natriumbichromat}}{Na_2Cr_2O_7} + 2\,KCl = K_2Cr_2O_7 + 2\,NaCl.]$$

Es krystallisiert in großen, roten Krystallen und ist in Wasser leicht löslich. Wegen seiner Eigenschaft, namentlich bei Zusatz von Säuren leicht Sauerstoff abzugeben, wird es vielfach in elektrischen Elementen (Chromsäureelementen) zur Oxydation des an der Kohle auftretenden Wasserstoffs benutzt.

Man benutzt es ferner bei Gegenwart von Schwefelsäure oder Essigsäure als wichtiges Oxydationsmittel, namentlich in der organischen Chemie. Mit Gelatine bildet es eine lichtempfindliche Masse, die durch das Licht dunkel gefärbt und unlöslich gemacht wird; auf dieses Verhalten hat man verschiedene photographische Verfahren (Lichtdruckverfahren) gegründet. Auch in der Färberei findet die Verbindung Anwendung.

Bleisalze rufen sowohl in den Lösungen des Kaliumchromats wie des Bichromates einen gelben Niederschlag von Bleichromat ($PbCrO_4$) hervor, der den Namen Chromgelb führt und als Malerfarbe Verwendung findet.

[**298. Nachweis der Chromverbindungen.** (Auch als Versuche zu benutzen.)

1. Alle Chromverbindungen färben die Boraxperle grün und geben beim Schmelzen mit Soda und Salpeter auf dem Platinblech eine gelbe Schmelze (Kaliumchromat), die sich in Wasser mit gelber Farbe löst. Neutralisiert man diese Lösung mit Essigsäure und gibt Bleinitratlösung hinzu, so fällt gelbes Bleichromat.

2. Versetzt man die Lösung eines chromsauren Salzes mit Silbernitrat ($AgNO_3$), so fällt chromsaures Silber (Ag_2CrO_4) als braunroter Niederschlag aus, der von Ammoniak oder Salpetersäure leicht gelöst wird.]

Kobalt, Co (Zwei- und dreiwertig).

299. Vorkommen. Kobalt kommt in der Natur fast immer zusammen mit Nickel vor; die wichtigsten Kobalterze sind der Speiskobalt ($CoAs_2$) und der Glanzkobalt (CoAsS).

Darstellung. Die Erze werden zunächst geröstet, um sie von Arsen und Schwefel zu befreien, das entstandene Kobaltoxydul wird durch Reduktion mit Kohle in das Metall verwandelt.

Eigenschaften. Die Farbe des Kobalts ist silberweiß mit einem Stich ins Rötliche. Es ist zähe, härter als Eisen und schmilzt bei 1500°. Es ist magnetisch, jedoch viel schwächer als Eisen, von der Luft und von Wasser wird es nicht angegriffen, von Salpetersäure wird es leicht aufgelöst. Durch Zusatz von Kobalt zu Chromstahl gewinnt man die besonders für Metallsägen wichtige Legierung Kobalt-Chromstahl.

Kobalt bildet zwei Reihen von Salzen, nämlich Oxydul- und Oxydverbindungen, in ersteren ist es zwei-, in letzteren dreiwertig. Die Oxydverbindungen sind sehr unbeständig. Von den Oxydulverbindungen seien die folgenden erwähnt:

300. Kobaltchlorür, $CoCl_2$. Man erhält das Salz durch Erhitzen von Kobalt in Chlorgas wasserfrei in blauen Schuppen, wasserhaltig krystallisiert es aus der Lösung in dunkelroten Säulen von der Zusammensetzung $CoCl_2 . 6 H_2O$. Wenn das blaue Salz Wasser aufnimmt, so wird es rot, und wenn das rote Salz erhitzt wird, so wird es blau. Dieser Unterschied in der Farbe der wasserfreien und wasserhaltigen Salze ist charakteristisch für die Kobaltsalze.

Versuch: Man beschreibe ein Blatt Papier mit einer verdünnten Lösung von Kobaltchlorür, die Farbe der Schriftzeichen ist nicht bemerkbar, hält man aber das Papier vorsichtig über eine Flamme, so verliert das Salz Wasser, und die blaue Farbe des wasserfreien Salzes tritt deutlich hervor (Sympathetische Tinte).

[**301. Kobaltnitrat,** $Co(NO_3)_2 . 6 H_2O$, bildet rote, in wasserfreiem Zustand blaue Krystalle. Eine Lösung des Salzes wird in der Lötrohranalyse zum Nachweis der Aluminium- und Zinkverbindungen benutzt.]

302. Kobaltsilicat. Diese Verbindung des Kobalts mit Kieselsäure ist stark blau gefärbt, deshalb wird Kobalt zum Blaufärben von Glas benutzt. Fein gepulvertes Kobaltsilicat bildet in Vereinigung mit Kaliumsilicat den als Malerfarbe bekannten blauen Farbstoff Smalte, der meist durch Zusammenschmelzen gerösteter Kobalterze mit Glasscherben bereitet wird.

303. Nachweis der Kobaltverbindungen. (Auch als **Versuche** zu benutzen.)

1. Die Boraxperle wird durch Kobaltverbindungen blau gefärbt.

[2. Schwefelwasserstoff fällt aus neutralen oder ammoniakalischen Kobaltsalzlösungen schwarzes Kobaltsulfid (CoS), das von verdünnter Salzsäure nicht, von Königswasser jedoch leicht gelöst wird.

3. Kaliumnitrit fällt aus essigsaurer Lösung gelbes Kaliumkobaltnitrit $K_3Co(NO_2)_6$.]

Nickel, Ni (Zwei- und dreiwertig).

304. Vorkommen und Darstellung. Nickel kommt gediegen im Meteoreisen vor, ferner enthalten einige Mineralien Nickel, so namentlich Nickelglanz (NiAsS), Kupfernickel (NiAs) und Nickelsilicat (Garnierit), aus letzterem, das in großen Mengen in Neukaledonien vorkommt, wird es durch einen sehr verwickelten Hochofenprozeß gewonnen. Seit Entdeckung des Nickelsilicats hat die Verwendung des Nickels einen großen Aufschwung genommen. Auch aus seinen Verbindungen läßt sich Nickel auf elektrolytischem Wege darstellen. Nickel ist in allen Erzen von Kobalt begleitet; es kommt in Form kleiner Würfel in den Handel.

Eigenschaften. Nickel ist fast silberweiß, mit einem Stich ins Gelbliche und stark glänzend; es ist hart, sehr politurfähig, dehnbar und wie Eisen schweißbar und magnetisch, es schmilzt erst bei 1450°. [In den meisten Salzen tritt das Nickel nur zweiwertig auf. Die Nickelsalze sind im allgemeinen im wasserhaltigen Zustand grün, wasserfrei gelb gefärbt. An der Luft und im Wasser verändert es sich nicht, es löst sich schwer in Salzsäure und Schwefelsäure, leicht in Salpetersäure.]

305. Nickelhydroxydul, Ni(OH)$_2$. Es entsteht als blaßgrüner Niederschlag beim Versetzen eines Nickelsalzes (z. B. des Sulfates) mit einem löslichen Hydroxyd (z. B. Natronlauge). Beim Erhitzen geht es in das grüne **Nickeloxydul (NiO)** über.]

306. Nickelsulfat, NiSO$_4$·7 H$_2$O. Es wird in schönen grünen Krystallen erhalten durch Auflösen von Nickel in Schwefelsäure; es bildet mit Ammoniumsulfat ein Doppelsalz (NiSO$_4$·(NH$_4$)$_2$SO$_4$·6 H$_2$O), das zur galvanischen Vernickelung von Eisen, Stahl und anderen Metallen verwendet wird, um diese gegen Veränderungen (z. B. Eisen gegen Rost) zu schützen. [Zu diesem Zwecke werden die zu vernickelnden Metalle, z. B. Eisen, als negative Elektrode (Kathode) in eine gesättigte Lösung von Nickelammoniumsulfat eingetaucht, während als positive Elektrode (Anode) eine Platte aus metallischem Nickel dient. Diese Nickelplatte löst sich in dem Maße auf, wie Nickel aus der Lösung auf der negativen Elektrode — also auf dem zu vernickelnden Metall — niedergeschlagen wird, so daß das Bad stets die gleiche Stärke behält.]

307. Nickellegierungen. Von Legierungen des Nickels ist namentlich die aus 25% Nickel und 75% Kupfer bestehende Legierung zu nennen, aus der die deutschen **Nickelmünzen** hergestellt wurden (die schweizerischen 20-Centimesstücke bestehen aus reinem Nickel), ferner das **Argentan** oder **Neusilber** (50 Teile Kupfer, je 25 Teile Nickel und Zink), eine Legierung von Eisen und 3% Nickel findet als Nickelstahl Verwendung für Panzerplatten, diese Legierung ist sehr hart und beständig an der Luft, bei Temperaturerhöhungen tritt nur eine sehr geringe Ausdehnung ein.

Das Nickel wird wegen seiner Beständigkeit und seines schönen Aussehens auch zur Herstellung von häuslichen Gebrauchsgegenständen (Kaffeegeschirre usw.) benutzt, seiner größeren Verwendbarkeit steht aber noch der hohe Preis dieser Gerätschaften entgegen.

308. [Nachweis der Nickelverbindungen. (Auch als **Versuche** zu benutzen.)

1. Schwefelwasserstoff fällt Nickel aus neutraler oder ammoniakalischer Lösung als schwarzes Nickelsulfid (NiS), das von verdünnter Salzsäure nicht, von Königswasser aber leicht gelöst wird.

2. Natronlauge fällt aus Nickelsalzlösungen hellgrünes Nickelhydroxydul (Ni(OH)$_2$) aus.]

Zinn (Stannum), Sn (Zwei- und vierwertig).

309. Vorkommen. Zinn kommt selten gediegen in der Natur vor. Es war schon im Altertum bekannt, bereits die Phönizier verwandten es. Es findet sich auf einigen östlich von Sumatra gelegenen Inseln, so namentlich auf der Insel Banka, ferner in China und Australien, in der Form von Zinnstein (SnO$_2$).

Darstellung. Zinnstein wird geröstet, wodurch er von den Verunreinigungen (Arsen und Eisen) befreit wird, hierauf erhitzt man ihn mit Kohle, wodurch er reduziert wird:

$$SnO_2 + 2\,C = Sn + 2\,CO.$$

Das so gewonnene Rohzinn wird sodann durch mehrmaliges Umschmelzen gereinigt.

Eigenschaften. Zinn ist ein silberweißes spiegelglänzendes Metall, es ist sehr dehnbar, läßt sich bei gewöhnlicher Temperatur zu sehr dünnen Blättchen auswalzen, dem Stanniol; bei 100° kann man Zinn zu Draht ausziehen, jedoch reißt dieser Zinndraht schon bei verhältnismäßig geringer Belastung, bei 200° wird es spröde und brüchig. Das Stanniol wird zum Verpacken von verschiedenen Nahrungs- und Genußmitten, z. B. Käse, Tee, Schokolade, benutzt, dies ist jedoch nur statthaft, wenn es kein Blei enthält, das oft im Stanniol als Verunreinigung vorkommt.

Zinn ist bei gewöhnlicher Temperatur an der Luft beständig, erst bei starkem Erhitzen verbrennt es mit weißem Licht zu SnO_2. [Durch Salzsäure wird es gelöst, und auch von Salpetersäure wird es angegriffen. Gegen schwache Säuren, z. B. Essigsäure und Alkalien, ist es dagegen beständig.]

Anwendungen. Da Zinn der Einwirkung der Luft und vieler chemischer Verbindungen widersteht, so wird es namentlich zum Verzinnen vieler Küchengerätschaften benutzt.

Eisenblech wird, um es vor dem Rosten zu schützen, mit Zinn überzogen, es heißt dann Weißblech oder auch Blech. Die Verzinnung von Gefäßen wird derart vorgenommen, daß man das von der Oxydschicht durch Salzsäure befreite Eisenblech in geschmolzenes Zinn taucht.

Versuch: 2 Teile Zinn und 8 Teile Blei werden auf Kohle mit dem Lötrohr zusammengeschmolzen. Die Metalle verbinden sich vollständig und man erhält eine Legierung von Zinn und Blei. Wird diese Legierung durch weiteres Erhitzen ins Glühen gebracht, so tritt plötzlich eine energische Oxydation ein; die Masse kommt in Bewegung und glimmt fort auch beim Aufhören des Erhitzens. Nach dem Erkalten ist eine porzellanartige Glasur entstanden, die z. B. für Ofenkacheln usw. Verwendung findet.

310. Legierungen des Zinns. Das Zinn wird ferner zu vielen Legierungen benutzt, so als Schnellot oder Weichlot (1 Teil Zinn und 1 Teil Blei); Britanniametall besteht aus 9 Teilen Zinn und 1 Teil Antimon. Eine Legierung von Zinn und Zink dient zur Herstellung des unechten Blattsilbers. Zinnamalgam (Zinn-Quecksilberlegierung) wird zum Belegen von Spiegeln benutzt. Siliciumbronze enthält Zinn und ungefähr 2% Silicium, sie ist sehr fest und leitet den elektrischen Strom sehr gut, deshalb wird sie zur Herstellung von Telephondraht benutzt.

Das für Gebrauchsgegenstände (Kannen, Trinkgefäße) benutzte Zinn wird oft mit geringen Mengen Blei versetzt, da es sich dann besser gießen läßt.

[Das Zinn bildet zwei Reihen von Verbindungen, Oxydul- und Oxydverbindungen, in ersteren ist das Zinn zwei-, in letzteren vierwertig. Hervorgehoben seien die folgenden Verbindungen:]

311. Zinndioxyd, SnO_2. Es kommt in der Natur als Zinnstein vor, künstlich kann man es durch Verbrennen von Zinn an der Luft darstellen. Es ist ein weißes amorphes Pulver, das als Zusatz zu Glasflüssen benutzt wird, die dadurch weiß und undurchsichtig werden (Milchglas).

312. [Zinnchlorür, $SnCl_2 . 2 H_2O$. Diese Verbindung wird durch Auflösen von Zinn in Salzsäure bereitet, sie wird als Beizmittel in der Färberei verwendet, weil sie reduzierend wirkt; dabei verwandelt sie sich in eine farblose klare Flüssigkeit, die an der Luft stark raucht ($SnCl_4$).]

313. [Zinnsulfür, SnS, erhält man beim Einleiten von Schwefelwasserstoff in eine Lösung von Zinnchlorür ($SnCl_2$) als braunschwarzen Niederschlag.]

314. Zinnsulfid, SnS_2, wird als gelber Niederschlag erhalten beim Einleiten von Schwefelwasserstoff in Zinnoxydsalzlösungen, z. B.

$$SnCl_4 + 2\,H_2S = SnS_2 + 4\,HCl.$$

Hergestellt wird die Verbindung durch Erhitzen von Zinnamalgam mit Schwefel und Salmiak, man erhält es dann in Form von goldgelben Schuppen, das unter dem Namen **Musivgold** in den Handel kommt und zum Bronzieren von Gips, Bilderrahmen u. dgl. dient.

315. [Nachweis von Zinnverbindungen. (Auch als Versuch zu benutzen.) Schwefelwasserstoff fällt Zinn aus sauren Lösungen als SnS oder SnS_2, die beide in Schwefelammonium löslich sind. Durch die Farbe der entstandenen Niederschläge (SnS dunkelbraun, SnS_2 gelb) läßt sich entscheiden, ob das Zinn in der Lösung als Oxydul- oder Oxydverbindung vorhanden war.]

Blei (Plumbum), Pb (Zwei- und vierwertig).

316. Vorkommen. Blei kommt in der Natur nicht frei, sondern nur in Bleierzen vor. Die wichtigsten sind: Bleiglanz (PbS) und Weißbleierz ($PbCO_3$). Das Blei ist seit langem den Völkern bekannt, schon die Römer benutzten es zu Wasserleitungsröhren.

[**Darstellung.** (Für die Gewinnung des Bleies wird fast ausschließlich Bleiglanz (PbS) benutzt. Dieser wird in Flammöfen unter Luftzutritt geröstet, wobei zunächst ein Teil des Bleisulfides in Oxyd (PbO) und in das Sulfat ($PbSO_4$) verwandelt wird.

Bei weiterem Erhitzen unter Luftabschluß wirkt der noch nicht oxydierte ursprüngliche Teil des Erzes in folgender Weise auf die Sauerstoffverbindungen ein:

a) $2\,PbO + PbS = 3\,Pb + SO_2,$

b) $PbSO_4 + PbS = 2\,Pb + 2\,SO_2.$

Das Blei sammelt sich am Boden des Ofens an und wird durch einen Kanal abgelassen. Das erhaltene Blei ist meist noch durch Kupfer verunreinigt, um es davon zu befreien, wird es in einem Ofen mit schräger Sohle nochmals geschmolzen und abgelassen; die Verunreinigungen bleiben ungeschmolzen zurück.

Da das Blei meist kleine Mengen Silber enthält, wird es häufig hierauf verarbeitet.]

Eigenschaften. Blei ist blaugrau, stark glänzend und sehr weich, so daß es sich mit dem Messer schneiden läßt und auf dem Papier einen blauen Strich gibt.

Blei läßt sich zu ganz dünnen Blättchen auswalzen (Bleifolie) und zu Drähten ausziehen, letztere haben jedoch nur eine geringe Tragfähigkeit.

Das Blei überzieht sich an der Luft sehr rasch mit einer dünnen Oxydschicht, wodurch es zwar seinen Glanz verliert, jedoch vor dem weiteren Angriff der Luft geschützt ist. Beim Schmelzen bedeckt sich das Blei mit einer Schicht von rotem Bleioxyd. Von Schwefelsäure und Salzsäure wird das Blei nicht angegriffen, dagegen wird es leicht von Salpetersäure gelöst. Auch Essigsäure und verschiedene Pflanzensäuren greifen es an.

Da alle Bleisalze sehr giftig sind und gefährliche chronische Vergiftungen schon durch geringe Mengen Blei hervorgerufen werden können, so darf bleihaltiges Zinn zum Verzinnen von Gefäßen für den Küchengebrauch nicht verwendet werden.

Wasser, das durch Kochen von Luft und Kohlensäure völlig befreit ist, löst Blei nicht auf, dagegen wird es von luft- oder kohlensäurehaltigem Wasser unter Bildung von Bleihydroxyd $Pb(OH)_2$ angegriffen und zum Teil gelöst. Harte Wässer, die also reich an kohlensaurem Kalk und kohlensaurem Magnesium oder Gips sind, greifen Blei nicht an, weil die Röhren sich bald mit einer unlöslichen Schicht von Bleisulfat und kohlensaurem Kalk bedecken, so daß nach einiger Zeit Blei vom Trinkwasser nicht mehr aufgenommen wird.

Diese Eigenschaften des Bleies sind vom gesundheitlichen Standpunkte von großer Bedeutung, weil das Trinkwasser vielfach durch bleierne Röhren in die Häuser geleitet wird. Im allgemeinen löst Trinkwasser um so mehr Blei auf, je ärmer es an Salzen ist[1]). Von Regenwasser, das fast gar keine Salze, dagegen Sauerstoff und freie Kohlensäure enthält, wird das Blei am leichtesten gelöst. Deshalb sollten z. B. bleierne Dachrinnen überall da, wo Regenwasser als Trinkwasser verwendet wird, verboten werden.

Auch in fetten und ätherischen Ölen ist Blei erheblich löslich, daher ist es wichtig, daß Weißblech für Konservenbüchsen mit bleifreiem Zinn hergestellt wird.

Anwendungen. Außer zur Herstellung von Wasserleitungsröhren findet Blei noch zu vielen technischen Zwecken Verwendung, so z. B. zur Auskleidung der Bleikammern in den Schwefelsäurefabriken, zur Anfertigung von Schrot und zu verschiedenen Legierungen wie Letternmetall (Blei und Antimon) und Schnellot (Blei und Zinn).

317. Bleioxyd, PbO. Bleioxyd entsteht beim Erhitzen von Blei an der Luft, in Form eines gelben Pulvers (Massicot), es ist schmelzbar und erstarrt nach dem Schmelzen wieder zu einer rotgelben Masse, der Bleiglätte. Es wird zur Darstellung verschiedener Bleisalze, ferner von Bleipflaster, zur Bereitung von Krystallglas, zur Glasur von Tonwaren usw. benutzt.

318. Mennige, $Pb_3O_4 = 2\,PbO \cdot PbO_2$. Man erhält es durch Erhitzen von Bleioxyd (PbO) auf 300—400⁰. Es besitzt eine schöne rote Farbe und wird als Malerfarbe (Pariser Rot) verwendet, es hat eine große Deckkraft und wird daher namentlich als Grundanstrich für Eisen, ferner zur Herstellung von Kitt (Mennigekitt, aus Glycerin und Mennige bestehend) verwendet.

319. Bleidioxyd, Bleisuperoxyd, PbO_2. Es entsteht beim Behandeln von Mennige mit verdünnter Salpetersäure und ist ein schwarzbraunes Pulver, das sehr leicht Sauerstoff abspaltet und deshalb auch oft der Zündmasse der Streichhölzer als Oxydationsmittel zugesetzt wird.

320. Bleicarbonat, $PbCO_3$. Es kommt in der Natur als Weißbleierz vor. [Künstlich wird es dargestellt durch Hinzufügen von Bleinitrat $(Pb(NO_3)_2)$ zu einer Lösung von Ammoniumcarbonat. Es ist ein weißes, in Wasser unlösliches Pulver.]

320a. [**Bleinitrat, $Pb(NO_3)_2$,** entsteht beim Auflösen von Blei, Bleioxyd oder Bleicarbonat in Salpetersäure. Das Salz ist leicht löslich in Wasser. Beim Erhitzen geht es unter Abgabe von NO_2 und O in Bleioxyd über.]

---

[1]) Auch ein hoher Chlorgehalt des Wassers begünstigt die Bleiaufnahme.

321. Basisches Bleicarbonat, basisch-kohlensaures Blei, Bleiweiß. Werden Bleisalzlösungen mit den normalen Carbonaten der Alkalimetalle (Kalium oder Natrium) gefällt, so entstehen stets basische Bleicarbonate, d. h. solche, die neben dem normalen Carbonat auch Hydroxyd enthalten, wie dies auch bei den Carbonaten von Kupfer und Zink der Fall ist. So fällt aus einer Lösung von Bleinitrat durch einen Überschuß von Natriumcarbonat ein Niederschlag von der ungefähren Zusammensetzung $2\,PbCO_3 \cdot Pb(OH)_2$. Es ist ein weißes, in Wasser schwer lösliches Pulver, das mit Firnis verrieben viel als Anstrichfarbe benutzt wird, weil es gut deckt, d. h. weil die gestrichenen Gegenstände schon beim Überziehen mit einer dünnen Schicht Farbe völlig weiß erscheinen. Da aber Bleiweiß durch Schwefelwasserstoff, der namentlich in der Nähe von Abortgruben und Kanalisationsschächten entweicht, geschwärzt wird, und da es außerdem giftig ist, so wird oft an seiner Stelle Zinkweiß als Anstrichfarbe verwendet. Um diese Nachteile des Bleiweißes zu vermindern, vermengt man es oft mit Schwerspat (Bariumsulfat), wodurch seine Deckkraft wenig verringert wird; derartige Mischungen kommen als **Kremserweiß** (nach der Stadt Krems in Österreich genannt) in den Handel und sind eine geschätzte Malerfarbe.

Anwendungen des Bleies und seiner Verbindungen. Das Blei findet zu den verschiedenartigsten Zwecken Anwendung, so zum Dachdecken (Bleiplatten), als Bleiröhren für Wasserleitungen, ferner zur Auskleidung der Bleikammern in den Schwefelsäurefabriken, zur Anfertigung von Schrot und Gewehrkugeln (unter Hinzugabe geringer Arsenmengen), zur Herstellung von Letternmetall (Blei und Antimon) und Schnellot (Blei und Zinn) sowie für die Anfertigung von Orgelpfeifen (Blei $+\ 4\%$ Zinn).

Die Bleiverbindungen wirken alle, innerlich genommen, auf den menschlichen Körper giftig ein, äußerlich werden aber manche Verbindungen als Heilmittel gebraucht, wie z. B. Bleiwasser, Bleipflaster, Bleisalbe (Kühl- und Brandsalbe) usw.

Versuche: 1. Man gebe zu einer Bleinitratlösung in einem Becherglas verdünnte Salzsäure, es fällt Bleichlorid $PbCl_2$ aus. Der Niederschlag wird in ein anderes Becherglas abfiltriert, mit ungefähr 30 ccm destilliertem Wasser übergossen und 5 Minuten zum Sieden erhitzt. Darauf filtriert man in ein großes Reagensglas ab und läßt erkalten. Man erhält Bleichlorid in seidenglänzenden Krystallen.

2. Der obige Versuch wird wiederholt, nur nehme man statt Salzsäure eine Lösung von Jodkalium. Es fällt gelbes Bleijodid aus, das mit destilliertem Wasser aufgekocht und dann abfiltriert wird. Man erhält glänzende Krystallschuppen (vgl. § 322 Nr. 3).

322. Nachweis der Bleiverbindungen. (Auch als **Versuche** zu benutzen.)

1. **Schwefelwasserstoff** fällt braunschwarzes Bleisulfid PbS.

2. **Schwefelsäure** gibt einen weißen Niederschlag von $PbSO_4$, der von Alkalilauge gelöst wird.

[3. **Kaliumjodid** fällt citronengelbes Bleijodid PbJ_2.

4. **Kaliumchromat** K_2CrO_4 und **Kaliumbichromat** $K_2Cr_2O_7$ geben Niederschläge von gelbem Bleichromat $PbCrO_4$, das in Natronlauge löslich ist, von Essigsäure aber nicht gelöst wird.

5. **Zink und Zinn** scheiden aus Bleisalzlösungen metallisches Blei ab.

6. **Beim Erhitzen mit Soda auf Kohle** geben Bleiverbindungen vor der Lötrohrflamme ein weiches Bleikorn und einen hellgelben Beschlag von Bleioxyd.]

Wismut (Bismutum), Bi (Drei- und fünfwertig).

323. Vorkommen. In der Natur kommt es gediegen, ferner in Form des Sulfids Bi_2S_3 als Wismutglanz und in Form des Oxyds als Wismutocker Bi_2O_3 vor.

[**Darstellung.** Man röstet Wismutglanz (Bi_2S_3), wodurch es in Wismutoxyd (Bi_2O_3) verwandelt wird, aus diesem wird durch Reduktion mit Kohle das Metall gewonnen. Das gediegen vorkommende Metall ist meist rein.]

Eigenschaften. Wismut gehört in physikalischer und chemischer Beziehung zu den Metallen, es besitzt starken Metallglanz, ist sehr spröde und hat eine rötlich-silberweiße Farbe. An der Luft verändert sich Wismut bei gewöhnlicher Temperatur nicht, beim Erhitzen verwandelt es sich in Bi_2O_3. [Es verbindet sich direkt mit den Halogenen und löst sich leicht in Salpetersäure unter Bildung von Wismutnitrat, von Salzsäure und Schwefelsäure wird es dagegen bei gewöhnlicher Temperatur nicht angegriffen.]

Anwendung. Das Wismut dient namentlich mit Blei und Zinn zur Bereitung leicht schmelzbarer Metallegierungen, wie sie z. B. als Schnellot und zu Abgüssen bei der Herstellung von Holzschnitten gebraucht werden. Die bekanntesten wismuthaltigen Legierungen sind: Newtons Metall (8 Teile Wismut, 5 Teile Blei, 3 Teile Zinn), Schmelzp. 94,5°; Roses Metall (2 Teile Wismut, 1 Teil Blei, 1 Teil Zinn), Schmelzp. 93,75° Woods Metall (4 Teile Wismut, 2 Teile Blei, 1 Teil Zinn, 1 Teil Kadmium), Schmelzp. 60,5°.

324. Wismutverbindungen. Von diesen werden einige in der Medizin gebraucht, so z. B. das basisch-salpetersaure Wismut, [das im wesentlichen aus der Verbindung $BiO \cdot NO_3$ mit wechselnden Mengen $BiO(OH)$ und Wasser besteht.] Es wird als Mittel bei Darmerkrankungen, namentlich bei Durchfällen und bei Cholera, aber auch zur Herstellung unschädlicher weißer Schminke an Stelle der giftigen bleihaltigen benutzt.

325. [Nachweis der Wismutverbindungen. (Auch als **Versuche** zu benutzen.) 1. Schwefelwasserstoff fällt aus Wismutlösungen braunschwarzes Wismutsulfid Bi_2S_3.

2. Kaliumjodid (KJ) fällt BiJ_3 bzw. rotbraunes Wismutoxyjodid BiOJ.

3. Alkalische Zinnchlorürlösung scheidet aus Wismutsalzen Wismut in schwarzen Flocken ab.]

Kupfer (Cuprum), Cu (Ein- und zweiwertig).

326. Vorkommen. Kupfer kommt gediegen in den Vereinigten Staaten von Nordamerika, ferner als Erz in Schweden, Spanien, Chile, Peru, China, Japan und im Kaukasus vor. Die wichtigsten Kupfererze sind Kupferkies ($CuFeS_2$), Rotkupfererz (Cu_2O), Malachit $CuCO_3 + Cu(OH)_2$ und Kupferglanz Cu_2S.

Dar Kupfer war schon im Altertum bekannt, die Alten verfertigten daraus bereits Waffen und andere Gerätschaften. Der Hauptfundort für Kupfer war damals die Insel Cypern (Cyprium), nach der das Metall auch den Namen führt (Cyprium, Cuprum, Kupfer).

[**Gewinnung.** a) Aus schwefelfreien Erzen: die Erze werden mit Kohle geglüht, dadurch wird das Kupfer ausgeschmolzen.

b) Aus schwefel- und eisenhaltigen Erzen (Kupferkies): Das zerkleinerte Erz wird geröstet, dadurch wird ein Teil des CuS in CuO übergeführt. Dann wird wiederholt mit Sand, kieselsäurehaltigen Flußmitteln und Kohle geglüht, wodurch das Eisen in Silicat verwandelt wird und in die „Schlacke" übergeht. Das zurückgebliebene Gemisch von $CuO + CuS$ wird weiter geröstet und geglüht, wobei das sog. Schwarz- oder Rohkupfer entsteht:

$$2\,CuO + CuS = 3\,Cu + SO_2.$$

Das so gewonnene Kupfer enthält häufig noch geringe Mengen Kupferoxyd, Schwefelkupfer, Blei, Eisen usw., die durch Schmelzen in besonderen Öfen entfernt werden; der Schwefel entweicht dabei als SO_2, die vorhandenen Metalle Blei, Eisen usw. werden oxydiert und bilden mit der Kieselsäure eine Schlacke. Das vorhandene Kupferoxyd wird reduziert durch Hinzufügen von Holzkohlenpulver. Man nennt dieses Reinigen des Kupfers das „Garmachen".

c) **Gewinnung durch Elektrolyse.** Dieser Prozeß dient zur Herstellung von völlig reinem Kupfer, das z. B. für elektrische Leitungen gebraucht wird, da es den Strom besser leitet als unreines Metall.

Die Gewinnung beruht auf der Zerlegung einer Kupfersulfatlösung durch den elektrischen Strom. Zu dem Zwecke bringt man in eine mit Schwefelsäure angesäuerte Kupfervitriollösung Platten aus Rohkupfer abwechselnd mit solchen aus reinem Kupfer, erstere verbindet man mit dem positiven, letztere mit dem negativen Pol der elektrischen Stromquelle; dabei lagert sich auf den Reinkupferplatten reines Kupfer ab.]

Eigenschaften. Das Kupfer besitzt eine hellrote Farbe und metallischen Glanz. Es ist nicht besonders hart, läßt sich biegen, zu sehr dünnem Draht ausziehen und zu dünnen Blättchen ausschlagen. Das Kupfer verändert sich nicht an trockener Luft bei gewöhnlicher Temperatur, dagegen überzieht es sich an feuchter und kohlensäurehaltiger Luft mit einer dünnen, grünen Schicht von basischem Kupfercarbonat (Patina), die es vor weiterer Einwirkung der Luft schützt.

Beim Erhitzen an der Luft verwandelt es sich in Kupferoxyd (CuO); von Salpetersäure wird es leicht angegriffen, nicht aber von verdünnter Salzsäure, konz. Schwefelsäure löst Kupfer in der Hitze. Von Ammoniak und Sauerstoff wird es zu einer blauen Flüssigkeit — Kupferoxydammoniak — gelöst.

Fette, Öle und organische Säuren lösen Kupfer bei Luftzutritt in geringen Mengen ebenfalls auf. So bildet sich z. B. beim Aufbewahren essigsaurer Speisen in kupfernen Gefäßen essigsaures Kupfer (Grünspan). Da alle Kupferverbindungen giftig sind, so darf man saure oder fette Speisen nicht längere Zeit hindurch in kupfernen Gefäßen stehen lassen. Das Kochen solcher Speisen in kupfernen Gefäßen ist nur dann als unbedenklich anzusehen, wenn die Speisen sofort nach dem Kochen aus dem Kupfergeschirren entfernt werden. Solange die Speisen in Kupfergeschirren kochen, findet nämlich ein Auflösen des Kupfers durch die Säuren, Fette oder Öle nicht statt, weil hierzu eine länger dauernde Berührung dieser Stoffe mit den kupfernen Wandungen der Gefäße nötig ist, ferner, weil Kupfer bei Luftabschluß von Säuren nicht gelöst wird.

Anwendungen. Das Kupfer wird verwendet in Form von Platten zur Darstellung von Kochgeschirren, Kesseln, Kühlapparaten, Münzen, außerdem als Kupferdraht zur Herstellung von elektrischen Leitungen. [Ferner findet

es in der Galvanoplastik Anwendung, eine Metallform oder eine durch Über-
pinseln mit Graphit leitend gemachte Gipsform wird mit einem Zuleitungs-
draht versehen und in eine Kupfersulfatlösung gebracht, in der eine Platte
reines Kupfer getaucht ist. Das Kupfer löst sich auf und lagert sich auf der
Gipsform ab, wobei alle Zeichnungen, Figuren dieser Form zum Vorschein
kommen.]

Dagegen kann das Kupfer nicht gegossen werden, weil es sich beim Abkühlen stark zusammenzieht und beim Erkalten die Formen nicht völlig
ausfüllen würde.

Versuch: Hält man eine Kupfermünze mit dem Rand nach oben gekehrt in
eine schwache Flamme und bewegt sie hin und her, so erscheinen schöne Regenbogen-
farben. Löscht man die Münze nun rasch in Wasser ab, so erscheint sie braunrot; es ist
ein roter Überzug von Kupferoxydul entstanden.

327. Legierungen des Kupfers. Um das Kupfer noch härter zu machen,
wird es mit anderen Metallen zu Legierungen zusammengeschmolzen. Die
wichtigsten Legierungen sind:

a) **Messing** (70 Teile Kupfer und 30 Teile Zink), es ist oft durch geringe
Bleimengen verunreinigt;

b) **Tombak und unechtes Blattgold** (85 Teile Kupfer und 15 Teile
Zink);

c) **Nickelmünzen** (75 Teile Kupfer und 25 Teile Nickel);

d) **Goldmünzen** (90 Teile Gold und 10 Teile Kupfer);

e) **Argentan, Neusilber** (50 Kupfer + 25 Zink + 25 Nickel), ver-
silbertes Neusilber, wird auch Alfenide oder Christoflemetall
genannt;

f) **Bronzen.** Die Legierungen des Kupfers mit Zinn werden Bronzen
genannt, gewöhnlich setzt man ihnen noch geringe Mengen Blei und
Zink hinzu. Die Bronzen sind hart und zäh, sie lassen sich infolge ihrer
Dünnflüssigkeit zu Gußzwecken gut benützen. Die Zusammensetzung der
Bronzen wechselt nach dem Zwecke, dem sie dienen sollen. [Kanonenbronze
enthält 90% Kupfer und 10% Zinn, Glockenmetall 75—80% Kupfer
und 20—25% Zinn. Phosphorbronze besteht aus ungefähr 90% Kupfer,
9% Zinn und 1% Phosphor, sie bildet eine sehr harte Legierung und wird
besonders in der Maschinentechnik verwendet (Achsenlager von Maschinen).
Aluminiumbronze (90 Teile Kupfer, 10 Teile Aluminium) besitzt eine
schön goldgelbe Farbe und große Härte.]

Kupferverbindungen.

Das Kupfer bildet zwei Reihen von Verbindungen: Oxyd- und Oxydulverbindungen, von den letzteren sei nur erwähnt das Kupferoxydul.

328. Kupferoxydul, Cu_2O. Die Verbindung findet sich in der Natur als
Rotkupfererz. Künstlich erhält man sie als rotes Pulver beim Erhitzen einer
mit Traubenzucker und überschüssiger Alkalilauge (Natron- oder Kalilauge)
versetzten Lösung von Kupfersulfat. Das mit Natronlauge aus Kupfersulfat abgeschiedene Kupferoxydhydrat $Cu(OH)_2$ wird reduziert, d. h. gibt
Sauerstoff ab, der zur Oxydation des Traubenzuckers dient.

Das aus einer Kupferoxydsalzlösung durch Natronlauge sich abscheidende
Kupferoxydhydrat $Cu(OH)_2$ ist in weinsauren Salzen, z. B. in Seignettesalz,
löslich; eine mit Hilfe dieses Salzes hergestellte alkalische Lösung des Kupfer-

oxydhydrats $Cu(OH)_2$ ist als **Fehlingsche Lösung** bekannt. Diese bleibt beim Kochen für sich unverändert, scheidet aber, mit Traubenzucker erhitzt, Kupferoxydul als rotes Pulver ab, sie dient daher zum Nachweis und zur quantitativen Bestimmung von Zucker in Flüssigkeiten. Der qualitative Nachweis des Zuckers kann auch ohne Hinzufügung der Seignettesalzlösung ausgeführt werden. Der chemische Vorgang läßt sich durch folgende Gleichung veranschaulichen:

$$\underset{\substack{\text{Trauben-}\\\text{zucker}}}{C_6H_{12}O_6} + 2\,CuSO_4 + 4\,NaOH = \underset{\substack{\text{Glucon-}\\\text{säure}}}{C_6H_{12}O_7} + Cu_2O + 2\,Na_2SO_4 + 2\,H_2O.$$

Das Kupferoxydul ist in Ammoniak löslich, in Wasser unlöslich.

Versuche: 1. Eine verdünnte Kupfersulfatlösung vermische man mit ein Viertel ihres Volumens Traubenzuckerlösung, setzt dann tropfenweise so viel Kali- oder Natronlauge zu, bis die Flüssigkeit stark alkalisch reagiert und erhitzt zum Sieden. Es scheidet sich rotes Kupferoxydul Cu_2O aus, das man abfiltriert.

2. Man erhitze etwas Kupferoxydul in einem Porzellantiegel; es oxydiert sich und geht nach einiger Zeit in schwarzes Kupferoxyd über.

Von den Oxydverbindungen seien die folgenden hervorgehoben:

329. Kupferoxyd, CuO. Es ist ein schwarzes Pulver, das man durch Zusammenbringen von Kupferpulver und Sauerstoff bei hoher Temperatur gewinnt; es ist in Wasser löslich.

330. Kupfersulfat, Kupfervitriol, $CuSO_4 \cdot 5\,H_2O$. Es wird dargestellt durch Rösten von Kupferglanz (CuS) oder durch Behandeln von Kupferresten mit Schwefelsäure, es krystallisiert in schönen, blauen Krystallen, die beim Erhitzen das Wasser abgeben und dabei farblos werden. Dieses wasserfreie Kupfersulfat zieht aus der Luft begierig Wasser an und färbt sich dabei wieder blau. Es dient daher zum Entwässern von Flüssigkeiten, z. B. von Alkohol, in dem es nicht löslich ist. In Wasser ist es leicht löslich. Die Lösungen werden verwendet in der Galvanoplastik (vgl. § 326), in der Färberei als Beizmittel, zum Durchtränken von Eisenbahnschwellen, zum Beizen des Getreides gegen die Rostkrankheit, zum Vertilgen von Schmarotzern und Parasiten bei den Weinreben usw.

331. Kupfernitrat, $Cu(NO_3)_2$. Es ist ein dunkelblaues Salz, das beim Auflösen von Kupfer in Salpetersäure entsteht.

332. Patina, basisch kohlensaures Kupfer, $CuCO_3 \cdot Cu(OH)_2$. Es bildet sich als grüne Schicht, wenn Kupfer längere Zeit hindurch feuchter, kohlensäurehaltiger Luft ausgesetzt ist (z. B. auf kupfernen Dächern, Denkmälern usw.).

333. Nachweis von Kupferverbindungen. (Auch als **Versuche** zu benutzen.)

1. Schwefelwasserstoff fällt aus schwach sauren Lösungen schwarzbraunes Kupfersulfid CuS, das von Salpetersäure gelöst wird.

2. Ammoniak, in geringen Mengen einem Kupfersalz zugesetzt, erzeugt einen blaugrünen Niederschlag von Kupferhydroxyd, setzt man nun Ammoniak im Überschuß hinzu, so löst sich der Niederschlag mit dunkelblauer Farbe auf, es entsteht Kupferoxyd-Ammoniak.

3. Kali- oder Natronlauge rufen blaue Niederschläge von Kupferhydroxyd $Cu(OH)_2$ hervor, die beim Stehen oder Erwärmen schwarz werden, im Überschuß unlöslich, in Ammoniak leicht löslich sind.

[4. Gelbes Blutlaugensalz, Kaliumferrocyanid $K_4Fe(CN)_3$ ruft in neutralen oder angesäuerten Kupfersalzlösungen einen rötlich-braunen Niederschlag $Cu_2Fe(CN)_6$ hervor.

5. Die **Boraxperle** wird durch Kupferverbindungen in der Oxydationsflamme grünlich blau, in der Reduktionsflamme infolge der Reduktion des Oxyds zu Oxydul oder zu metallischem Kupfer undurchsichtig und rot.]

Silber (Argentum), Ag (Einwertig).

334. Vorkommen. Silber kommt gediegen und in Form von Erzen in der Natur vor; die wichtigsten Silbererze sind Silberglanz (Ag_2S), Kupfersilberglanz (CuAgS) und Rotgültigerz oder Antimonsilberblende (Ag_3SbS_3). Auch viele Bleierze enthalten kleine Mengen Silber, das in manchen Fällen auch daraus gewonnen wird. Silber findet sich hauptsächlich in den Vereinigten Staaten von Amerika, in Mexiko, Peru, Chile, im Harz, im Freistaat Sachsen und in Ungarn.

[**Darstellung.** Die Gewinnung des Silbers aus den Erzen geschieht in Deutschland nach einem der drei folgenden Verfahren:

1. Die schwefelhaltigen Erze werden an der Luft geröstet, wodurch Ag_2SO_4 entsteht, diese Verbindung wird mit Wasser ausgezogen und aus dieser Lösung das Silber durch Eisen abgeschieden.

2. Das silberhaltige Erz wird mit Kochsalz geröstet, wodurch Chlorsilber (AgCl) entsteht, dieses wird mit einer Lösung von Natriumthiosulfat behandelt, wodurch es in Lösung geht, aus der es durch Schwefelnatrium als Schwefelsilber Ag_2S ausgefällt wird; letzteres wird durch starkes Erhitzen in Metall übergeführt.

3. Bleierze, namentlich Bleiglanz PbS, enthalten meist geringe Mengen Silber, bei der Gewinnung des Bleies geht das Silber völlig in das Blei über, aus dem es durch starkes Erhitzen nach einem umständlichen Verfahren gewonnen wird.]

Eigenschaften. Das Silber ist ein weißes, stark glänzendes Metall, das sehr weich und dehnbar ist und daher zu sehr feinen Blättchen und Drähten ausgewalzt werden kann. Es leitet Wärme und Elektrizität von allen Metallen am besten.

Das Silber gehört zu den Metallen, die sich weder bei gewöhnlicher Temperatur noch bei höherer Temperatur direkt (bei gewöhnlichem Druck) mit Sauerstoff vereinigen, solche Metalle nennt man **edle Metalle**. Von Schwefelwasserstoff wird Silber dagegen leicht angegriffen unter Bildung von schwarzem Schwefelsilber. Da im Leuchtgase geringe Schwefelmengen vorhanden sind, so laufen Silbergerätschaften, die in einem Zimmer mit Gasbeleuchtung stehen, schon nach kurzer Zeit an, ebenso wird ein silberner Löffel, wenn er mit einem Ei in Berührung kommt, durch Schwefelsilber oberflächlich gebräunt (die Eiweißstoffe enthalten Schwefel). Auch silberne Geräte, in denen Speisesenf aufbewahrt wird, schwärzen sich, weil im Senf Schwefel vorhanden ist. Durch Überziehen mit Zaponlack schützt man in neuester Zeit silberne Prunkgegenstände gegen die Einwirkung des Schwefels.

Von Salpetersäure wird Silber leicht gelöst, von Schwefelsäure erst bei höherer Temperatur, von Salzsäure wird es nur wenig angegriffen.

335. Verwendung von Silber, Silberspiegel. Reines Silber wird zur Herstellung von chemischen Gerätschaften (Silbertiegel) und zum Belegen von

Spiegeln benutzt; zu letzterem Zwecke eignet es sich durch seine schöne weiße Farbe und durch seinen Glanz.

Versuch: Diese Silberspiegel werden folgendermaßen hergestellt: Man gießt eine ammoniakalische, mit wenig Ätznatron und mit reduzierenden Substanzen (Milchzucker, weinsaures Natrium usw.) versetzte Silbernitratlösung auf eine sorgfältig von jeder Spur Fett und Staub gereinigte Glasplatte, das ausfallende metallische Silber schmiegt sich der Glasplatte so innig an, daß ein sehr brauchbarer Spiegel entsteht.

Zur Herstellung von Schmuckgegenständen oder Speisegerätschaften sowie zur Prägung von Münzen wird reines Silber nicht verwendet, weil es hierzu zu weich ist. Man benutzt dazu Legierungen von Silber und Kupfer. Silberne Gegenstände enthalten meist 75% Silber und 25% Kupfer; die deutschen Silbermünzen bestanden aus 90% Silber und 10% Kupfer, diese Legierungen sind härter und auch politurfähiger als reines Kupfer. Eine oberflächliche Versilberung von Kupferblech mit einer dünnen Silberschicht nennt man Silberplattierung, dieser Überzug wird durch Pressen zwischen Walzen in der Glühhitze bewerkstelligt.

Bei der Feuerversilberung wird auf das zu versilbernde Metall Silberamalgam (Legierung von Silber und Quecksilber) aufgetragen und dieses bis zur Verflüchtigung des Quecksilbers erhitzt, wobei das Silber auf dem Gegenstand zurückbleibt. [Bei der galvanischen Versilberung löst man Cyansilber (CNAg) in einem Überschuß von Cyankalium (CNK), dabei bildet sich ein leicht lösliches Doppelsalz von Kaliumsilbercyanid ($KAgC_2N_2$). Durch diese Lösung leitet man den elektrischen Strom, dabei benutzt man den zu versilbernden Gegenstand als negativen Pol, während der positive durch ein Silberblech gebildet wird.]

Zum „Versilbern" von Bonbons, Glas, Papier, Karton usw. benutzt man jetzt nicht mehr das Blattsilber, sondern das Blattaluminium.

Versuch: Man bringe ein etwa linsengroßes Stück salpetersaures Silber auf Kohle und erhitze es vor dem Lötrohr kräftig; es tritt zunächst Verpuffung ein und mattes metallisches Silber bleibt zurück. Bei stärkerem Erhitzen schmilzt es leicht zu einer glänzenden Kugel zusammen.

Der Preis des Silbers, d. h. die Goldmenge, für die man 1 kg Silber kaufen kann, war in den letzten Jahren vor dem Kriege beträchtlich gesunken, weil namentlich in Südamerika, Mexiko und den Vereinigten Staaten von Nordamerika sehr silberreiche Erze in großer Menge gefunden worden waren. Nach dem Weltkriege ist das Silber im Werte wieder bedeutend gestiegen, sein Kurs unterliegt großen Schwankungen. Im Deutschen Reiche wurden aus 1 kg Silber 200 M. Scheidemünzen geprägt.

Von den Silberverbindungen sind die folgenden besonders erwähnenswert:

336. Silberchlorid, Chlorsilber, AgCl. Es findet sich in Amerika fertig gebildet in der Natur als „Hornsilber"; künstlich erhält man es als weißen, käsigen Niederschlag, wenn man die Lösung eines Silbersalzes, z. B. des Silbernitrates, mit Salzsäure oder Kochsalz oder mit einem anderen löslichen Chlorid versetzt. In Wasser ist dieser Niederschlag wenig löslich. Dem Licht ausgesetzt, färbt er sich unter Reduktion zu Chlorür (Ag_2Cl) und schließlich zu Metall, zuerst violett und dann schwarz. Silberchlorid ist in Ammoniak leicht löslich.

337. Silberbromid, Bromsilber, AgBr. Es ist noch weniger in Wasser löslich als Silberchlorid, es besitzt gelbliche Farbe, ist schwer in Ammoniak, dagegen leicht in Natriumthiosulfat löslich. Auch Silberbromid wird durch das Licht reduziert zu Ag_2Br und schließlich zu Metall.

338. Silberjodid, Jodsilber, AgJ. Die Verbindung ist noch weniger in Wasser löslich als Silberbromid, sie ist in Ammoniak unlöslich und besitzt eine gelbliche Farbe. Sie ist sehr lichtempfindlich und wird ebenso wie die beiden vorgenannten Salze durch die Einwirkung des Lichtes zu Ag_2J bzw. Ag zerlegt.

339. Anwendung der Halogenverbindungen des Silbers in der Photographie. Auf der Eigenschaft der Halogenverbindungen des Silbers (AgCl, AgBr, AgJ), durch Einwirkung des Lichtes verändert zu werden, beruht ihre Anwendung in der Photographie. Am besten eignet sich hierzu das Silberbromid. Auf einer Glasplatte (Trockenplatte) oder einem präparierten Papier (Film) befindet sich eine Schicht von Bromsilber mit Gelatine oder Kollodium. Diese Platte wird in die Kamera des photographischen Apparates gebracht und der Wirkung des von dem betreffenden Gegenstande reflektierten Lichtes ausgesetzt. Je nach der Helligkeit des von den verschiedenen Teilen des Gegenstandes ausgehenden Lichtes findet eine größere oder geringere Zersetzung des Silbersalzes statt. Zunächst ist nun noch kein Bild auf der Platte wahrnehmbar, dies kommt erst beim „Entwickeln" mit reduzierenden Lösungen, wie z. B. Pyrogallussäure, Amidophenol (sog. „Entwickler"), zum Vorschein. Durch das „Entwickeln" scheidet sich nämlich an den belichteten Stellen, je nach der Stärke der Lichtwirkung, mehr oder weniger Silber in Metallform als sehr feine, schwarze Schicht ab, während das nicht belichtete Halogensilber von dem Entwickler nicht angegriffen wird. Dieses Silbersalz muß entfernt werden, weil es sich sonst durch die Einwirkung des Lichtes ebenfalls zerlegen würde. Zu diesem Zwecke bringt man die Platte in ein sog. Fixierbad, d. h. in eine Lösung von Natriumthiosulfat $Na_2S_2O_3$, das die Eigenschaft hat, das Halogensilber aufzulösen, metallisches Silber jedoch nicht anzugreifen (Fixieren). Das Entwickeln und Fixieren wird in einem Dunkelraum vorgenommen.

Das Bild ist nun fixiert und kann, ohne eine Veränderung zu erleiden, an das Licht gebracht werden. Es stellt ein sog. Negativ dar, d. h. man hat auf der Glasplatte ein Bild, das an denjenigen Stellen dunkel ist (durch das ausgeschiedene Silber), wo der Gegenstand belichtet war, und umgekehrt.

Legt man die Platte in einem Kopierrahmen auf lichtempfindliches Papier und belichtet, so entsteht das „Positiv" in der richtigen Schattierung. Die Stellen, an denen auf dem Negativ das Silber niedergeschlagen ist, lassen das Licht nicht oder nur wenig — entsprechend ihrer Dicke — durch und fallen daher hell aus, während die hellen, durchsichtigen Stellen der Platte dunkel auf der „Photographie" erscheinen.

Zum Schluß wird auch das positive Bild fixiert, und zwar bringt man es zu diesem Zweck in ein sog. „Tonbad", das neben Natriumthiosulfat gewöhnlich ein wenig Goldchlorid enthält.

340. Silbersulfid, Ag_2S. Es kommt in der Natur als Silberglanz (Ag_2S) vor, diese Schwefelverbindung bildet sich bei der Einwirkung von Schwefelwasserstoff auf Silber als braunschwarzer Niederschlag.

341. Silbernitrat, Höllenstein, $AgNO_3$. Es wird meist dargestellt durch Auflösen von Silber in Salpetersäure, Eindampfen bis zur Trockne und Erhitzen des Rückstandes zum Schmelzen. Es krystallisiert in schönen Krystallen und ist in Wasser sehr leicht löslich. Das Salz wird durch organische Substanzen zu metallischem Silber reduziert, weshalb die Lösung auf der Haut und auf den Kleidern schwarze Flecken hervorruft. In Form von Stäbchen findet es unter dem Namen Höllenstein in der Medizin als Ätzmittel, ferner als sog. unauslöschliche Tinte (mit etwas Gummi arabicum versetzt) zum Zeichnen von Wäsche Verwendung, endlich wird es noch benutzt zum Färben der Haare (verwandelt graue oder blonde Haare in schwarze) und zur Herstellung der echten Silberspiegel; in den letztgenannten Fällen wird eine ammoniakalische Silbernitratlösung angewendet.

342. Nachweis der Silberverbindungen. (Auch als **Versuche** zu benutzen.)

1. Schwefelwasserstoff und Schwefelammonium fällen aus angesäuerten Lösungen schwarzes Silbersulfid, löslich in starker Salpetersäure.

2. Salzsäure oder Natriumchlorid fällt aus Lösungen von Silbersalzen unlösliches käsiges Silberchlorid; löslich in Ammoniak.

3. Kalium- und Natriumhydroxyd fällen dunkelbraunes Silberoxyd, Ag_2O.

[4. Kaliumbromid fällt weißes Silberbromid, löslich in Ammoniak.

5. Kaliumjodid fällt gelbes Silberjodid, das in verdünntem Ammoniak unlöslich ist.

6. Kaliumchromat fällt rotes Silberchromat Ag_2CrO_4, das von Ammoniak und Salpetersäure leicht gelöst wird.

7. Auf Kohle vor der Lötrohrflamme mit Soda geglüht, geben Silberverbindungen ein weißes, glänzendes Silberkorn.]

Gold (Aurum), Au (Ein- und dreiwertig).

343. Vorkommen. Gold kommt in der Natur fast ausschließlich gediegen vor in Quarzgängen der ältesten Felsarten (Urgesteine), ferner in den Verwitterungsschichten dieser Gesteine sowie im Sande von Flüssen; es ist meist silberhaltig. Es findet sich hauptsächlich in Ungarn, Siebenbürgen, dem Uralgebirge, in Kalifornien, Alaska, Transvaal und in Australien.

Gewinnung. Die Goldmenge, die 1 cbm Erz oder Gestein im günstigsten Fall enthält, ist nur sehr klein. Bei der Gewinnung muß dies wenige Gold von den großen Mengen Gestein befreit werden. Dies geschieht durch Waschen oder Schlämmen der zerkleinerten goldhaltigen Massen in kastenartigen Gefäßen. Das Gold lagert sich bei seinem hohen spezifischen Gewicht, das etwa das 6—7 fache der Gesteine beträgt, leicht ab. Durch Schmelzen dieses Waschgoldes mit Borax, Soda und Salpeter werden die ihm noch beigemengten mineralischen Verunreinigungen als Schlacke entfernt. Die feineren Goldteilchen können dem Schlamme durch Quecksilber entzogen werden; die so erhaltene Verbindung des Quecksilbers mit Gold (Goldamalgam) wird durch Erhitzen verdampft, während Gold zurückbleibt.

In Transvaal hat man das Gold in so feiner Verteilung in sog. „Riffen" (Vertikalschichten im Gestein) gefunden, daß das „Waschverfahren" nicht angewendet werden kann. Das goldführende Gestein wird deshalb durch Stampfwerke zu einem feinen Pulver gemahlen, dann läßt man reichliche Mengen Wasser hindurchlaufen und den goldhaltigen Schlamm über Kupferplatten fließen, die mit Quecksilber belegt sind; letzteres verbindet sich mit dem Gold zu Amalgam. Das Gold wird dann, wie oben angegeben, von dem Quecksilber befreit.

Ein wichtiges Verfahren ist ferner der sog. „Cyanidprozeß", welcher die Gewinnung des Goldes aus ungerösteten Erzen gestattet. Es werden hierzu ganz schwache Cyankalium- bzw. Cyannatriumlösungen verwendet.

Eigenschaften. Gold ist ein schön gelbes Metall von starkem Glanz, es ist ungefähr so weich wie Blei und das dehnbarste aller Metalle. Es läßt sich zu Blättchen (echtes Blattgold) schlagen, deren Dicke nur ein hunderttausendstel Millimeter beträgt und die mit blaugrüner Farbe durchsichtig sind. Das Gold ist ein sehr guter Leiter für Wärme und Elektrizität, es schmilzt bei hoher Temperatur (1064⁰) zu einer grünlichen Flüssigkeit.

Von trockener oder feuchter Luft sowie von Sauerstoff wird ·Gold auch bei hohen Temperaturen nicht verändert. Ebenso wird es von Säuren nicht angegriffen, nur von Chlorwasser und von Königswasser (3 Teile HCl + 1 Teil HNO_3), sowie von Säuregemischen, die freies Chlor oder Brom enthalten, wird es gelöst.

344. Anwendungen. Das Gold dient zur Herstellung zahlreicher Schmuckgegenstände, zur Prägung von Münzen und zum Plombieren der Zähne. Das reine Gold ist jedoch weich, man legiert es deshalb mit Kupfer. Die deutschen Goldmünzen enthielten 10 Teile Kupfer und 90 Teile Gold; aus 1 kg Gold wurden auf Grund gesetzlicher Bestimmungen 279 Zehnmarkstücke geprägt, so daß der Wert von 1 kg Gold 2790 M. betrug. (Ein Zehnmarkstück enthielt 3,584 g Au + 0,398 g Cu, es wog somit 3,982 g).

Der Gehalt der zu Schmucksachen verarbeiteten Goldlegierungen wird häufig noch statt in Prozenten oder Tausendteilen in Karat angegeben; reines Gold ist 24 karätiges Gold. 18 karätiges Gold enthält 18 Teile Gold und 6 Teile Kupfer, ist also 75 proz. Gold; das zu Schmucksachen viel verwendete 14 karätige Gold ist 58 ⅓ proz. Kupfer erteilt dem Gold eine mehr rötliche Farbe und macht es härter und leichter schmelzbar. Gold wird auch mit Silber legiert; die Farbe dieser Legierung ist um so heller, je größer der Silbergehalt ist.

Die Vergoldung von Gegenständen findet hauptsächlich auf galvanischem Wege statt; man verwendet dazu ein Doppelsalz von Cyangold und Cyankalium [und verfährt in derselben Weise wie bei der galvanischen Versilberung (vgl. § 335).]

Bei Gegenständen aus Bronze, Messing, Kupfer usw. wendet man die Feuervergoldung an, d. h. man bringt eine Goldamalgamlösung auf die Gegenstände und erhitzt; dabei verflüchtigt sich das Quecksilber.

[In seinen Verbindungen ist das Gold einwertig (Oxydul-) oder dreiwertig (Oxydverbindungen). Aus den Lösungen seiner Salze wird es durch Reduktionsmittel, z. B. durch schweflige Säure, Oxalsäure, Ferrosalze, Zinnchlorür, leicht abgeschieden.

Von den zahlreichen Goldverbindungen sei erwähnt das Goldchlorid.

345. Goldchlorid, $AuCl_3$. Hergestellt wird die Verbindung durch Auflösen von Gold in Königswasser und Eindampfen der Lösung unter Zuleitung von Chlor, wodurch eine Zersetzung verhindert wird. Man erhält große rotbraune Krystalle, die leicht zerfließen und sich in Wasser mit dunkelbrauner Farbe lösen. Goldchlorid ist ein gutes Fällungsmittel für Alkaloide, mit denen es Doppelsalze bildet.

Platin, Pt (Zwei- und dreiwertig).

346. Vorkommen. Das Platin bildet den Hauptbestandteil der sog. Platinerze, die neben Platin die Edelmetalle Ruthenium, Rhodium, Palladium, Osmium und Iridium neben Eisen und Gold enthalten. Diese Platinerze finden sich hauptsächlich im Ural und im Kaukasus, ferner in Kalifornien und Australien. Platin wird aus den Platinerzen nach einem recht umständlichen Verfahren hergestellt.

Eigenschaften. Platin hat eine grauweiße Farbe, ähnlich wie polierter Stahl, und besitzt Metallglanz, es ist ziemlich weich und sehr dehnbar, so daß es zu dünnstem Blech ausgewalzt und zu sehr feinem Draht ausgezogen werden kann; es läßt sich schweißen, legieren und schmilzt bei 1775⁰. An der Luft ist Platin bei jeder Temperatur beständig und wird von Mineralsäuren selbst beim Kochen nicht angegriffen, dagegen wird es von Königswasser unter Bildung von Platinchlorwasserstoffsäure (H_2PtCl_6) gelöst.

Das Platin besitzt die Eigenschaft, Gase auf seiner Oberfläche zu verdichten; es absorbiert z. B. das 200fache seines Volumens Sauerstoff und in ähnlicher Weise auch andere Gase, wenn es in feinverteiltem Zustande wie im Platinschwamm oder in Platinschwarz (Platinmoor) vorliegt. Auf diese Eigenschaft des Platins führt man die Tatsache zurück, daß zahlreiche Oxydationsprozesse bei Gegenwart von Platin besonders leicht verlaufen. Den Platinschwamm erhält man beim Erhitzen von Ammoniumplatinchlorid (Platinsalmiak) als graue schwammige Masse; das Platinschwarz, ein äußerst feines, samtschwarzes Pulver, wird gewonnen, wenn man Platin aus seinen Lösungen durch Reduktionsmittel, z. B. durch Zink, abscheidet. Der absorbierte Sauerstoff befindet sich auf dem Platinschwamm und dem Platinmoor in einem wirksamen („aktiven") Zustand, d. h. er vermag oxydierbare Stoffe, die mit ihm in Berührung kommen, zu oxydieren. Läßt man z. B. Wasserstoff in der Luft gegen Platinschwamm strömen, so entzündet sich der Wasserstoff durch die Einwirkung des in den Poren des Platins verdichteten Sauerstoffes, ein Verhalten, von dem Döbereiner bei seinem Feuerzeug Gebrauch gemacht hat.

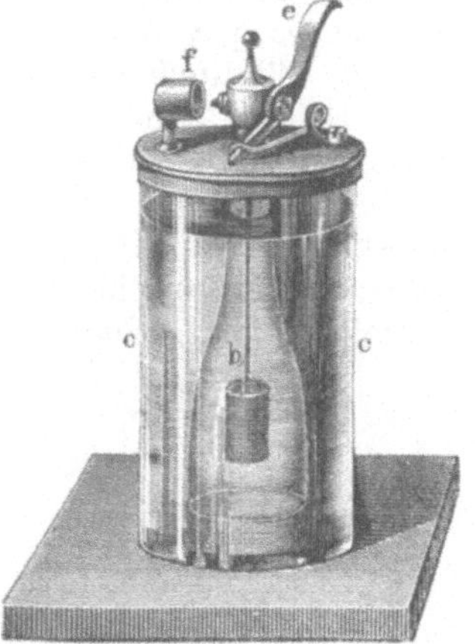

Abb. 41. Döbereinersches Feuerzeug.

347. Döbereinersches Feuerzeug (Abb. 41). Dieses besteht aus einer Flasche ohne Boden (*b*), in der sich ein Zinkkolben befindet; der Hals der Flasche ist durch einen Kork verschlossen, durch den eine Röhre gesteckt ist, die durch einen Hahn (*e*) geschlossen werden kann. Die Flasche taucht in ein Gefäß mit verdünnter Schwefelsäure (*c*). Öffnet man den Hahn der Röhre, so wird die Luft durch die Flüssigkeit des äußeren Gefäßes nach oben gedrückt, sie entweicht aus der Flasche, die Schwefelsäure kommt mit dem Zink in Berührung und es entwickelt sich Wasserstoff. Schließt man den Hahn wieder, so drückt der im oberen Teile der Flasche befindliche Wasserstoff die Schwefelsäure wieder zurück, so daß das Zink von der Säure nicht mehr berührt wird, wodurch die Wasserstoffentwicklung aufhört. Öffnet man nun den Hahn des Röhrchens, so entweicht der in der Flasche *b* vorhandene Wasserstoff. Auf dem Deckel des Gefäßes befindet sich in einer Kapsel (*f*) Platinschwamm, läßt man das Wasserstoffgas auf ihn strömen, so wird er glühend und entzündet sich; an dieser Flamme kann man andere Körper zur Entflammung bringen.

In neuerer Zeit verwendet man Platinschwamm oder fein verteiltes Kohlenpulver zur Entzündung von Leuchtgas (Selbstzünder). Platinierter Asbest dient als Kontaktsubstanz bei der Darstellung der Schwefelsäure nach dem Kontaktverfahren. Auch dient das Platinmoor häufig als Oxydationsmittel in der organischen Elementaranalyse.

[Dämpfe von Äthylalkohol (Weingeist) werden bei Berührung mit Platinschwamm oder Platinmoor an der Luft sehr rasch zu Essigsäure oxydiert.]

Anwendungen des Platins. Das metallische Platin ist für den Chemiker sehr wertvoll, da es nur sehr schwer schmelzbar ist und der Einwirkung der meisten chemischen Stoffe widersteht. Man benutzt es daher im Laboratorium in Form von Draht, Blech, Tiegeln, Abdampfschalen usw. Auch als „Katalysator" bei chemischen Reaktionen, als Anode bei der Elektrolyse, als Einfassung von Brillanten wird es benutzt. Endlich dienen die Platinsalze auch in der Photographie an Stelle der Silbersalze zur Erzeugung dauerhafter Lichtbilder, ferner zur Platinierung unedler Metalle auf galvanischem Wege. Der Preis des Platins beträgt ein Mehrfaches des Goldes.

348. Legierungen des Platins. Die technisch wichtigste Legierung des Platins ist die mit Iridium. Ein geringer Iridiumgehalt vermindert die Dehnbarkeit des Platins, macht es zwar spröder, steigert aber seine Widerstandsfähigkeit. Eine Legierung von 90% Platin und 10% Iridium ist sehr hart, elastisch wie Stahl, schwerer schmelzbar als Platin, an der Luft unveränderlich und sehr politurfähig. Sie wurde daher zur Anfertigung der Normal-Meterstäbe gewählt.

349. [**Platinchlorwasserstoffsäure,** $PtCl_4 \cdot 2HCl \cdot 6H_2O$, meist als **Platinchlorid** bezeichnet, ist die bekannteste Verbindung des Platins. Man erhält sie durch Auflösen von Platin in Königswasser, sie bildet eine braunrote Masse, die an der Luft zerfließt und von Wasser, Alkohol oder Äther leicht gelöst wird. Mit Kalium- und mit Ammoniumchlorid gibt sie schwer lösliche, gelbe, krystallinische Niederschläge von Kaliumplatinchlorid K_2PtCl_6 bzw. Ammoniumplatinchlorid $(NH_4)_2PtCl_6$.]

[Anhang.]

Radium, Ra.

350. Dieser merkwürdige Stoff kommt mit Barium zusammen, namentlich in dem Mineral Pechblende (Uranoxyd) in Joachimstal in Böhmen vor und gelangt bei der technischen Verarbeitung dieses Minerales auf Uran in die Rückstände, aus denen es mit Barium zusammen abgeschieden wird. Die Menge des Radiums im Uranpecherz ist sehr gering; 10000 kg Erz liefern nur 0,1 bis 0,2 g Radiumbromid.

Die Darstellung annähernd reiner Radiumverbindungen gelang zuerst dem Ehepaar Curie in Paris. Die Entdeckung und der Nachweis des Radiums gründen sich auf seine Radioaktivität, d. h. auf die Aussendung von Strahlen, die auf die photographische Platte einwirken, bei ihrem Durchgange durch Gase diese elektrisch leitend machen und gewisse Körper, namentlich den Bariumplatincyanürschirm, zur Fluorescenz bringen. Das Radium färbt die Bunsenflamme rot und sendet drei verschiedene Arten von Strahlen aus. In einem dunklen Raum zeigen Radiumpräparate ein deutlich wahrnehmbares Phosphorescieren. Radiumsalze geben ferner beim Stehen meßbare Mengen von Wärme ab, aus wässerigen Lösungen von Radiumsalzen entwickelt sich anhaltend Wasserstoff und Sauerstoff, und ferner noch eine selbstleuchtende Gasart, die auch von den festen Salzen ausstrahlt und als „Emanation" bezeichnet wird. Läßt man das Gas in einem Spektralrohr eingeschmolzen einige Tage stehen, so ist das Leuchten verschwunden, das Glas hat sich violett gefärbt und das Gas zeigt nun das Spektrum des Heliums. Im Jahre 1911 ist es Frau Curie in Paris gelungen, durch Elektrolyse einer wässerigen Lösung von Radiumchlorid ein Radiumamalgam zu erhalten, das, im trockenen Wasserstoffstrom über 700⁰ erhitzt, reines metallisches Radium liefert, wobei Quecksilber abdestilliert. Radium ist ein weißes Metall, das an der Luft sofort schwarz wird, da es Stickstoff bindet. Wasser wird durch Radium heftig zersetzt.

Das Radium scheint für die Gesundheit der Menschen eine wichtige Rolle zu spielen, wenigstens wird jetzt allgemein die Heilkraft der Kurorte und Sommerfrischen zum Teil auf den Gehalt der Luft an „Emanation" zurückgeführt. Diese ist besonders groß in den zumeist aus Urgesteinen bestehenden Zentralalpen, von denen Radiumstrahlen in reichlicher Menge ausgehen. Auch die aus dem Urgestein entspringenden Quellen, z. B. diejenigen Tirols, sind radiumhaltig. In einem windstillen Hochtale sammelt sich die „Emanation" in größerer Menge an; es wird daher in solchen Tälern der starke Emanationsgehalt der Luft gemeinsam mit dem milden Klima des Ortes heilsam auf die Gesundheit des Menschen einwirken.

Verzeichnis der wichtigeren Grundstoffe oder Elemente.

Name	Zeichen	Wertigkeit	Spezifisches Gewicht	Atomgewicht O = 16
Aluminium	Al	3	2,60	26,97
Antimon	Sb	3, 5	6,71—6,86	121,8
Argon	Ar	0	*1,3975	39,9
Arsen	As	3, 5	5,727	74,96
Barium	Ba	2, 4	3,75	137,4
Blei	Pb	2, 4	11,25	207,2
Bor	B	3	2,45	10,82
Brom	Br	1, 5, 7	3,188	79,92
Cadmium	Cd	2	8,64	112,4
Calcium	Ca	2	1,87	40,07
Cerium	Ce	3, 4, 6	6,68	140,25
Chlor	Cl	1, 3, 5, 7	*2,45	35,46
Chrom	Cr	2, 3, 6	6,74	52,01
Eisen	Fe	2, 3	7,86	55,84
Fluor	F	1	*1,13	19,0
Gold	Au	1, 3	19,32	197,2
Helium	He	0	*0,137	4,0
Jod	J	1, 3, 5, 7	4,948	126,92
Iridium	Ir	2, 4, 6	22,42	193,1
Kalium	K	1	0,875	39,10
Kobalt	Co	2, 3	8,5	58,97
Kohlenstoff	C	4	3,52	12,0
Kupfer	Cu	1, 2	8,9	63,57
Magnesium	Mg	2	1,75	24,32
Mangan	Mn	2, 3, 6, 7	7,2—8,0	54,93
Natrium	Na	1	0,98	23,00
Nickel	Ni	2, 3	8,8—9,1	58,68
Osmium	Os	2, 4	22,48	190,9
Palladium	Pd	1, 2, 4, 6	11,4	106,7
Phosphor	P	3, 5	1,83—2,34	31,04
Platin	Pt	2, 4	21,50	195,2
Quecksilber	Hg	1, 2	13,596	200,6
Radium	Ra	—	—	226,0
Rubidium	Rb	1, 2, 4, 6	1,52	85,5
Sauerstoff	O	2, 4	*1,10535	16,0
Schwefel	S	2, 4, 6	1,92—2,13	32,07
Silber	Ag	1, 3	10,50	107,88
Silicium	Si	4	2,35—2,39	28,06
Stickstoff	N	3, 5	*0,9682	14,008
Strontium	Sr	2	2,54	87,6
Tantal	Ta	5	10,4—12,79	181,5
Thorium	Th	4	11,00	232,1
Uran	U	4, 5, 6, 8	18,70	238,2
Wasserstoff	H	1	*0,06949	1,008
Wismut	Bi	3, 5	9,82	209,0
Wolfram	W	2, 4, 5, 6	19,10	184,0
Zink	Zn	2	6,9—7,2	65,37
Zinn	Sn	2, 4	7,3	118,7

---

*) In gasförmigem Zustande auf Luft bezogen; bei allen anderen Volumgewichten ist Wasser als Einheit angenommen.

Literatur.

Fischer, Ferdinand: Handbuch der chemischen Technologie. 2 Bände, 15. Aufl. Leipzig: J. A. Barth 1903.

Hofmann, Karl A.: Lehrbuch der anorganischen Chemie. 4. Aufl. Braunschweig: Fr. Vieweg & Sohn 1922.

Hollemann, A. F.: Lehrbuch der anorganischen Chemie. 18. Aufl. Berlin: Vereinigung Wissenschaftlicher Verleger 1925.

Ochs, R.: Einführung in die Chemie. Berlin: Julius Springer 1911.

Ost, H.: Lehrbuch der chemischen Technologie. 8. Aufl. Hannover: Gebr. Jänecke 1914.

Ostwald, W.: Grundlinien der anorganischen Chemie. 3. Aufl. Leipzig: W. Steinkopff 1912.

Remsen, Ira: Anorganische Chemie; deutsch von H. Seubert. 5. Aufl. Tübingen: Lauppscher Verlag 1914.

v. Richter, V.: Lehrbuch der anorganischen Chemie; neu bearbeitet von Klinger. 13. Aufl. Bonn: Friedr. Cohen 1914.

Rüdorff-Lüpke: Grundriß der Chemie. 12. Aufl. Berlin: H. W. Müller 1902.

Sachsze, R.: Chemische Technologie. 2. Aufl. Leipzig: Teubner 1917.

Wichelhaus, H.: Vorlesungen über chemische Technologie. 3. Aufl. Dresden: Th. Steinkopff 1912.

Graetz, C.: Die Elektrizität und ihre Anwendungen. 18. Aufl. Stuttgart: J. Engelhorn Nflg. 1917.

Sachverzeichnis.

(Die Zahlen bedeuten Paragraphen.)

Einführung in die Chemie. Ein Lehr- und Experimentierbuch. Von **Rudolf Ochs.** Zweite, vermehrte und verbesserte Auflage. Mit 224 Textfiguren und 1 Spektraltafel. XII, 522 Seiten. 1921. Gebunden RM 10.—

Die rationelle Haushaltführung. (Das Taylor-System im Haushalt.) Betriebswissenschaftliche Studien. Autorisierte Übersetzung von „The new House-keeping". Efficiency Studies in Home Management von **Christine Frederick.** Von **Irene Witte.** Mit einem Geleitwort von Adele Schreiber. Zweite, vermehrte und durchgesehene Auflage. Mit 6 Tafeln. XIV, 126 Seiten. 1922.
Gebunden RM 3.60

Maschinenähen. Ein Leitfaden für den Unterricht an Nadelarbeitsseminaren, Berufs-, Gewerbe- und Haushaltungsschulen. Von **Gertrud Behrendsen,** Potsdam. Sechste Auflage. Mit 36 Abbildungen. VIII, 88 Seiten. 1925. RM 2.40

Ernährung und Pflege des Säuglings. Ein Leitfaden für Mütter und zur Einführung für Pflegerinnen unter Zugrundelegung des Leitfadens von Pescatore. Bearbeitet von Dr. **Leo Langstein,** a. o. Professor der Kinderheilkunde an der Universität Berlin, Direktor des Kaiserin Auguste Viktoria-Hauses, Reichsanstalt zur Bekämpfung der Säuglings- und Kleinkindersterblichkeit. Achte, vollständig umgearbeitete Auflage. (108.—157. Tausend.) IV, 88 Seiten. 1923.
RM 1.20

Säuglingspflegefibel. Von Schwester **Antonie Zerwer** unter Mitarbeit von Paul Kühl, Lehrer in Charlottenburg. Mit einem Vorwort von Professor Dr. Leo Langstein, Präsident des Kaiserin Auguste Viktoria-Hauses. Achte Auflage. (281.—330. Tausend.) Mit 39 Textabbildungen. 72 Seiten. 1926. RM 0.75
Bei Abnahme von 20 Exemplaren je RM 0,70; von 50 Exemplaren je RM 0.65; von 100 Exemplaren je RM 0.60

⑩Kinderpflege. Von Professor Dr. **E. Nobel,** I. Assistent der Universitäts-Kinderklinik in Wien, und Professor Dr. **C. Pirquet,** Vorstand der Universitäts-Kinderklinik in Wien. Unter Mitarbeit von Oberschwester Hedwig Birkner und Lehrschwester Paula Panzer. Mit 28 Textabbildungen und 2 farbigen Tafeln. VI, 104 Seiten. 1927. Steif broschiert RM 3.—; gebunden RM 4.—
Bei gleichzeitiger Abnahme von 10 broschierten Exemplaren je RM 2.70

⑩Kinderküche. Ein Kochbuch nach dem Nemsystem. Bearbeitet von den Schwestern der Kinderklinik in Wien: Oberschwester **Hedwig Birkner** und den Lehrschwestern **Freisteiner, Hansekowitz** und **Paula Panzer.** Herausgegeben von Privatdozent Dr. **E. Nobel,** I. Assistent der Universitäts-Kinderklinik in Wien, und Professor Dr. **Clemens Pirquet,** Vorstand der Universitäts-Kinderklinik in Wien. Etwa 180 Seiten. Erscheint im Februar 1927.

Technischer Wegweiser für die Kinderpflege. Zum Gebrauch in Anstalten und in der Privatpflege. Von Dr. **B. de Rudder,** Oberarzt der Universitäts-Kinderklinik Würzburg. VI, 68 Seiten. 1926. RM 1.50
ab 20 Exemplaren RM 1.20

Die halboffenen Anstalten für Kleinkinder. Kindergarten, Kindertagesheim, Tageserholungsstätte. Von Dr. **Th. Hoffa,** Städtischer Kinderarzt in Barmen und **Ilse Latrille,** Jugendwohlfahrtspflegerin in Barmen. Mit 16 Abbildungen. IV, 90 Seiten. 1926. RM 4.50

Die Ernährung des Menschen. Nahrungsbedarf. Erfordernisse der Nahrung. Nahrungsmittel. Kostberechnung. Von Professor Dr. **Otto Kestner**, Direktor des Physiologischen Instituts an der Universität Hamburg, und Dr. **H. W. Knipping,** früherem Assistenten des Physiologischen Instituts an der Universität Hamburg, in Gemeinschaft mit dem Reichsgesundheitsamt Berlin. Mit zahlreichen Nahrungsmitteltabellen und 8 Abbildungen. Zweite Auflage. VI, 140 Seiten. 1926. RM 5.70

Nahrung und Ernährung des Menschen. Kurzes Lehrbuch. Von **J. König,** Dr. phil., Dr.-Ing. h. c., Dr. ph. nat. h. c., Geh. Regierungsrat, o. Professor an der Westfälischen Wilhelms-Universität Münster i. W. Gleichzeitig 12. Auflage der „Nährwerttafel". VIII, 214 Seiten. 1926.
RM 10.50; gebunden RM 12.—

Die Volksernährung. Veröffentlichungen aus dem Tätigkeitsbereiche des Reichsministeriums für Ernährung und Landwirtschaft. Herausgegeben unter Mitwirkung des Reichsausschusses für Ernährungsforschung.

1. Heft: **Das Brot.** Von Professor Dr. med. et phil. **R. O. Neumann,** Geheimer Medizinalrat, Direktor des Hygienischen Instituts der Universität Bonn. 114 Seiten. 1922. RM 1.40

2. Heft: **Nahrungsstoffe mit besonderen Wirkungen** unter besonderer Berücksichtigung der Bedeutung bisher noch unbekannter Nahrungsstoffe für die Volksernährung. Von Professor Dr. med. et phil. h. c, **Emil Abderhalden,** Geheimer Medizinalrat, Direktor des Physiologischen Instituts der Universität Halle a. S. 26 Seiten. 1922. RM 0.30

3. Heft: **Öle und Fette in der Ernährung.** Von Professor Dr.-Ing., Dr. phil. **A. Heiduschka,** Direktor des Laboratoriums für Lebensmittel- und Gärungschemie der Technischen Hochschule Dresden. 34 Seiten. 1923. RM 0.60

4. Heft: **Unsere Lebensmittel vom Standpunkt der Vitaminforschung.** Wird voraussichtlich die weitere Erforschung der physiologischen Bedeutung der Vitamine die bisherige Herstellung, Zubereitung und Beurteilung der Lebensmittel wesentlich beeinflussen? Von Professor Dr. phil. **A. Juckenack,** Geheimer Regierungsrat, Medizinalrat im Preuß. Ministerium für Volkswohlfahrt, Direktor der Staatlichen Nahrungsmittel-Untersuchungsanstalt Berlin. 50 Seiten. 1923.
Z. Z. vergriffen.

5. Heft: **Die Verwertung des Roggens in ernährungsphysiologischer und landwirtschaftlicher Hinsicht.** Nach Versuchen von Professor C. Thomas-Leipzig, Professor A. Scheunert-Leipzig, Privatdozent W. Klein-Berlin, Maria Steuber-Berlin, Professor F. Honcamp-Rostock. Dr. C. Pfaff-Rostock und dem Berichterstatter mitgeteilt von **Max Rubner,** Geheimer Obermedizinalrat, Professor an der Universität Berlin. Mit 1 Abbildung. IV, 52 Seiten. 1925. RM 2.40

6. Heft: **Was haben wir bei unserer Ernährung im Haushalt zu beachten?** Von Professor Dr. **A. Juckenack,** Geheimer Regierungsrat, Ministerialrat im Preuß. Ministerium für Volkswohlfahrt, Direktor der Staatlichen Nahrungsmittel-Untersuchungsanstalt Berlin, Hon.-Professor an der Technischen Hochschule Berlin. Vierte, unveränderte Auflage. (16.—20. Tausend.) XI, 94 Seiten. 1924. RM 1.50

7. Heft: **Deutschlands Versorgung mit Nahrungs- und Futtermitteln.** Von **R. Kuczynski.** In 4 Teilen.

Erster Teil: **Statistische Grundlagen.** Von **R. Kuczynski** und **P. Quante.** VIII, 176 Seiten. 1926. RM 7.50

Zweiter Teil: **Pflanzliche Nahrungs- und Futtermittel.** Von **R. Kuczynski.** VI, 406 Seiten. 1926. RM 19.50

Dritter Teil: **Tierische Nahrungs- und Futtermittel.** Von **R. Kuczynski.** IV, 147 Seiten. 1927. RM 6.90

Vierter Teil: **Deutschlands Ernährungs- und Fütterungsbilanz.** Von **R. Kuczynski.** Erscheint im März 1927.